职业教育食品类专业系列教材

食品感官
检验技术

洪文龙　史沁红　主编

贾　君　主审

U0222059

化学工业出版社

·北京·

内容简介

《食品感官检验技术》参照食品类专业教学标准编写，根据生产一线的岗位需要，内容设置7个项目，29个知识点。项目由"知识目标、能力目标、素质目标、知识点、拓展阅读、思考题、技能训练"等版块构成。首先详细介绍了食品感官检验的基础和食品感官检验的条件，在此基础上重点介绍了食品感官差别试验、类别试验、分析或描述试验等感官检验方法的定义、分类、设计方法、计算方法和结果判断方法等。另外，为了更好地帮助学生提前适应企业生产要求，还增加了食品感官检验技术的应用和现代仪器分析在食品感官检验中的应用这两个应用环节。为了便于学生理解和掌握不同检验方法，每个章节中还加入了较多生产实例。本书配套教学课件，可从 www.cipedu.com.cn 下载。

本书适合职业教育食品检验检测技术、食品质量与安全等食品类相关专业使用，也可以作为食品感官检验人员的参考用书。

图书在版编目（CIP）数据

食品感官检验技术 / 洪文龙，史沁红主编. —北京：化学工业出版社，2024.6

职业教育食品类专业系列教材

ISBN 978-7-122-44950-4

Ⅰ. ①食… Ⅱ. ①洪…②史… Ⅲ. ①食品感官评价-高等职业教育-教材 Ⅳ. ①TS207.3

中国国家版本馆 CIP 数据核字（2024）第 091203 号

责任编辑：迟 蕾 李植峰　　　　　文字编辑：药欣荣
责任校对：刘 一　　　　　　　　　装帧设计：王晓宇

出版发行：化学工业出版社
　　　　　（北京市东城区青年湖南街 13 号　邮政编码 100011）
印　　装：河北延风印务有限公司
787mm×1092mm　1/16　印张 13½　字数 325 千字
2024 年 10 月北京第 1 版第 1 次印刷

购书咨询：010-64518888　　　　　售后服务：010-64518899
网　　址：http://www.cip.com.cn
凡购买本书，如有缺损质量问题，本社销售中心负责调换。

定　　价：42.00 元　　　　　　　　版权所有　违者必究

编写人员

主　编　洪文龙　史沁红

副主编　车玉红　丛懿洁　问亚琴　郝国辉

编　者（以姓氏笔画为序）

车玉红　新疆农业职业技术学院

史沁红　重庆医药高等专科学校

丛懿洁　威海海洋职业学院

问亚琴　北京电子科技职业学院

孙　佳　辽宁农业职业技术学院

杨庆莹　河南农业职业学院

张红梅　锡林郭勒职业学院

周　昀　福建生物工程职业技术学院

郝国辉　江苏省农产品质量检验测试中心

洪文龙　江苏农林职业技术学院

聂　健　广东岭南职业技术学院

主　审　贾　君　江苏农林职业技术学院

前　言

　　食品工业已经成为我国国民经济的支柱性产业和保障民生的基础性产业，同时，食品安全也成为食品生产的重中之重。食品感官检验技术以其检验快速、使用方便等特点，广泛应用于食品生产、品质控制、产品开发、产品推广等领域，为食品行业的健康发展提供了保障。针对高职高专院校的教学需要，按照高职高专学生的认知规律，将理论与实践深度融合，加入了食品感官检验的新技术、新知识，编写了本教材。

　　本书系参照食品类专业教学标准编写，项目设计符合高职高专学生学习规律，每个项目都参照国家标准进行编写，在此基础上，又进行了提升和拓展，融入了职业素养的内容，加入了大量的案例和技能训练，方便学生理解知识，掌握操作方法。通过本教材的学习，基本能满足学生在实际生产中的岗位需求，能解决生产中遇到的大部分实际问题。

　　本书实行主编负责制，具体分工如下：项目一、项目二、项目七由史沁红、周昀编写；项目三由车玉红、聂健编写；项目四、项目五由丛懿洁、杨庆莹编写；项目六、技能训练部分、附录部分由问亚琴、孙佳、张红梅编写。全书由洪文龙、郝国辉负责统稿。

　　本书编写过程中得到了北京电子科技职业学院、江苏农林职业技术学院、新疆农业职业技术学院等院校的大力支持和热情帮助，在此表示诚挚感谢。

　　由于编写组水平有限，本教材难免有不妥之处，恳请各位读者多提宝贵意见，以便修订时改正。

编者

2024.8

目　录

项目一
食品感官检验的基础

知识点一　感觉的类型及产生原理

一、感觉的概述

感觉器官即感官，是指人体借以感知外部世界信息的器官，包括眼、耳、鼻、口、皮肤、内脏等，各种感觉的产生都是由相应的感觉器官实现的。如光线引起视觉，声波引起听觉。因此，感觉是客观事物现实个别特性（声音、颜色、气味等）引起的反应，是生物体认识客观世界的本能。

1. 感觉的分类

感觉具有不同的分类方式，包括按照刺激来源分类、按照受体分类及简单分类方式。

感觉按照刺激来源可分为外部感觉和内部感觉。外部感觉是由外部刺激作用于感觉器官所引起的感觉，包括视觉、听觉、嗅觉、味觉和皮肤感觉（包括触觉、温觉、冷觉和痛觉）。内部感觉是对来自身体内部的刺激所引起的感觉，包括运动觉、平衡觉和内脏感觉（包括饿、胀、渴、窒息、疼痛等）。

同时，由于客观事物可通过机械能、辐射能或化学能刺激生物体的相应受体，在生物体中产生反应。因此，感觉按照受体不同可分为机械能受体、辐射能受体、化学能受体。以上三者可以概括为物理感（视觉、听觉和触觉）和化学感（味觉、嗅觉和一般化学感）。

而人们通常所说的五种基本感觉，即：视觉、听觉、触觉、嗅觉和味觉。

2. 感官的特性

感官对周围环境和机体内部的化学和物理变化非常敏感，通常还具有以下特征：一种感官只能接受和识别一种刺激；只有刺激量在一定范围内才会对感官产生作用；某种刺激连续施加到感官一段时间后，感官会产生疲劳（适应）现象，感官灵敏度随之明显下降；心理作用对感官识别刺激有影响；不同感官在接受信息时，会相互影响。

3. 影响感觉的因素

（1）生理因素

① 疲劳现象（适应现象） 当一种刺激长时间施加在一种感官上后，该感官就会产生疲劳现象。疲劳现象发生在感官的末端神经、感受中心的神经和大脑的中枢神经上，疲劳的结果是感官对刺激感受的灵敏度急剧下降。嗅觉器官若长时间嗅闻某种气体，就会使嗅感受体对这种气味产生疲劳，敏感性逐步下降，爱吃重口味的人对咸度不敏感是味觉适应的现象。

② 对比现象 当两种刺激同时或连续作用于同一个感觉器官时，一种刺激的存在造成另一种刺激增强的现象称为对比增强现象。在感觉这两种刺激的过程中，两种刺激量都未发生变化，而感觉上的变化只

> 思考："入芝兰之室，久而不闻其香；入鲍鱼之肆，久而不闻其臭。"的原因是什么？

能归因于这两种刺激同时或先后存在时对人心理上产生的影响。例如，在吃过糖后，再吃山楂会感觉山楂特别酸，这是常见的先后对比增强现象。与对比增强现象相反，若一种刺激的存在减弱了另一种刺激，称为对比减弱现象。对比现象提高了两种同时或连续刺激的差别反应。

③ 变调现象 当两种刺激先后施加时，一种刺激造成另一种刺激的感觉发生本质变化的现象。例如，吃过橄榄后会有回甘的感觉。对比现象和变调现象虽然都是前一种刺激对后一种刺激的影响，但后者影响的结果是本质的改变。

④ 相乘作用 当两种或两种以上的刺激同时施加时，感觉水平超出每种刺激单独作用效果叠加的现象。例如，味精和核苷酸共存时，会使鲜味明显增强，增强的强度超过味精或核苷酸单独存在时的鲜味的加和。相乘作用的效果广泛应用于复合调味料的调配中。

⑤ 阻碍作用 由于某种刺激的存在导致另一种刺激的减弱或消失，称为阻碍作用或拮抗作用。例如，在食用过西非的神秘果后，再食用带酸味的物质，会感觉不出酸味的存在。

（2）心理因素

① 期望误差 评价员若已知产品的某些信息就容易产生事前预期，导致评价结果出现期望误差。比如评价员如果得知过剩的样品返厂，将会认为样品的口味已经过时。期望误差会直接破坏测试的有效性，所以必须对样品保密。

② 习惯误差 人类是一种习惯的动物，容易由此产生习惯误差。当所提供的刺激物产生一系列微小的变化时，评价员却忽视了这种变化趋势，甚至不能察觉偶然错误的样品，给予了相同的反应，就是习惯误差。习惯误差必须通过改变样品的种类或者提供掺和样品来控制。

③ 刺激误差 这种误差产生于某种外在条件参数，比如容器的外形或颜色会影响评价员。例如，有的评价员主观会认为螺旋口瓶装的酒往往比用软木塞瓶装的酒廉价而给出更低分。避免这种情况发生的措施是不留下相关的线索，提供样品的顺序或方法要经常变化。

④ 逻辑误差 该误差常发生在评价员将样品的某些特征进行逻辑联想时。越黑的啤酒

口味越重，知道这些类似的知识会导致评价员忽视当前的感觉。逻辑误差必须通过保持样品的一致性以及通过用不同颜色的玻璃和光线等的掩饰作用减少所产生的差异。

⑤ 光圈效应　当需要评估样品的一种以上属性时，评价员对每种属性的评分会彼此影响，即光圈效应。例如，当一种产品受到欢迎时，其各个方面感官同样也被划分到较高的级别中。避免光圈效应的方法就是可以提供几组独立的样品来评估那种属性。

（3）其他因素

① 生理状况的影响　人的生理周期对食物的嗜好有很大的影响，平时觉得好吃的食物，在特殊时期（如妇女的妊娠期）会有很大变化。人体患某些疾病或发生异常时，会导致失味、味觉迟钝或变味。因此，如果品尝人员处于生理周期或患有疾病，甚至情绪压抑或者工作压力太大等都不应参与评价任务。

② 年龄的影响　60岁以上的老年人群对基本味的敏感性会显著降低，一方面是舌头上的味蕾数目会减少；另一方面，老年人自身所患的疾病也会阻碍这种敏感性。

③ 药物的影响　许多药物能削弱味觉功能，如服用抗阿米巴药、麻醉药、抗生素、利尿药等患者常患化学感觉失调症。

④ 温度对感觉的影响　食物可分为热吃食物、冷吃食物和常温食用食物。理想的食物温度因食品的品种不同而异，热吃食物和冷吃食物的适宜品尝温度

显然是有区别的，热吃食物的温度最好在 60～65℃，冷吃食物的温度最好在 10～15℃，而常温食用食物，通常在 30℃±5℃的范围内最适宜。

二、味觉的概述

味觉是人的基本感觉之一，是一种受到直接化学刺激而产生的感觉。味觉一直是人类对食物进行辨别、挑选和决定是否予以接受的主要因素之一，因此在食品感官评定上占有重要地位。

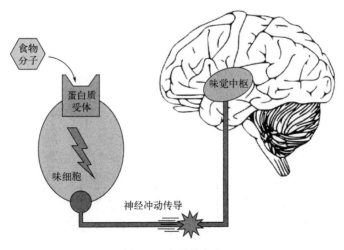

图 1-1　味觉的产生

1．味觉机制

可溶性呈味物质溶解在口腔中，进而对口腔内的味感受体进行刺激，神经感觉系统收集和传递信息到大脑的味觉中枢，经大脑的综合神经中枢系统的分析处理，使人产生味感（图1-1）。

（1）味觉系统

① 味觉感受器　人对味道的感觉主要依靠口腔内的味蕾，以及自由神经末梢。人的味蕾大部分都分布在舌头表面的乳突中（图1-2）。味蕾中存在香蕉形的味细胞，内表面为凹凸不平的神经元突触。味细胞表面的蛋白质、脂质等分别接受不同的味感物质，蛋白质是甜味物质的受体，脂质是苦味和咸味物质的受体，也有人认为苦味物质的受体可能与蛋白质相关。

> **思考：** 老年人味觉减退的原因和舌苔乳突有无关联？老年人的舌苔乳突是减少还是增加了？

② 味觉传导　把味道的刺激传入脑的神经有很多，不同的部位传递信息的神经不同。自由神经末梢是一种囊包着的末梢，分布在整个口腔内，也是一种能识别不同化学物质的微接收器。大脑皮质中的味觉中枢，是非常重要的部位，如果因手术、患病或其他原因受到破坏，将导致味觉丧失。

图1-2　舌苔乳突

③ 唾液腺　唾液对味觉有很重要的影响，味感物质须溶于水才能刺激味细胞，口腔内分泌的唾液是食物的天然溶剂。唾液分泌的数量和成分受食物种类的影响。唾液的清洗作用，有利于味蕾准确地辨别各种味道。

（2）味觉形成机制　由于味觉机制的研究尚处于探索阶段，现在普遍接受的机制是，呈味物质分别以质子键、离子键、氢键和范德华力形成四类不同的化学键结构，对应酸、咸、甜、苦四种基本味。在味细胞的膜表层，刺激物与受体彼此诱导相互适应，通过改变彼此构象实现相互匹配契合，进而产生适当的键合作用，从而产生特殊的味感信号。

2．基本味和其他味道

酸、甜、咸、苦是味感中的四种基本味道。其他主要味道还包括：鲜味（又称第五种基本味）、碱味、涩味、金属味、辣味、清凉味等，有些学者认为其他味觉可能是触觉、痛觉或者是味觉与触觉、嗅觉融合在一起产生的综合反应。一种观点认为，舌头上的味蕾可以感觉到各种味道，只是敏感度不一样。舌前部有大量感觉到甜的味蕾，舌两侧前半部负责咸味，后半部负责酸味，近舌根部分负责苦味（图1-3）。

图1-3　舌苔味觉分布区域

三、嗅觉的概述

挥发性物质刺激鼻腔嗅觉神经，并在中枢神经引起的感觉就是嗅觉。嗅觉也是一种基本感觉。它比视觉原始，比味觉复杂。随着人类转变成直立姿态，视觉和听觉成为最重要的感觉，而嗅觉等退至次要地位。尽管现在嗅觉已不是最重要的感觉，但嗅觉的敏感性还是比味觉敏感性高很多。

1. 嗅觉机制

（1）嗅觉系统　嗅觉系统是指感受气味的感觉系统，它将化学信号转化为感受。

① 嗅觉器官　脊椎动物的嗅觉感受器通常位于鼻腔内，由支持细胞、嗅细胞和基细胞组成的嗅上皮中。在嗅上皮中，嗅觉细胞的轴突形成嗅神经。嗅束膨大呈球状，位于每侧脑半球额叶的下面；嗅神经进入嗅球。嗅球和端脑是嗅觉中枢（图1-4）。外界气味分子接触到嗅觉感受器，引发一系列的酶级联反应，实现传导。

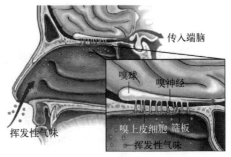

图1-4　嗅觉系统

② 嗅感传导　人在正常呼吸时，挥发性嗅感分子随空气流入鼻腔，溶解在嗅黏膜中的嗅感物质分子与嗅上皮细胞感受器膜上的分子相互作用，生成一种特殊的复合物，再以特殊的离子传导机制穿过嗅细胞膜，将信息转换成电信号脉冲。经与嗅细胞

> **思考：** 鼻腔干燥是否影响嗅觉？

相连的三叉神经的感觉神经末梢，将嗅黏膜或鼻腔表面感受到的各种刺激信息传递到大脑。

（2）嗅觉特征

① 嗅觉的敏感性　人的嗅觉相当敏锐，可感觉到一些浓度很低的嗅感物质，这点超过化学分析中仪器测量的灵敏度，但是嗅觉强度水平的区分能力相当差。实验证明，人所能识别的气味数量相当大，而且似乎没有上限。训练有素的专家能辨别4000种以上不同的气味。不同的人嗅觉差别很大，即使嗅觉敏锐的人也会因气味而异。嗅觉的灵敏度与人的性别、年龄、注意力、健康情况、体质及香气种类有关，因而个体差异很大。具体表现为两个不同，即一方面每种香气对每个人来讲能感觉的最低限度不同；另一方面每种芳香物质达到人感觉到的芳香所需的浓度也不同。

② 嗅觉疲劳　嗅觉疲劳是嗅觉的重要特征之一，它是嗅觉长期作用于同一种气味刺激而产生的适应现象。如嗅觉因辨香过度、过量而疲倦，先表现为嗅觉迟钝，最终会导致麻木失灵。嗅觉疲劳比其他感觉的疲劳都要突出。在嗅觉疲劳期间，有时所感受的气味本质也会发生变化。例如，在嗅闻硝基苯时，气味会从苦杏仁味变到沥青味。这种现象是由于不同的气味组分在嗅感黏膜上的适应速度不同而造成的。除此之外，还存在一种交叉疲劳现象，即嗅觉对一种气味物质的适应会影响到对其他气味刺激的敏感性，又叫嗅觉交叉适应。例如，用惯香料的人、有烟瘾的人、医生、护士，对若干种气味特别敏感，而对其他气味则可能较难感受到。

③ 嗅味的相互影响　嗅觉会因食物的气味、色彩、味道的变化产生许多结果。当两种或两种以上的气味混合到一起时，可能会产生下列结果之一。气味混合后无法辨认混合前的气味；产生中和作用，即混合后无味；混合中某种气味被压制，而其他的气味特征保持不变，即失掉了某种气味；混合气味特征彻底改变形成一种新的气味；混合后保留部分原来的气味特征，同时又产生一种或者几种新的气味。

气味混合中，比较引人注意的是用一种气味去改变或遮盖另一种不愉快的气味，即"掩盖"。在食品烹调、生产、贮藏的许多工艺环节中便是巧妙利用或回避气味的这一特点而进行操作的。如茶叶贮藏需密封以防止"串味"，在制造果味饮料、糖果中加入香精来弥补天然香味的不足。

（3）嗅觉的衡量

① 嗅味阈值　一种嗅感物质被感知的最低浓度值以及嗅觉对嗅感物质变化所察觉的最小范围。人类的嗅觉在察觉气味的能力上强于味觉，但对分辨气味物质浓度变化后气味相应变化的能力却不及味觉。由于嗅觉比味觉、视觉和听觉等感觉更易疲劳，而且持续时间比较长，影响嗅味阈值测定的因素又比较多，因而准确测定嗅味阈值比较困难。

② 相对气味强度　反映气味物质的气味感觉随气味浓度变化而发生相应变化的一个特性。由于气味物质感觉阈非常低，因此很多自然状态存在的气味物质在稀释后气味感觉不但没有减弱反而增强。这种气味感觉随气味物质浓度降低而增强的特性称为相对气味强度。

> **思考：** 在实际生活中有这样一些现象，打开一个香水瓶，直接用鼻子嗅会感到刺鼻而嗅不到香气，而用手轻轻在瓶口扇动，反而会感受到纯正的香气，请问这是什么特性？

$$相对气味强度 = \frac{嗅感物质嗅味阈变化值}{嗅感物质浓度变化值}$$

③ 香气值　有时在鉴别具体食品的嗅感风味时，往往并不由几个嗅感物质的百分含量和阈值大小来决定，为判断一种嗅感物质在体系的香气中作用大小，引入香气值概念。一种呈香物质在食品香气中所起作用的数值称为香气值，也称为呈香值。它是某种嗅感物质在体系中的浓度与该物质的嗅味阈值之比。

$$香气值(FU) = \frac{嗅感物质浓度}{嗅味阈值}$$

当香气值<1 时，人们的嗅觉器官对这种呈香物质就没有感觉。但实际上，迄今为止，人们还无法在评定食品香气时脱离感官分析方法，因为香气值只能反映出食品中各呈香物质产生香气的强弱，而不能完全、真实地反映出食品香气的优劣程度。

2. 食物嗅觉识别技术

（1）嗅技术　要获得明显的嗅觉，把头部稍微低下对准被嗅物质，适当用力地吸气或扇动鼻翼做急促的呼吸，气味物质自下而上地通入鼻腔，空气易形成急驶的涡流，气体分子较多地接触嗅上皮，从而增强嗅觉。这样一个嗅过程就是所谓的嗅技术。

（2）气味识别

① 范氏试验　一种气体物质不送入口中而在舌上被感觉出的技术。首先，用手捏住鼻孔通过张口呼吸，然后把一个盛有气味物质的小瓶放在张开的口旁，迅速地吸入一口气并立即拿走小瓶，闭口，放开鼻孔使气流通过鼻孔流出（口仍闭着），从而在舌上感觉到该物质。

> **思考：** 为何闻香师或品鉴专家能识别很多气味？

② 气味识别　各种气味就像学习语言那样可以被记忆，必须设计专门的实验，有意识地加强训练这种记忆，以便能够识别各种气味，详细描述其特征。

（3）香识别

① 啜食技术　因为吞咽大量样品不卫生，品茗专家和评价专家发明了一项专用技术——啜食技术，来代替吞咽的感觉动作，使用匙把样品送入口内并用力地吸气，使液体杂乱地吸向咽壁（就像吞咽时一样），气体成分通过鼻后部到达嗅味区。

② 香的识别　香识别训练首先应注意色彩的影响，通常多采用红光以消除色彩的干扰。训练用的样品要有典型，可选各类食品中最具典型香的进行。

四、视觉、听觉及其他感觉

1．视觉

视觉是人类重要的感觉之一，绝大部分外部信息要靠视觉来获取。视觉是认识周围环境，建立客观事物第一印象的最直接和最简捷的途径。由于视觉在各种感觉中占据非常重要的地位，因此在食品感官评定上，视觉起着相当重要的作用。

（1）视觉生理　视觉是眼球接受外界光线刺激后产生的感觉。眼球形状为圆球形，其表面由3层组织构成。最外层是起保护作用的巩膜，它的存在使眼球免遭损伤并保持眼球形状。中间一层是布满血管的脉络膜，它可以阻止多余光线对眼球的干扰。最内层大部分是对视觉感觉最重要的视网膜。在眼球面对外界光线的部分有一块透明的凸状体称为晶状体，晶状体通过睫状肌肉运动调节屈曲程度，保持外部物体的图像始终集中在视网膜上。晶状体的前部是瞳孔，这是一个中心带孔的薄肌膈膜，瞳孔直径可变化以控制进入眼球的光线。产生视觉刺激的光波照在角膜上，透过角膜到达晶状体，再透过晶状体到达视网膜，大多数的光线落在视网膜中的一个小凹陷处——中央凹上（图1-5）。视觉感受器、视杆细胞和视锥细胞位于视网膜中，这些感受器含有光敏色素，当它受到光

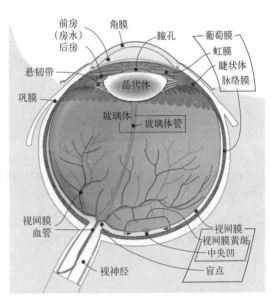

图1-5　眼球结构

能刺激时会改变形状，导致电神经冲动的产生，并沿着视神经传递到大脑，这些脉冲经视神经和神经末梢传导到大脑，再由大脑转换成视觉。

（2）视觉的感觉特征

① 闪烁效应　当用一系列明暗交替的光线刺激眼球时，就会产生闪烁感觉，随着刺激频率的增加，到一定程度时，闪烁感觉消失，由连续的光感所代替。

② 颜色视觉　颜色是光线与物体相互作用后，对其检测所得结果的感知。感觉到的物体颜色受3个实体的影响：物体的物理和化学组成、照射物体的光源光谱组成和接收者眼睛的光谱敏感性。改变这3个实体中的任何1个，都可以改变感知到的物体颜色。

物体的颜色能在3个方面变化：色调（消费者通常将其代表性地作为物体的"色彩"）、明亮度（也称为物体的亮度）、饱和度（也称为色彩的纯度）。物体的感知色调是对物体色彩的感觉。

③ 暗适应和亮适应　当从明亮处转向黑暗时，会出现视觉短暂消失而后逐渐恢复的情形，这样一个过程称为暗适应。在暗适应过程中，由于光线强度骤变，瞳孔迅速扩大以适应这种变化，视网膜也逐步提高自身灵敏度使分辨能力增强。亮适应正好与此相反，是从暗处到亮处视觉逐步适应的过程。这两种视觉效应与感官评定实验条件

> 思考：夜盲症是由于无法暗适应还是无法亮适应？

的选定和控制相关。

(3) 视觉与食品感官评定 视觉虽不像味觉和嗅觉那样对食品感官评定起决定性作用，但仍有重要影响。食品的颜色变化会影响其他感觉。实验证实，只有当食品处于正常颜色范围内才会使味觉和嗅觉对该种食品的评定正常发挥，否则这些感觉的灵敏度会下降，甚至不能正确感觉。颜色对分析评定食品具有下列作用。

① 便于挑选食品和判断食品的质量。食品的颜色比形状、质构等对食品的接受性影响更大、更直接。

② 食品的颜色和接触食品时环境的颜色显著增加或降低对食品的食欲。

③ 食品的颜色也决定其是否受人欢迎。备受喜爱的食品常常是因为这种食品带有使人愉快的颜色。

④ 通过各种经验的积累，可以掌握不同食品应该具有的颜色，并据此判断食品所应具有的特性。

2. 听觉

听觉也是人类用作认识周围环境的重要感觉。听觉在食品感官评定中主要用于某些特定食品（如膨化食品）和食品某些特性（如质构）的评价。

(1) 听觉生理 听觉是耳朵接受外界声波刺激后而产生的一种感觉。人类的耳朵分为外耳、中耳和内耳。内耳、外耳之间通过耳道相连接。外耳包括耳郭和外耳道，主要起集声作用；中耳包括鼓膜、听骨链、鼓室、中耳肌、咽鼓管等结构，主要起传声作用；内耳则由耳膜、耳蜗、听觉神经和基膜等组成（图1-6）。外界的声波以振动

> **思考**：如果一边耳朵听不到会不会影响对声音的定位？

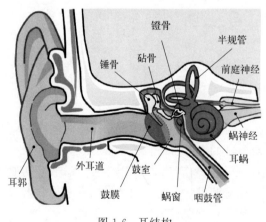

图1-6 耳结构

的方式通过空气介质传送至外耳，再经耳道、耳膜、中耳进入耳蜗，此时声波已转换成膜振动，这种振动在耳蜗内引起耳蜗液体运动，进而导致耳蜗后基膜发生移动，基膜移动对听觉神经的刺激产生听觉脉冲信号，使这种信号传至大脑即感受到声音。

声波的振幅和频率是影响听觉的两个主要因素。声波振幅大小决定听觉所感受声音的强弱。声波振幅通常用声压或声压级表示，即分贝（dB）。频率是指声波每秒振动的次数，它是决定音调的主要因素。通常都把感受音调和音强的能力称为听力。

(2) 听觉与食品感官评定 听觉与食品感官评价有一定的联系。食品的质感由咀嚼食品发出的声音得到体现，在决定食品质量和食品接受性方面起重要作用，主要用于某些特定食品（如膨化谷物食品）和食品的某些特性（如质构）的评价。比如，焙烤制品中的酥脆薄饼和某些膨化制品，在咀嚼时应该发出清脆的声响，否则人们就可认为其质量已变化。脆度是一种人对脆性食品的复杂感知，听觉信号是其中的重要组成部分。

此外，食品感官评价时应避免杂音的干扰，高分贝背景噪声影响人的味觉敏感度，可导致人在进餐过程中觉得食物没有味道。随着噪声增大，受试者感受食物甜度和咸度敏感度降

低，从而导致他们对食物的喜爱程度降低。嘈杂的噪声使人的味觉变迟钝，愉悦的音乐可以优化人的用餐体验。

3. 触觉

触觉是口部和手与食品接触时产生的感觉，通过对食品施加形变应力而产生刺激的反应表现。触觉主要可分为体觉（触摸感、皮肤感觉）和肌肉运动知觉（深度压力感或本体感受）。皮肤受到机械刺激尚未引起变形时的感觉为触觉，若刺激强度增加可使皮肤变形时的感觉为压觉，触觉和压觉通称为触压觉。不同皮肤区感受两点之间最小距离的能力也有所不同：舌尖最敏感。

触觉检验主要借助手、皮肤等器官的触觉神经来检验食品的弹性、韧性、紧密程度、稠度等。例如，根据鱼体肌肉的硬度和弹性，可以判断鱼是否新鲜。此外，在品尝食品时，除了味觉、嗅觉外，还可评价其脆性、黏度、膨松、弹性、硬度、冷热、油腻性和接触压力等触感。对食品的形变所加力表现为咬断、咀嚼、品味、吞咽的反应。进行感官评定时，通常先进行视觉检验，再依次进行嗅觉、味觉及触觉检验。

4. 三叉神经感觉与痛觉

除了味觉和嗅觉系统具有化学感觉外，鼻腔和口腔中以及整个身体还有一种更为普遍的化学敏感性。比如角膜对于化学刺激就很敏感，切洋葱时容易使人流泪等。这种普遍的化学反应是由三叉神经来调节的。某些刺激物（如生姜、山葵、洋葱等）会刺激三叉神经末端，使人在眼、鼻、嘴的黏膜处产生刺激感。人们一般很难从嗅觉或味觉中区分三叉神经感觉，在测定嗅觉实验中常会与三叉神经感觉混淆。三叉神经对于较温和的刺激物的反应（如胡椒粉或辣椒引起的热辣感）有助于人们对一种产品的接受。

当人们在吃辛辣食物时，辣椒素会刺激三叉神经。而三叉神经在口腔中分布密度很大，尤其舌尖上有很多三叉神经纤维，导致舌尖对辣味十分敏感。当三叉神经受到辣味刺激时，会将信号传递

> 思考："辣"是一种味觉吗？

到大脑，在经过大脑分析后，就产生了混合着热觉与痛觉的感觉。还有可乐中 CO_2 引起的"杀口感"，有学者认为这是食物带来的痛觉。

五、感官的相互作用

各种感官感觉不仅受直接刺激该感官所引起的反应，而且感官感觉之间还有相互作用。

1. 味觉与嗅觉的相互作用

食品整体风味感觉中味觉与嗅觉相互影响较为复杂。烹饪技术认为风味感觉是味觉与嗅觉印象的结合，并伴随着质地和温度效应，甚至也受外观的影响。人们会将一些挥发性物质的感觉误认为是"味觉"。一种突出的、令人愉快的风味物质含量的增加会提高对其他愉快风味物质的得分，这种就叫光环效应。相反，令人讨厌的风味成分的增加会降低对愉快特性的强度得分。

> 思考：感冒时为何食欲会降低？

在食品感官检验时，检验人员对产品的各项评分很可能受到他对该产品总体喜爱情况的影响。

2. 其他感觉的相互作用

另两类相互影响的形式在食品中很重要：一是化学刺激与风味的相互影响；二是视觉外

观的变化对风味评分的影响。例如，二氧化碳所赋予的"杀口感"会改变一种产品的风味，跑气的碳酸饮料对产品风味会有损害。

任何位于鼻中或口中的风味化学物质可能有多重感官效应。食品的视觉和触觉印象对于正确评价和接受食品很关键。咀嚼食物时，产生的声音与触觉与食物的松脆有紧密的关系。

总之，人类的各种感官是相互作用、相互影响的。在食品感官评价实施过程中，应该重视它们之间的相互影响对评价结果所产生的影响，以获得更加准确的评价结果。

知识点二　感觉的阈值及影响因素

一、感觉阈的概念及分类

感觉阈是指感官或感受范围的上、下限和对这个范围内最微小变化感觉的灵敏程度。

感官或感受体并非对所有变化都会产生反应。只有当引起感受体发生变化的外界刺激处于适当范围内时，才能产生正常的感觉。刺激量过大或过小都会造成感受体无反应而不产生感觉或反应过于强烈而失去感觉。例如，人眼只对波长为 380～780nm 光波产生的辐射能量变化才有反应。依照测量技术和目的的不同，可以将各种感觉的感觉阈分为绝对阈和差别阈两种。

1.绝对阈

绝对阈是指以产生一种感觉的最低刺激量为下限，到导致感觉消失的最高刺激量为上限的一个范围值。低于下限值的刺激称为阈下刺激，高于上限的刺激称为阈上刺激。能引起感觉的刺激的最小值称为刺激阈或感觉阈，感知到的可以对感觉加以识别的感官刺激的最小值称为识别阈。阈上刺激或阈下刺激都不能产生相应的感觉。

人的各种感受性都有极大的发展潜力。例如，调味师、品酒师的味觉、嗅觉比常人敏锐。感觉阈数据常应用于两方面：度量评价员或评价小组对特殊刺激物的敏感性；度量化学物质能引起评价员产生感官反应的能力。

2.差别阈

差别阈是指感官所能感受到的刺激的最小变化量。差别阈限值也称最小可觉差。以重量感觉为例，把 100g 砝码放在手上，若只有使其增减量达到 3g 时，才刚刚能够觉察出重量的变化，3g 就是重量感觉在原重量 100g 情况下的差别阈。

此外，食品感官的差别阈也应用于产品实际生产中，眼睛感觉不出的色彩差量叫作颜色的视觉容量，对食品色泽来说色彩差别量是允许存在的，即允许差别。

二、影响阈值的因素

1.味阈及其影响因素

从刺激味觉器官到出现味觉一般需要 0.15～0.4s。在酸、甜、苦、咸四种基本味觉中，人体对咸味的感觉最快，对苦味的感觉最慢，一般苦味总是在最后才有感觉。味觉器官感受到某种呈味物质的味觉所需要的该物质的最低浓度被称为味阈（味觉阈值）。

影响味觉及味阈的因素有很多，如温度、呈味物质的水溶性、年龄、性别、饥饿、疾病等。

（1）温度的影响　味觉与温度的关系很大，最能刺激味觉的温度在 10～40℃之间，其中以 30℃时味觉最敏感，高于或低于此温度，味觉都稍有减弱。在四种基本味中，甜味和酸味的最佳感觉温度在 35～50℃，咸味的最适感觉温度为 18～35℃，而苦味是 10℃。

（2）呈味物质水溶性的影响　味觉的强度和味觉产生的时间与呈味物质的水溶性有关。完全不溶于水的物质实际上是无味的，只有溶解在水中的物质才能刺激味觉神经，产生味觉。味觉产生的时间长短和维持的时间因呈味物质水溶性的不同而有差异。水溶性好的物质，味觉产生快，消失也快；水溶性较差的物质，味觉产生慢，但维持时间较长。

> **思考：** 在干燥的舌苔上撒上糖粒，能否感觉到甜味？

（3）年龄的影响　年龄对味觉敏感性是有影响的。老年人经常抱怨很多食物吃起来无味，这主要是因为随着年龄的增长，舌苔乳突上味蕾数会大幅减少，造成味觉逐渐衰退。感官试验证实，超过 60 岁的人对酸、甜、苦、咸四种基本味的敏感性会显著降低。

（4）性别的影响　不同性别人群的味觉敏感性存在差异，如女性在甜味和咸味方面比男性更加敏感，而男性对酸味比女性敏感，在苦味方面基本不存在性别上的差别。

（5）饥饿的影响　人处于饥饿状态下味觉敏感性会明显提高，四种基本味的敏感性在进食前达到最高敏感性。进食后一方面满足了生理需求，另一方面是饮食过程造成了味觉感受体疲劳而导致敏感性下降。但饥饿状态对于味觉的喜好并无影响。

（6）疾病的影响　人的身体状况对味觉影响很大。当身体患某种疾病或发生异常时，会导致失味、味觉迟钝或变味。由于疾病而引起的味觉变化，有的是暂时性的，有些则是永久性的变化。体内某些营养物质缺乏也会造成对某些味道的喜好发生变化，当体内缺乏维生素 A 时会拒绝食用带有苦味的食物；若维生素 A 缺乏症持续，则对咸味也拒绝接受。

2．嗅阈及其影响因素

人类嗅觉的敏感度是很高的，通常用嗅阈（嗅觉阈值）来测定，就是引起人嗅觉感知最小阈值。嗅阈的测定比较复杂，一般以 1L 空气中气味物质的克（g）数或毫克（mg）数为基础，用 mg/L 或 g/L 表示。影响嗅觉及嗅阈的因素有很多，如人体个体差异、身体状况等。

（1）人体个体差异的影响　人的嗅觉个体差异很大，有嗅觉敏锐者和嗅觉迟钝者。即使嗅觉敏锐者也并非对所有的气味都敏锐。如长期从事评酒工作的人，其嗅觉对酒香的变化非常敏感，但对其他气味就不一定敏感。但如果嗅觉长期作用于同一种气味会产生嗅觉疲劳现象。嗅觉疲劳比其他感觉的疲劳都要突出。

（2）身体状况的影响　人的身体状况会影响嗅觉。如人在感冒、身体疲倦、营养不良等状况下，其嗅觉功能将会降低。

知识点三　感官评价中的实验心理学

一、实验心理学的概念

广义的实验心理学是相对于人文取向的心理学体系，也叫科学心理学。狭义上来说，实验心理学是应用科学的实验方法研究心理现象和行为规律的科学，是心理学中关于实验方法的一个分支。

二、实验心理学的应用

1. 测量食品感官品质

通过食品感官评价试验可以确定某种食品对人的消费需求，知道这种食品是否能够让广大消费者所接受，也可以通过感官评价确定食品的品质，通过感官质量评价同时还可以对食品的配方、工艺进行改进。

2. 测量感官评价员的品评能力

通过食品感官评价可进行感官评价员的训练和选拔。主要是通过不同阈值的测量对感官评价员感觉的敏感性、辨别能力、记忆力、描述能力以及心理素质进行培训，进而考核。

3. 测量评价结果的校准

感官评价试验可以对已经产生的感觉评价的方法进行测量，尤其是对于试验的设计、结果的统计具有积极的影响。

4. 测量选择食物的心理行为

采用感官评价试验进行消费者嗜好与接受性的研究，确定某种食物被消费者接受的程度。

三、特殊心理效应的类型

1. 经验作用

感官评价的最终结果是以评价人员的经验来进行判断，试验不可避免地受到评价人员经验的影响，所以在感官评价打分过程中会产生误差。

2. 位置效应

> 思考：如何规避位置效应？

位置效应是指当样品放在与试验质量无关的特定位置时，常会出现多次选择放在特定位置上试样的倾向。比如当样品较多时，易选择两端的样品；或倾向于中庸之道，选择中间的样品。

3. 疲劳效应

疲劳效应是指由于参加的实验过长，或是参加的实验项目太多，情绪和动机都会减弱的现象。感觉器官被某种刺激连续作用时，感官会产生疲劳效应，感官的灵敏度也会随之下降。

4. 顺序效应

当比较两个客观顺序无关的刺激时，经常会出现过大地评价最初的刺激或第二个刺激现象，这种倾向称为顺序效应。

5. 预期效应

预期效应指的是动物和人类的行为不是受他们行为直接结果的影响，而是受他们预期行为将会带来什么结果所支配。在感官评价上从样品中领会一些暗示的现象称为预期效应或期待效应。

6. 记号效应

与样品本身性质无关，而是由于对样品记号的喜好影响了对判断决定的倾向称之为记号效应。记号效应有两种类型：多数人的共同倾向和个人的主观倾向。

7. 基准效应

每个评价员在评价样品时对样品的评价基准不同或者基准不稳定均会影响感官评价的客观性和准确性。

8. 分组效应

如果在一组质量较差的同种样品内，其中有一个样品质量较好，则该样品的评分结果会比其单独品尝时的评分低，这称为分组效应。

知识点四　食品分析中的感官属性

一、食品的外观

外观通常是决定我们是否购买一件商品的唯一属性，评价员几乎不需要经过训练，就能够很容易地对产品的相关属性进行描述和介绍。食品的外观属性主要包括：颜色、大小和形状、表面的质构、澄清度和碳酸的饱和度。颜色：食品变质通常会伴随着颜色的改变。大小和形状：长度、厚度、宽度、颗粒大小、几何形状（方形、圆形等）。大小和形状通常用于指示食品的缺陷。表面的质构：表面的纯度或亮度，粗糙与平坦。澄清度：透明液体或固体的混浊或澄清程度，是否存在肉眼可见的颗粒。碳酸的饱和度：对于碳酸饮料，主要观察倾倒时的起泡度。

二、食品的气味

食品气味的产生，是由于食品本身的风味物质挥发进入鼻腔时，被嗅觉系统所识别的过程。从食品中释放的挥发性物质的数量是受温度和组分的性质影响的。在一定温度下，从柔软、多孔和湿润的表面会比从坚硬、平滑和干燥的表面释放出更多的挥发性物质。许多气味只有在酶反应发生时才会从剪切面释放出来。令人愉悦的气味被称为香味，令人厌恶的气味被称为臭味。

三、食品的质地

食品的质地包括食品的均匀性和质构特性，此类属性不同于化学感觉和味道。均匀性包括评定均一的牛顿液体的黏度以及用以评定非牛顿液体、均一的液体和半固体的浓度。质构用以评定固体或半固体。

均匀性主要用黏度来衡量，黏度主要与某种压力（如重力）下液体的流动速率有关，它能被准确测量出来。浓度（如浓汤、酱油、果汁、糖浆等液体）原则上也能被测量出来。实际上，一些标准化需要借助于浓度计。

质构就复杂得多，可以将其定义为产品结构或内部组成的感官表现。这种表现来源于两种行为：产品对压力的反应，通过手、指、舌、颌或唇的肌肉运动知觉测定其机械属性（如硬度、黏性、弹性等）；产品的触觉属性，通过手、唇或舌、皮肤表面的触觉神经测量其几何颗粒（粒状、结晶、薄片）或湿润特性（湿润、油质、干燥）。食品的质构属性包括三方面：机械属性、几何特性、湿润特性。

四、食品的风味

风味作为食品的一种属性，可以定义为食品刺激味觉或嗅觉受体而产生的各种感觉的综合。但是，为了感官评定的目的，可以将其更狭义地定义为食品在嘴里经由化学感官所感觉到的一种综合印象。按照这个定义，风味可以分为芳香、味道和化学感觉三种。芳香，即食物在嘴里咀嚼时，后鼻腔的嗅觉系统识别出释放的挥发性香味物质的感觉。味道，即口腔中可溶物质引起的感觉（咸、甜、酸、苦）。化学感觉，在口腔和鼻腔的黏膜里刺激三叉神经末端产生的感觉（苦涩、辣、冷、鲜味等）。

五、食品的声音

声音主要产生于食品的咀嚼过程。通常情况下，测量咀嚼时产生声音的频率强度和持久性，尤其是频率与强度有助于评价员的整个感官印象。食品破碎时产生声音的频率和强度的不同可以帮助判断产品的新鲜与否，如苹果、土豆片等。而声音的持久性可以帮助了解其他属性，如强度、硬度（咀嚼发出的清脆声音）、浓度（如液体）。

 拓展阅读

感官评价的发展历史

感官评价的大致发展历程如下：20 世纪 40 年代末到 50 年代初，建立并完善了"区别检验法"；1957 年，创立了"风味剖析法"，推动了正式描述法的形成及专业感官评价员群体的形成；20 世纪 60 年代，"质地剖析法"出现；20 世纪 70 年代，创立了定量描述分析法（quantitative descriptive analysis，QDA）、系统描述分析法；1984 年，创立自由选择剖析法（free choice profiling，FCP）；1992 年，《感官评价在品控当中的应用》出版；1996 年至今，感官评价着重研究感官评价中的细节性问题；2000 年后，*Sensory Evaluation Practices* 第三版对感官评价进行了定义。当前的感官评价着重于应用以前开发的研究工具进行相应的感官研究，这些感官评价手段在实际应用中发现了不少问题，为以后的感官评价发展提供了丰富的研究课题。

 思考题

1. 人类的感觉是什么？分为哪几种类型？
2. 嗅觉是怎样产生的？什么是嗅技术？
3. 味觉产生的生理机制是什么？味觉有哪几个基本种类？不同的味道其敏感区在哪里？
4. 视觉的生理特征是什么？视觉是怎么形成的？
5. 食品的视觉检查有什么作用？
6. 什么是绝对阈、差别阈和刺激阈？
7. 影响感官评价的因素有哪些？
8. 食品的感官特性有哪些？
9. 请举例说明温度对味觉的影响。
10. 举例说明人类的各种感官是如何相互作用、相互影响的。

项目二
食品感官检验的条件

👁 知识目标

1. 掌握食品感官检验样品及呈送要求；各类食品感官评价员的特点及培训目的和主要培训内容；检验方法的分类及标度的方法和种类。
2. 熟悉食品感官检验实验室的设置、基本组成及各种要求。
3. 了解食品感官检验实验室的类型，感官评价员的筛选方法。

⚡ 能力目标

1. 能正确制备样品并呈送。
2. 能正确区分感官评价员的类型并掌握食品感官评价员的特点及培训目的和内容。
3. 能正确使用合适的标度和检验方法对食品进行感官评价。

◎ 素养目标

1. 养成爱岗敬业、精益求精的工匠精神，认真负责的工作态度。
2. 具有良好的沟通能力、较强的集体意识和团队协作精神。

知识点一　食品感官检验的工作条件

一、实验室空间的设计

食品感官检验实验室由两个基本核心组成：检验区和样品制备区。在条件允许的情况下，理想的感官检验室还应该包括休息室、办公室、更衣室等部分，其中各个区、室都应该具备相应的各种设施和控制装置，目的在于减少环境对评价人员和样品质量的影响。通常情况下，感官检验实验室应建立在环境清静、交通便利的地区。实验室的设计应保证感官评价在抑制和最小干扰的可控条件下进行，减少生理因素和心理因素对评价员判断的影响。

1. 检验区

一般考虑的原则应是评价员最容易到达的地方，如果从外面请评价员，则最好建在建筑的入口处，检验室应与拥挤、嘈杂的地方隔一段距离，以避开噪声及其他方面的影响。检验区和制备区以不同的路径进入，而制备好的样品只能通过检验隔挡上带活动门的窗口送入检验工作台上。

食品感官检验实验室各个区的布置有各种类型，常见的形式见图 2-1～图 2-4。

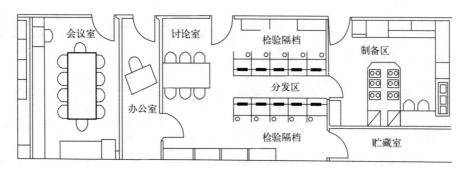

图 2-1　感官检验实验室平面图例（一）

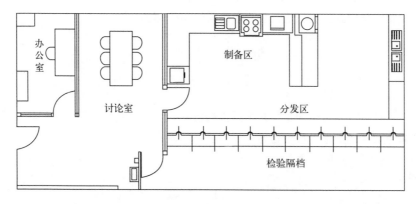

图 2-2　感官检验实验室平面图例（二）

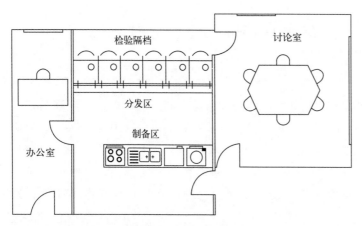

图 2-3　感官检验实验室平面图例（三）

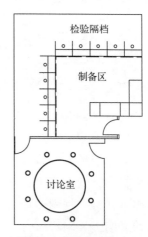

图 2-4　感官检验实验室
平面图例（四）

2. 样品制备区

样品制备区是进行感官评价实验的准备场所，在此完成选择相应试验器具、制备样品、样品与器具编码等工作，目的是为评价员提供一个符合检验要求、统一的样品及器具。制备区应紧靠检验区，以便于提供样品，但两个区域应隔开，以减少气味和噪声等干扰。内部布局应合理，并留有余地，通风性能要好，能快速排除异味。为避免给检验结果带来偏差，不允许评价员进入或离开检验区时穿过准备区。如图 2-5。

图 2-5　样品制备区

(图片来源于中粮营养健康研究院感官实验室)

3. 评价小间

许多感官检验要求评价员独立进行评价，当需要评价员独立评价时，通常使用独立评价小间以在评价过程中减少干扰和避免相互交流。评价小间又

思考：请根据食品感官评价室的要求将你所在教室改造成一间食品感官评价室，并绘制平面图。

叫个体试验区，是每个评价员在互相隔离的空间完成检验工作的场所，通常个体试验区内可用隔挡隔开多个空间，面积约为 0.9m×0.9m，只能容纳一名感官评价员进行独立工作。隔挡的数目应根据检验区实际空间的大小和通常进行检验的类型而定，一般为 5～10 个，但不得少于 3 个。每个小间内应设有工作台、座椅、漱口池和自来水等。如图 2-6～图 2-10。

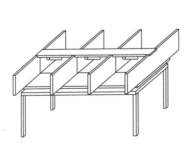

图 2-6　简易感官评价室

漱口池　　操作台

图 2-7　评价隔间平面图

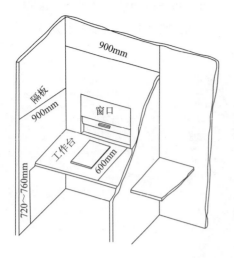

图 2-8　评价隔间的尺寸设计

图 2-9　评价隔间的实景图

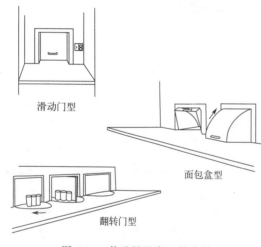

图 2-10　传递样品窗口的式样

4. 集体工作区

感官检验实验室常设有一个集体工作区，可满足评价员之间以及与检验主持人之间的讨论，进行人员培训和试验前讲解。讨论室应足够宽大，能摆放一张桌子及配置舒适的椅子供参加检验的所有评价员同时使用。

5. 附属设施的要求

食品感官检验实验室的一些附属部分包括办公室、休息室、更衣室、盥洗室等。

办公室是评价表的设置、分类，分析资料的收集、处理，以及发布报告，与评价员就试验过程和试验结果进行个别讨论的场所，应靠近检验区并与之隔开。办公室的常备设施包括办公桌、书架、椅子、电话、档案柜、计算机等。

休息室是供试验人员在样品试验前等候或多个样品试验时中间休息的地方，有时也可用作宣布一些规定或传达有关通知。如果作为多功能考虑，兼作讨论室也是可行的。

盥洗室：有些样品在试验前需要清洗，试验器具在评价员使用后也应及时洗涤。

二、感官检验区的环境条件

1. 试验区内的微气候

这里专指试验区工作环境内的气象条件，包括室温、湿度、换气速度和空气纯净程度。

（1）温度和湿度　温度和湿度对感官评价人员的舒适和味觉有一定的影响。当处于不适当的温度和湿度环境中时，或多或少会抑制感官感觉能力的发挥，

> 思考：为了节约能源，家里空调的温度一般设置在多少摄氏度？

如果条件进一步恶劣，还会产生一些生理上的反应，所以试验区内应有空气调节装置，室温保持在（25±2）℃，相对湿度保持在40％～70％。

(2) 换气速度 有些食品本身带有挥发性气味，加上试验人员的活动，加重了室内空气的污染。试验区内应有足够的换气设备，换气速度以半分钟左右置换一次室内空气为宜。

(3) 空气的纯净度 检验区应安装带有活性炭过滤器的换气系统，用以清除异味。允许在检验区增大一定大气压强以减少外界气味的侵入。检验区的建筑材料和内部设施均应无味，不吸附和不散发气味。

2．光线和照明

感官评价中照明的来源、类型和强度非常重要。应注意所有房间的普通照明及评价小间的特殊照明。检验区的照明应是可调控的、无影的和均匀的。推荐灯的色温为白色，能提供良好、中性的照明。在做消费者检验时，通常选用日常使用产品时类似的照明。进行产品或材料的颜色评价时，特殊照明尤其重要。为掩蔽样品不必要的、非检验变量的颜色或视觉差异，可能需要特殊照明设施，可使用的照明设施包括：调光器、彩色光源、滤光器、黑光灯、单色光源如钠光灯。

3．颜色

检验区墙壁和内部设施的颜色应为中性色，如用乳白色或中性浅灰色，目的在于不影响对被检样品颜色的评价。试验台不能使用过于鲜艳的颜色，例如红色或黄色等，一般宜选用中性浅灰色或白色等，地板和椅子可适当使用暗色。

> **思考：** 请举例说明试验区的环境条件对食品感官评价的影响。

4．噪声

试验区应避开大楼门厅、楼梯、走廊等地。噪声会造成评价员听力障碍、血压上升、呼吸困难、焦躁、注意力分散、工作效率低等不良影响，试验区噪声控制一般要求在40dB以下。检验期间应控制噪声，宜使用降噪地板，最大限度地降低因步行或移动物体等产生的噪声。

三、样品制备区的环境条件

1．常用设施和用具

样品制备区需配备的设施取决于要准备的产品类型。通常主要有工作台、洗涤用水池和其他供应洗涤用水的设施。样品制备区应配备必要的加热、保温设施，如电炉、燃气炉、微波炉、恒温箱、冰箱、冷冻机等，用于样品的烹调和保存，以及必要的清洁设备，如洗碗机等。此外，还应有制备样品的必要设备，如厨具、容器、天平等；仓储设施；清洁设施；办公辅助设施等。

不能使用有味道的建筑和装饰材料，用于制备和保存样品的容器应采用无味、无吸附性、易清洗的惰性材料制成。

2．样品制备区工作人员

样品制备区工作人员应经过一定培训，具有常规化学实验室工作能力，熟悉食品感官分析有关要求和规定。

四、样品制备和呈送的要求

样品是感官评价的受体，样品制备的方式及制备好的样品呈送至评价员的方式对感官评价实验是否获得准确而可靠的结果有重要影响。在感官评价实验中，必须规定样品制备的要求、样品制备的控制及呈送过程中的各种外部影响因素。

1. 样品的制备

（1）样品制备的要求

① 均一性　要获得可重复、再现的结果，样品均一性十分关键，所谓均一性就是指制备的样品除所要评价的特性外，其他特性应完全相同。样品在其他感官质量上的差别会造成对所要评价特性的影响，甚至会使评价结果完全失去意义。

② 样品量　评价样品数一般每轮控制在4～8份样品，一次实验连续进行3～5轮。通常对于气味重、油脂高的样品，每次只能提供1～2个样品；对于含酒精饮料和带有强刺激感官特性的样品，评价样品数限制在3～4个；若只评价产品的外观，每次可提供的样品数为20～30个。

每次评价的样品量，首先应一致，以保证不同轮次实验以及不同评价员之间感官评价的可比性。此外，应考虑到评价员的感官响应、感官疲劳以及样品的经济性等来确定每次评价适宜的提供量。若过少，则不能保证样品与感官之间充分作用而降低判断的灵敏性；若过多，则会增加感官负担，容易疲劳。一般，液体、半固体样品每份15～30mL，固体样品的大小、尺寸、质量根据预实验确定。

（2）盛样器具
明确实验目标，选择合适的器具。如进行香味评价需要提供具盖器具。根据样品的数量、形状、大小、食用温度、湿润度，选择相应数量、形状及性能的器具盛装。在同一实验中，要求盛放样品的容器在大小、形状、颜色、材质、重量、透明度等方面一致。容器本身无色、无味、透明，外观上无文字或图案（三位随机编码除外）。

样品容器通常采用玻璃或陶瓷器皿，但应经过清洗和消毒。也常采用一次性塑料杯或纸质的杯子、托盘等作为盛装样品的器具。实验器皿和用具的清洗应慎重选择洗涤剂，不应使用会遗留气味的洗涤剂。

（3）样品加热或冻藏的方式
在使用仪器对样品进行加热时，要选择重量、尺寸、形状相同的样品以确保加热均匀。有时，完全相同的加热时间不一定能达到相同的最终温度，可首先通过预实验确定加热时间。对于油炸食品，在食品放入油锅之前保证油液面恒定，通过预实验确定食物在油炸过程中是否翻动或搅动，保证其受热均匀。为避免滋生微生物，所有需冻藏样品必须保存在4℃以下，同时要注意空气流通，以防样品吸收设备或其他产品的不良气味。

> 思考：冷冻和速冻的区别有哪些？

（4）不能直接感官评价的样品制备
有些样品由于风味浓郁或物理状态（黏度、颜色、粉状度等）等而不能直接进行感官评价，如黄油、香精、调味料、糖浆等。因此，需根据检验目的进行适当稀释，或与化学组分确定的某一物质进行混合，或将样品添加到中性的食品载体中，按照直接感官评价的样品制备方法进行制备。

> 思考：如果简单将装于容器中的牛乳传到评定室中，由评价员自己加到谷物食品中，这种做法正确吗？为什么？

2．样品的呈送

（1）样品温度 温度变化会影响产品的风味、口感和组织状态，只有样品保持在恒定或适当的温度下进行评价，才能获得充分反映样品特点并可重复的结果。感官评价时不仅要求提供给每位评价员的每个样品的温度一致（样品数量较大时尤其如此），还应依据以下 5 点来确定适合的样品温度。

① 通常食用温度；

② 易检出品质差异的温度；

③ 实验中容易保持的温度；

④ 不易产生感官疲劳的温度；

⑤ 不使样品变性的温度。

通常样品温度在 10～40℃时感觉较好，味觉最敏感的温度接近舌温为 15～30℃；气味样品温度保持在该产品日常食用的温度。

所有同批次实验样品温度应保持一致且在预定的范围内。由于不同类型的样品食用温度各不相同，可根据推荐的温度范围选择。在实验前和评价期间，可采用热沙子、热水浴、具盖预热玻璃容器、碎冰、隔装的干冰（使用干冰时请勿将样品与干冰接触，若不慎接触，一律丢弃）等维持样品温度。

（2）样品编号 样品编号可采用字母编号、数字编号及其组合等多种方式。以字母编号时，避免使用字母表中相邻字母或开头与结尾字母，以双字母为最好，防止产生记号效应。使用数字编号时，最好使用三位随机数。同批次实验中，提供给每位评价员的样品，其编号应位数相同而数字不相同，避免使用重复编号，以免评价员相互讨论与猜测。而且，每轮实验提供给同一评价员的样品编号也要求不同，以防止评价员的短期记忆。此外，尽可能回避评价员忌讳或偏好的数字。在使用记号笔给样品编号时应注意其味道并做好消除味道的准备。

> **思考：** A63、794、53、食52、4@1，请问以上哪个样品编码是对的？

样品编码的基本原则：

① 推荐编码方式应采取随机三位数字；

② 字母编号要避免按顺序编写，编号关键是不带任何相关信息；

③ 同批次实验编号位数应一致；

④ 所用样品在所有轮次中编多个不同号码或样品使用同一号码但是轮次出现顺序不同。

⑤ 同一评价员拿到的样品不能有相同编号。

（3）样品提供 样品提供需要遵循交叉、平衡的基本要求。通过合理的样品摆放或者摆放顺序随机化，避免所提供的样品呈现一定的规律，而被评价员猜测。当每个评价员需要评价多个样品时，所有样品应采用不同组合使得样品在每个位置上出现的概率相同以达到平衡，而提供给评价员时这些组合是随机的（随机不完全平衡），或让每位评价员评价所有组合的样品组（随机完全平衡）。必要时可以设计摆放成圆形，打破日常生活中从左到右或从右到左的顺序思维，或采用一一上样的方式以避免颜色细微差异的影响，减少预期误差。如评价相似度很高的样品或在阈值附近进行评价时，常采用一一上样的方式。评价时，样品提供顺序一般遵循由易到难的方式，如从无色到有色、酒精度由低到高、香气由淡到浓、品质由低到高等。

所有样品都通过送样口提供，提供完后应将送样口关闭，保证评价员看不到样品准备过程，也不打扰评价员的正常评价。

知识点二　食品感官检验人员

一、感官检验人员概述

食品感官检验实验种类繁多，各种实验对参加人员的要求不完全相同。同时，能够参加食品感官检验实验的人员在感官评价上的经验及相应的培训层次也不相同。

1. 评价员级别划分

感官评价员根据开展的感官评价活动不同，可分为消费者类型评价员和分析型评价员。消费者类型评价员开展消费偏爱和接受性测试，主要是经常使用或可能使用某产品的消费者，即产品的目标消费者，感官评价前无须经过培训，也无严格的能力要求与级别划分。分析型评价员则是具有分析型感官检验技术（差别检验、标度检验和描述性分析）的经过专门训练的专业性人员。

感官评价员根据其所能达到的感官评价能力，分为评价员、优选评价员和专家评价员，级别依次递增。不同级别的评价员能力要求不同，所能参与的感官检验难度也不同。一般规定：初级评价员只能参加差别检验，而优选评价员和专家评价员可参加标度检验和描述性分析。

> 思考：学过感官检验课程后，是不是就是评价员了？

2. 评价员能力要求

评价员级别的划分主要依据其感官评价的能力。感官评价能力即运用感官对产品刺激进行感觉测量的能力，包括定性的能力和定量的能力。

（1）评价员　评价员可以是尚未完全满足判断准则的准评价员和已经参与过感官评价的初级评价员。准评价员是指经过感官功能测试和综合考虑初筛出来，但尚未经过感官分析基础培训与考核的评价员。初级评价员是指具有一般感官评价能力的评价员。初级评价员应具有差别检验的能力。

（2）优选评价员　优选评价员指挑选出的具有较高感官评价能力的评价员，是经过选拔并受过培训的评价员。优选评价员应具备较好的差别检验能力、量值能力、描述能力。此外，还应具备一定嗅觉和味觉的生理学知识，具有连续 1～2 年的感官分析经历，掌握有无差别与差别大小感官检验中的一系列方法，有能力运用差别方向检验中的描述性分析方法对产品特性进行分解并评价。

（3）专家评价员　指具有高度的感官敏感性和丰富的感官分析方法经验，并能对所涉及领域内的各种产品做出一致的、可重复的感官评价的优选评价员。这是食品感官评价员中层次最高的一类，专门从事产品质量控制、评估产品特定属性与记忆中该属性标准之间的差别和评选优质产品等工作。

专家评价员需具备中等水平以上的感官记忆能力。此外，专家评价员一般还应具有连续 5 年以上的感官分析经历，熟练掌握有无差别、差别大小和差别方向检验中的三大类感官分析方法，对相关产品及行业有深层理解，掌握不同产品以及同一产品不同等级的关键感官特征，能评价或预测原材料、配方、加工、贮藏、老化等方面相关变化对产品感官质量的影响，并能将感官分析实验的结论运用于产品改进、质量控制以及新产品研发。

二、感官检验人员的筛选

在感官实验室内参加感官检验评定的人员大多数都要经过筛选程序确定，淘汰不适合做感官检验的人员，但最终的选拔，只有经过培训和完成设定任务后才能进行，如图 2-11。

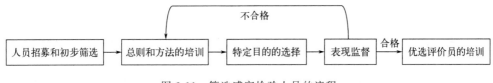

图 2-11　筛选感官检验人员的流程

1. 招募、初筛和启动

（1）招募原则　招募是建立优选评价员小组的重要基础工作，有多种招募方法和标准，以及各种测试来筛选候选人是否适应将来的培训。招募候选人，从中选择最适合培训的人员作为优选评价员。招募人员组建感官检验小组时应考虑以下三个问题：在哪里寻找组成该小组的人员？需要挑选多少人员？如何挑选人员？

（2）招募方式

① 内部招募　从办公室、工厂或实验室职员中招募候选人。建议避免招募那些与被测样品密切相关的人员，特别是技术人员和销售人员，因为他们可能造成结果偏离。这种招募方式，最重要的是单位的管理层和各级组织应支持他们，并明确承担的感官检验工作将作为个人工作的一部分。这些应在招募人员阶段予以明示。

内部招募优点：人员都在现场；不用支付酬金（然而，为了保持积极性，提供小礼品或奖金更可取）；更好地确保结果的保密性，对于研究工作，这一点特别重要；评价小组人员有更好的稳定性。

其缺点：候选人的判断受到影响（由于了解产品）；本单位的产品难以升级（由于熟悉本单位的产品，人们会受影响）；候选人替换较困难（小单位人员数量有限）；可用性低。

② 外部招募　外部招募是指从单位外部招募。出于这种目的最常用的招募方式有：通过在当地出版社、专业刊物或在免费报刊等的分类广告上进行招募等（此种情况下，会有各类人应聘，必须做初步筛选）；通过调查机构，这些机构能够提供可能感兴趣的候选人的姓名和联系方式；内部"消费者"档案，来自广告宣传活动或产品投诉记录；单位来访人员；个人推荐。

外部招募优点：挑选范围广；补充的新候选人能随叫随到；不存在级别问题；人员选拔更容易，淘汰不适合工作的评价人员时，不存在冒犯的风险；可用性高。

其缺点：此办法费用高（酬劳、文书工作）；更适用于居民人数众多的城市地区，而在乡村地区可用混合评价小组；由于必须招募有空闲时间的人员，有时会遇到过多的退休老人或家庭妇女，甚至学生等应聘，难以招募到在职人员；经过选拔和培训后，评价员可能随时退出。

③ 混合评价小组　混合评价小组由内部和外部招募人员以不同比例组成。

（3）挑选人员的数量　经验表明，招募后由于味觉灵敏度、身体状况等，选拔过程中大约要淘汰一半人，而且招募人数会依下列因素而改变：单位的经济状况和要求；需进行测试的类型和频度；是否有必要对结果进行统计分析。因此，评价小组工作时应该有不少于 10 名优选评价员。需要招募人数至少是最后实际组成评价小组人数的 2～3 倍。例如，为了组成 10 个人的评价小组，需要招募 40 人，挑选 20 人。

（4）候选评价员的基本要求　候选评价员的背景资料可通过候选评价员自己填写清晰明

了的调查表（参见表 2-1）以及经验丰富的感官检验人员对其进行面试综合得到。尽管不同类型的感官评价实验对评价员要求不完全相同，但下列几个因素在挑选候选评价员时是必须考虑的。

① 兴趣和动机　那些对感官检验工作以及被调查产品感兴趣的候选人，比缺乏兴趣和动机的候选人可能更有积极性并能成为更好的感官评价员。

② 对食品的态度　应确定候选评价员厌恶的某些食品，特别是其中是否有将来可能评价的对象，同时应了解是否由于文化、种族或其他方面的原因而不食用某种食品，那些对某些食品有偏好的人常常会成为好的描述性分析评价员。

③ 知识和才能　候选人应能说明和表达出第一感知，这需要具备一定的生理和才智方面的能力，同时具备思想集中和保持不受外界影响的能力。如果只要求候选评价员评价一种类型的产品，掌握该产品各方面的知识则利于评价，那么就有可能从对这种产品表现出感官评价才能的候选人中选拔出专家评价员。

④ 健康状况　候选评价员应健康状况良好，没有影响他们感官的功能缺失、过敏或疾病，并且未服用损害感官能力进而影响感官判定可靠性的药物。了解感官评价员是否戴假牙是很有必要的，因为假牙能影响对某些质地味道等特性的感官评价。

感冒或其他暂时状态（例如怀孕）不应成为淘汰候选评价员的理由。

⑤ 表达能力　在考虑选拔描述性分析评价员时，候选人表达和描述感觉的能力特别重要。这种能力可在面试以及随后的筛选检验中考察。

⑥ 可用性　候选评价员应能参加培训和持续的感官评价工作。那些经常出差或工作繁重的人不宜从事感官检验工作。

⑦ 个性特点　候选评价员应在感官检验工作中表现出兴趣和积极性，能长时间集中精力工作，能准时出席评价会，并在工作中表现诚实可靠。

⑧ 其他因素　招募时需要记录的其他信息有姓名、年龄、性别、国籍、教育背景、现任职务和感官检验经验等，如表 2-1。抽烟习惯等资料也要记录，但不能以此作为淘汰候选评价员的理由。

表 2-1　候选评价员调查样表

姓　　名		性　　别		出生年月	
民　　族		目前职业		籍　贯	
文化程度		联系电话			
何处获悉该招聘信息		公司或学校名称			
参加原因或动机					
地址					

请如实详细填写下列项目
（在每一项后的空格中打"√"回答"有"或"无"或在备注中说明）

项目名称	是(有)	备注	项目名称	是(有)	备注
繁忙			过敏史		
食物偏好			疾病史		
食物禁忌			近期有无服药		
吸烟			兴趣		

项目名称	是(有)	备注	项目名称	是(有)	备注
了解感官评价方法			感官分析经验		
口腔或牙龈疾病			假牙		
低血糖			糖尿病		
高血压					

一般来说,一周中您的时间安排怎样?哪一天有空?

感官评价的知识及经验概况:

工作简介

2. 候选评价员的筛选

候选评价员的筛选工作要在初步确定评价候选人员后进行。筛选是指通过一定的筛选实验观察候选人员是否具有感官评价能力,如普通的感官分辨能力;对感官评价实验的兴趣;分辨和再现实验结果的能力;适当的感官评价员素质（合作性、主动性和准时性等）。根据筛选实验的结果获知参加筛选的人员在感官评价实验上的能力,决定候选人员适宜作为哪种类型的感官评价或不符合参加感官评价实验的条件而淘汰。

(1) 筛选检验的类型　根据候选评价员将来所承担的评价任务的类型和性质来选择测试方法和供试材料。具有使候选评价员熟悉感官检验方法和材料的双重功能,有三种类型的检验方法:

① 旨在考察候选评价员感官能力的检验方法;

② 旨在考察候选评价员感官灵敏度的检验方法;

③ 旨在考察候选评价员描述和表达感受的潜能的检验方法。

应在熟悉并有了初步经验后再开展挑选优选评价员的测试。

筛选检验应在评价产品所要求的环境下进行（检验环境的要求参见 ISO 8589）,检验考核后再进行面试。

选择评价员应综合考虑其将要承担的任务类别、面试表现及其潜力,而不仅是当前的表现。获得较高测试成功率的候选评价员理应比其他人更有优势,但那些在重复工作中不断取得进步的候选评价员在培训中可能表现很好。

(2) 候选评价员感官功能的检验　感官评价人员应具有正常的感官功能,每个候选者都要经过各种有关感官功能的检验,以确定其感官功能是否有视觉缺陷、是否有味觉缺失或嗅觉缺失等。此过程可采用相应的敏感性检验来完成,如味觉、嗅觉敏感性检验。

(3) 匹配检验　制备明显高于阈值水平的有味道和（或）气味的物质样品。每个样品都编上不同的三位数随机号码。每种类型的样品提供一个给候选评价员,让其熟悉这些样品（参见 GB/T 10220）。

相同的样品标上不同的编码后,提供给候选评价员,要求他们再与原来的样品一一匹配,并描述他们的感觉。

提供的新样品数量是原样品的两倍。样品的浓度不能高至产生很强的遗留作用,从而影响以后的检验。品尝不同样品时应用无味道、无气味的水来漱口。

表 2-2 给出了可用物质的实例。一般来说，如果候选评价员对这些物质和浓度的正确匹配率低于80％，则不能作为优选评价员。最好能对样品产生的感觉做出正确描述，但这是次要的。

表 2-2 匹配检验的物质和浓度实例

味觉或气味		物质	室温下水溶液浓度/(g/L)	室温下乙醇[①]溶液浓度/(g/L)
味觉	甜	蔗糖	16	—
	酸	酒石酸或柠檬酸	1	—
	苦	咖啡因	0.5	—
	咸	氯化钠	5	—
	涩	鞣酸	1	—
		或栎皮素[②]	0.5	—
		或硫酸铝钾(明矾)[③]	0.5	—
	金属的	水合硫酸亚铁($FeSO_4 \cdot 7H_2O$)	0.01	—
气味	鲜柠檬	柠檬醛($C_{10}H_{16}O$)	—	1×10^{-3}
	香子兰	香草醛($C_8H_8O_3$)	—	1×10^{-3}
	百里香	百里酚($C_{10}H_{14}O$)	—	5×10^{-4}
	山谷百合、茉莉花	乙酸苄酯($C_9H_{10}O_2$)	—	1×10^{-3}

① 原液用乙醇配制，配制后用水稀释，而且乙醇含量（体积分数）不超过2％。
② 此物质不易溶于水。
③ 为避免由于氧化作用而出现黄色显色作用，需要用中性或弱酸性水配制新溶液。如果出现黄色显色作用，将溶液在密闭不透明容器内或在暗光或有色光下保存。

(4) 敏锐度和辨别能力

① 刺激物识别测试　这些测试通过三点检验（见 GB/T 12311）进行。

每次测试一种被检材料（刺激物识别测试可用的物质实例见表2-3）。向每位候选评价员提供两份被检材料样品和一份水或其他中性介质的样品，或者一份被检材料样品和两份水或其他中性介质样品。被检材料的浓度应在阈值水平之上。

表 2-3 可用于刺激物识别测试的物质实例

物质	室温下水溶液浓度
咖啡因	0.27g/L
柠檬酸	0.60g/L
氯化钠	2g/L
蔗糖	12g/L
顺-3-己烯-1-醇	0.40mL/L

被检材料的浓度和中性介质（如果使用），由组织者根据候选评价员参加的评定类型来选择。最佳候选评价员应能够100％正确识别。

经过几次重复检验候选评价员还不能识别出差异，则表明其不适于这种检验工作。

② 刺激物强度水平之间辨别测试　这些测试基于 ISO 8587 所述的排序检验。测试中刺激物用于形成味道、气味（仅用非常小浓度进行测试）、质地（通过口和手来判断）和色彩。

在每次检验中，将四个具有不同特性强度的样品以随机顺序提供给候选评价员，要求他们以强度递增的顺序将样品排序。应以相同的顺序向所有候选评价员提供样品，以保证候选评价员排序结果的可比性，避免由于提供顺序的不同而造成影响。

此项测试的良好结果仅能说明候选评价员在所试物质特定强度下的辨别能力。

对于规定的浓度，候选评价员如果将顺序排错一个以上，则认为其不适合作为该类检验的优选评价员。可用的产品实例见表2-4。

表 2-4　可用于辨别测试的产品实例

测试	产品①	室温下水溶液浓度
味觉辨别	柠檬酸	0.1g/L;0.15g/L;0.22g/L;0.34g/L
气味辨别	乙酸异戊酯	5mg/kg;10mg/kg;20mg/kg;40mg/kg
质地辨别	适合有关产业(例如奶油干酪、果泥、明胶)	—
颜色辨别	布,颜色标度等	同一种颜色强度的排序,例如由深红至浅红

① 也可以使用其他有等级特征的适宜产品。

(5) 候选评价员描述能力测试　描述能力测试的目的是检验候选评价员描述感官感觉的能力。提供两种测试，一种是气味刺激，另一种是质地刺激。本测试应通过评价和面试综合实施。

① 气味描述测试：用来检验候选评价员描述气味刺激的能力。

向候选评价员提供5～10种不同的嗅觉刺激样品，这些刺激样品最好与最终评价的产品相关。样品系列应包括比较容易识别的和一些不太常见的样品。刺激强度应在识别阈值以上，但是不要显著高出其在实际产品中的可能水平。

样品准备可用直接法或鼻后法。直接法是使用包含气味的瓶子、嗅条或胶丸。鼻后法是从气体介质中评价气味，例如通过放置在口腔中的嗅条或含在嘴中的水溶液评价气味。

最常用的方法仍然是通过瓶子评价气味，具体操作为：将样品吸收在无气味的石蜡或棉绒中，再置于深色无气味的50～100mL旋盖细口玻璃瓶内，使之有足够的样品材料可挥发在瓶子上部。组织者应在将样品提供给评价员之前检查其强度。也可将样品吸收在嗅条上。

每次提供一个样品，要求候选评价员描述或记录其感受。初次评价后，组织者可以组织对样品的感官特性进行讨论，以便引出更多的评论以充分显露候选评价员描述刺激的能力。可用的嗅觉物质实例见表2-5，也可参照ISO 5496。

表 2-5　气味描述测试用嗅觉物质实例

物质	通常与该气味相关联的物品名称
苯甲醛	苦杏仁、樱桃
辛烯-3-醇	蘑菇
苯-2-乙酸乙酯	花卉
烯丙基硫醚	大蒜
樟脑	樟脑、药物
薄荷醇	薄荷
丁子香酚	丁香
茴香脑	茴香

物质	通常与该气味相关联的物品名称
香草醛	香子兰
紫罗酮	紫罗兰、悬钩子
丁酸	酸败的奶油
乙酸	醋
乙酸异戊酯	酸水果糖、梨
二甲基噻吩	烤洋葱

实验结束后，根据下列标准对候选人表现分类：3分，能正确识别或做出确切描述；2分，能大体上描述；1分，讨论之后能识别或做出合适描述；0分，描述不出的。

应根据所使用的不同材料规定出合格操作水平。气味描述测试的候选评价员的得分至少达到满分的 65%，否则不宜做此类检验。

② 质地描述测试：用来检验候选评价员描述质地刺激的能力。

随机提供给候选评价员一系列样品，要求描述其质地特征。固体样品应加工成大小一致的块状，液体样品则使用不透明的容器盛放。可以应用的产品实例见表2-6。

表 2-6　质地描述测试用产品实例

材料	通常与该产品相关的质地
橙子	多汁、汁胞粒……
早餐谷物（玉米片）	酥脆
梨	砂粒结晶质的、硬而粗糙
砂糖	透明的、粗糙的
药用蜀葵调料	黏、有韧性
栗子泥	面糊状
粗面粉	有细粒的
二次分离稀奶油	油腻的
食用明胶	黏的
玉米松饼	易粉碎
太妃糖	胶黏的
枪乌贼（墨鱼）	弹性、有弹力、似橡胶
芹菜	纤维质
生胡萝卜	易碎的、硬

实验结束后，根据表现按下列标准对候选评价员分类：3分，能正确识别或做出确切描述；2分，能大体上描述；1分，经讨论后能识别或做出合适描述；0分，描述不出的。

应根据所使用的不同材料规定出合格操作水平。质地描述测试的候选评价员的得分至少应达到满分的 65%，否则不适合做此类检验。

三、感官检验人员的培训和考核

经过一定程序和筛选实验挑选出来的人员，常常还要参加特定的培训才能真正适合感官评定的要求，以保证评价员都能以科学、专业的精神对待评定工作，并在不同的场合及不同的实验中获得真实可靠的结果。

1. 培训目的

培训是向评价员提供感官检验程序的基本知识，提高他们觉察、识别和描述感官刺激的能力。培训评价员掌握感官评价的专门知识，并能熟练应用于特定产品的感官评价。对感官评价员进行培训的目的主要有以下几方面。

(1) 提高和稳定感官评价员的感官灵敏度 通过精心选择的感官培训方法，可以增加感官评价员在各种感官实验中运用感官的能力，减少各种因素对感官灵敏度的影响，使感官经常保持在一定的水平之上。

(2) 降低感官评价员之间及感官评定结果之间的偏差 通过特定的培训，可以保证感官评价员对他们所要评定的物质的特性、评价标准、评价系统、感官刺激量和强度间关系等有一致的认识。特别是在用描述性词汇作为分度值的评分实验中，培训的效果更加明显。通过培训可以使感官评价员对评分系统所用描述性词汇代表的分度值有统一认识，减少感官评价员之间在评分上的差别及误差方差。

(3) 降低外界因素对评价结果的影响 经过培训后，感官评价员能增强抵抗外界干扰的能力，并将注意力集中于实验中。

感官评价组织者在培训中不仅要选择适当的感官评价实验以达到培训的目的，也要向受培训的人员讲解感官评价的基本概念、感官评价程度以及感官评价基本用语的定义和内涵，从基本感官知识和实验技能两方面对感官评价员进行培训。

2. 培训内容

根据实验目的和方法的不同，评价员所接受的培训也不相同，通常包括感官分析技术的培训、感官分析方法的培训和产品知识的培训。

(1) 感官分析技术的培训

① 认识感官特性的培训 认识感官特性的培训是要使评价员能认识并熟悉各有关感官特性，如颜色、质地、气味、味道、声响等。

② 接受感官刺激的培训 接受感官刺激的培训是培训候选评价员正确接受感官刺激的方法，例如在评价气味时，应告知评价员吸气要浅吸，吸的次数不要过多，以免嗅觉混乱和疲劳。对液体和固体样品，应告诉评价员样品用量的重要性（用口评价的样品），样品在口中停留时间和咀嚼后是否可以咽下。另外还应使评价员了解评价样品之间的标准间隔时间，清楚地标明每一步骤以便使评价员用同一方式评价产品。

③ 使用感官检验设备的培训 使用感官检验设备的培训是培训候选评价员正确并熟练使用有关感官检验的设备。

(2) 感官分析方法的培训

① 味道和气味的测试与识别培训 匹配、识别、两点、三点和二-三点检验（见 GB/T 10220 和专门的国际标准）应被用来展示高、低浓度的味道，并且培训候选评价员去正确识别和描述它们（参见 ISO 3972）。还可采用同样的方法提高评价员对各种气味刺激物的敏感性（参见 ISO 5496）。刺激物最初仅给出水溶液，在有一定经验后可用实际的食品替代，也可用两种或多种成分按不同比例混合的样品。在评价气味和味道差别时，变换与样品的味道和气味无关的样品外观（例如使用色灯）有助于增加评价的客观性。

a. 用于培训和测试的样品应具有其固有的特性、类型和质量，并且具有市场代表性。

b. 提供的样品数量和所处温度一般要与交易或使用时相符。

c. 应注意确保评价员不会因为测试过量的样品而出现感官疲劳。

表 2-7 给出了可用于该培训阶段的物质。如果条件允许，刺激物应与最终要评价的物质相关。

表 2-7 测试和识别培训物质举例

序号	测试和识别培训用物质
1	表 2-2 中物质
2	表 2-4 中产品
3	糖精(100mg/L)
4	硫酸奎宁(0.20g/L)
5	葡萄柚汁
6	苹果汁
7	野李汁
8	冷茶汁
9	蔗糖(10g/L、5g/L、1g/L、0.1g/L)
10	己烯醇(15mg/L)
11	乙醇苄脂(10mg/L)
12	4~7 项加不同蔗糖含量(参照第 9 项蔗糖添加浓度)
13	酒石酸(0.3g/L)加己烯醇(30mg/L);酒石酸(0.7g/L)加己烯醇(15mg/L)
14	黄色橙味饮料;橙黄色橘味饮料;黄色柠檬味饮料
15	依次加咖啡因(0.8g/L)、酒石酸(0.4g/L)和蔗糖(5g/L)
16	依次加咖啡因(0.8g/L)、蔗糖(5g/L)、咖啡因(1.6g/L)和蔗糖(1.5g/L)

② 标度使用的培训　按样品某一特性的强度，用单一气味、单一味道和单一质地的刺激物的初始等级系列，给评价员介绍等级、分类、间距和比例标度的概念（参见 GB/T 10220 和 ISO 4121）。使用各评估过程给样品赋予有意义的量值。表 2-8 给出了培训阶段可用的物质实例。如果条件允许，刺激物应与最终要评价的产品相关。

表 2-8 标度的使用培训时可用的材料举例

序号	标度的使用培训时可用的材料
1	表 2-4 中产品和表 2-7 第 9 项的产品
2	咖啡因 0.15g/L、0.22g/L、0.34g/L、0.51g/L
3	酒石酸 0.05g/L、0.15g/L、0.4g/L、0.7g/L 乙酸己酯 0.5mg/L、5mg/L、20mg/L、50mg/L
4	干乳酪:成熟的硬干酪,如切达干酪或格鲁耶耳干酪;成熟的软干酪,如卡蒙贝尔干酪
5	果胶凝胶
6	柠檬汁和稀释的柠檬汁 10mL/L、50mL/L

③ 开发和使用描述词的培训　通过提供一系列简单样品给评价小组并要求开发描述其感官特性的术语，特别是那些能将样品区别的术语，向评价小组成员介绍剖面的概念。术语

应由个人提出，然后通过研究讨论并产生一个至少包含 10 个术语且一致同意的术语表。此表可用于生成产品的剖面图，首先将适宜的术语用于每个样品，然后用上述标度使用中讨论的各种类型的标度对其强度打分。组织者将用这些结果生成产品的剖面。可用于描述词培训的产品实例见表 2-9。

序号	产品描述培训时可用的产品
1	市售果汁产品和混合物
2	面包
3	干酪
4	粉碎的水果或蔬菜

(3) 产品知识的培训 通过讲解生产过程或到工厂参观，向评价员提供所需评价产品的基本知识。内容包括：商品学知识，特别是原料、配料和成品的一般和特殊的质量特征的知识；有关技术，特别是会改变产品质量特性的加工和贮藏技术。

3. 培训过程中应注意的问题

① 培训期间可以通过提供已知差异程度的样品做单向差异分析或通过评价与参考样品相同的试样特性，了解感官评价员培训的效果，决定何时停止培训，开始实际的感官评价工作。

② 参加培训的感官评价员应比实际需要的人数多。一般参加培训的人数应是实际需要的评价员人数的 1.5～2 倍，以防因疾病、度假或工作繁忙造成人员调配困难。

③ 已经接受过培训的感官评价员，若一段时间内未参加感官评价工作，要重新接受简单的培训，之后才能再参加感官评价工作。

④ 培训期间，每个参训人员至少应主持一次感官评价工作，负责样品制备、实验设计、数据收集整理和讨论会召集等，使每一位感官评价员都熟悉感官实验的整个程序和进行实验所应遵循的原则。

⑤ 除嗜好性感官实验外，在培训中应反复强调实验中客观评价样品的重要性，评价员在评析过程中不能掺杂个人情绪。所有参加培训的人员应明确集中注意力和独立完成实验的意义，实验中尽可能避免评价员之间谈话和讨论，使评价员能独立进行实验，从而理解整个实验，逐渐增强自信心。

⑥ 在培训期间，尤其是培训的开始阶段应严格要求感官评价员在实验前不接触或避免使用有气味化妆品及洗涤剂，避免味感受器官受到强烈刺激，如喝酒、喝咖啡、嚼口香糖、吸烟等；在实验前 30min 内不要接触食物或者有香味的物质；如果在实验中有过敏现象，应立即通知评价小组负责人；如果有感冒等疾病，则不应该参加实验。

⑦ 实验中应留意评价员的态度、情绪和行为的变化。这可能起因于评价员对实验过程的不理解，或者对实验失去兴趣，或者精力不集中。有些感官评价的结果不好，可能是由于评价员的状态不好，而实验组织者不能及时发现而造成的。

4. 感官评价员的考核与再培训

进行了一个阶段的培训后，需要对评价员进行考核以确定优选评价员的资格，从事特定检验的评价小组成员就从具有优选评价员资格的人员中产生。考核主要是检验候选人的操作的正确性、稳定性和一致性。正确性，即考察每个候选评价员是否能够正确地评价样品。例如是否能正确区别、正确分类、正确排序、正确评分等。稳定性，即考察每个候选评价员对同一组样品先后评价的再现度。一致性，即考察各候选评价员之间是否掌握统一标准做出一致的评价。

已经接受过培训的优选评价员若一段时间内未参加感官评价工作，其评价水平可能会下降，因此对其操作水平应定期检查和考核，达不到规定要求的应重新培训。

5. 评价员感官评价能力维护

评价员在感官分析中类似于理化分析中的仪器主要部件（智能感官的传感器），为保证其运行的灵敏性、稳定性，需对其表现进行定期维护和监测。维护周期为前6个月内每2个月1次，若表现稳定，则此后的维护周期为6个月1次。维护内容主要包括：嗅觉、味觉、触觉、视觉等方面的感官评价能力，按照各感觉分类进行维护和监测。采用的方法为成对比较检验法、"A" - "非A"检验法、排序法、量值估计法等标准方法。

四、感官检验人员的其他事项

1. 食品感官评价员的组织

食品感官评价依照不同的实验目的有多种组织形式，其中组织者的作用最为关键。组织者除了必备的感官识别能力和专业知识水平外，还要熟悉多种实验方式、精通感官实验的各个环节，可以根据实际问题正确地选择实验法、设计实验方案、统计分析实验结果并给出正确的结论，组织者还需要有相当的管理能力，如适时召集会议、培训和筛选评价员等展开实验。

> **思考：** 感官分析小组按照组织单位的不同有几种形式？这几种形式的主要目的是什么？

感官评价小组按照组织单位的不同有以下几种形式：生产厂家组织、实验室组织、协作会议组织及地区性和全国性产品评优组织。目的不外乎改进工艺，提高产品质量，了解市场，研究开发新产品，奖优评差，发现消费者喜爱产品等。

生产厂家所组织的评定小组是为了改进生产工艺、提高产品质量，以及加强原材料及半成品质量而建立。

实验室组织是为研究开发新原料、研制新工艺、新产品的需要而设立的。

协作会议组织是各地区之间同行业为交流经验、取长补短，以及改进和提高本行业生产工艺及产品质量而自发设置的。

产品评优组织的主要目的是评选地方和国家级优质食品，通常由政府部门召集组织。它的评价员应该具有广泛的代表性，要包括生产部门、商业销售部门和消费者代表及富有经验的专家型评价员，并且要考虑代表的地区分布，避免地区性和习惯性造成的偏差。

生产厂家和研究单位（实验室）组织的评价员除市场调查外，一般都来源于本企业或本单位，协作会议组织的评价员来自各协作单位，应都是生产行家。

2. 感官评价员数量的确定和评价方法

在感官评价过程中，所需要的评价员的数量与所要求的结果的精度、检验的方法、评价员等级水平等因素有关。一般来讲，要求的精度越高，方法的功效越低，评价员水平越低，需要的评价员数量越多。考虑到实际中评价员可能缺席的情况，

> **思考：** 感官评价的时间可以是晚上吗？安排在什么时候合适？

因此评价员数量应超过所要求的评价员的数目，一般多出 50％。为保证评价质量，要求评价员在感官评价期间具有正常的生理状态，一般选择上午或下午的中间时间，这时评价员敏感性较高。评价员不能饥饿或过饱，在检验前 1h 内不抽烟、不吃东西，但可以喝水。评价员不能使用有气味的化妆品，身体不适时不能参加检验。

在培训开始时，应告诉评价员评价样品的正确方法。在所有评价中，评价员首先应阅读感官评价问答表。

评价员检验样品的顺序为：外观→气味→风味→质地→后味。

评价员只评价某一具体指标时，不必按以上顺序进行。

3. 食品感官评价员的管理

评价员要自愿协助评定工作，不能由上级命令来参加评价工作，并且该项工作不能成为评价员的负担。评价员经常参加评定工作，经验得到积累，对样品的评判水平会发生变化。因此，需要定期地监督检查评价员的能力有效性和表现。检查的目的在于检验每位评价员的能力，确定其是否能得到可靠的和再现性好的结果，多数情况下该检查可以随检验工作同时进行。根据检查结果决定是否需要重新培训，根据评价员的应用领域，确定需要开展特殊的感官测试，由评价小组负责人选择测试项目，建议将记录结果作为以后的参考，并用于确定何时需要再培训。

健康问题对于评价工作也是非常重要的，所以必须对评价员的身体进行定期检查。除身体健康外，其心理状况也会极大地影响评价结果，长时间的工作会产生生理、心理疲劳，容易导致评价结果出现偏差，因此要掌握评价人员的心理状态。

在评价员培训和日常评价工作中，组织者都应事先将实验目的、评价内容、评价程序告诉评价员，评价结束后也应将结果、实验的操作状况告诉评价员，同时还应让评价员了解样品的复杂程度、实验的困难程度以及他们回答正确的可能性，要时常给予评价员物质上和精神上的奖励，使他们始终保持良好的工作兴趣。事后应组织评价员相互讨论，这样有利于提高评价员的评定能力。对于组织者，在整个感官评价过程中产生的数据，都应该加以收集和整理。

知识点三　检验方法的分类与标度

食品感官检验是建立在人的感官感觉基础上的统计分析方法。对于食品而言，只注重其营养价值远远不能满足人们的需求。加工的食品是否美味、人们是否喜欢吃，即加工的食品是否满足人们的嗜好是评定食品质量的重要因素之一。对食品进行化学成分分析，只能说明其营养价值，并不能说明人们对这种食品的嗜好程度；对食品的物理参数（黏性、弹性、硬度、酥脆性等）进行测定，也不一定能得到和人们的嗜好程度完全一致的数据。因此，对食品色、香、味等嗜好度的测定就需要通过感官检验来进行。食品感官检验方法按照应用目的可分为分析型感官检验和嗜好型感官检验两种。

一、分析型感官检验

分析型感官检验是把人的感官作为测定仪器，测定食品的特性或差别的方法。在分析型中，一种主要是描述产品，另一种是区分两种或多种产品，区分的内容有确定差别、确定差别大小、确定差别的影响等。例如，检验酒的杂味；在香肠加工中，判断用多少人造肉代替动物肉人们才能识别出它们之间的差别；评定各种食品的外观、香味、食感等特性都属于分析型感官检验。

根据检验方法的性质可分为差别检验、类别检验以及分析或描述性检验。

1. 差别检验

差别检验，只要求评价员评定两个或两个以上的样品中是否存在感官差异（或偏爱其一），应用于食品、化妆品等领域的产品研发、工艺调整、原料替换、评价员培训、筛选等过程中。差别检验的结果分析是以做出不同结论的评价员的数量及检验次数为基础的，主要应用统计学的二项分布参数检查。差别检验中一般规定不允许无差异的回答及强迫选择，差别检验中需要注意样品外表形态温度和数量等明显差别所引起的误差。常用的方法有：成对比较检验法、二-三点检验法、三点检验法、"A"-"非A"检验法、五中取二检验法以及选择检验法和配偶检验法。

2. 类别检验

在标度和类别检验中，要求评价员对两个以上的样品进行评价，并判断哪个样品好、哪个样品差，以及它们之间的差异大小和差异方向等，通过检验可得出样品间差异的顺序和大小，或者样品应归属的类别或等级。选择何种手段解释数据取决于检验的目的及样品的数量。常用的方法有：排序检验法、分类检验法、评级法、评分法、分等级法等。

3. 分析或描述性检验

在分析或描述性检验中，要求评价员判定出一个或多个样品的某些特征或对某特定特征进行描述和分析，通过检验可得出样品各个特性的强度或样品全部感官特征。分析或描述性检验中常用的方法有简单描述性检验法及定量描述和感官剖面描述检验法。

二、嗜好型感官检验

嗜好型感官检验是根据消费者的嗜好程度评定食品特性的方法。主要目的是估计目前和潜在的消费者对某种产品、产品的创意或产品的某种性质的喜爱或接受程度。例如饮料的甜度、食品色泽的评定等。

> **思考**：新产品的推广试验，属于哪种类型的感官检验？

从检验的类别分，嗜好型感官检验分为两种基本类型，一种是偏爱检验，另一种是可接受性或喜好检验。偏爱检验，要求评价员在多个样品中挑选出喜好的样品或对样品进行评分，比较样品质量的优劣；可接受性检验，要求评价员在一个标度上评估他们对产品的喜爱程度，并不一定要与另外的产品进行比较。

从检验人员角度分，可选择食品公司员工、消费者、儿童、老人等多种人群，应用最多的嗜好型感官检验是消费者检验。许多人都有过参加消费者实验的经历，比如在某一超市，有人请你品尝一种食品，然后填写一份问卷。比较典型的消费者实验需要来自3～4所城市的100～500名消费者，比如某次消费者实验的参加对象是从18～34岁，在最近两周内购买过进口啤酒的男性。实验人员的筛选可以通过电话或消费场所直接询问，被选中而且愿意参加实验的人每人得到几种不同的啤酒和一份问答卷，问题涉及他们对产品的喜好程度及原因、过去购习惯和一些个人情况，比如年龄、职业、收入等，结果以消费者对产品的总体和各单项（颜色、口感、气味等）喜好分数进行报告。

三、标度方法和种类

1．标度的种类

标度是报告评价结果所使用的尺度。它是由顺序相连的一些值组成的系统。标度可分为响应标度和测量标度。

(1) 响应标度　响应标度是评价员以数字、语言或图片的形式，对属性响应强度的定量表达方式。在感官评价中，响应标度用于收集和记录评价员对属性的响应，这种响应可转换为数字用于统计分析。在响应标度上使用的一个或多个指定的（数字的或语义的）特定值作为评价时的参照比较标准为参比。特定浓度的蔗糖-水溶液可对应于甜度标度上一个指定的参比值，参比并不总是物理参比，也可以是心理参比，如快感期望的参比。评价员不使用或过度使用响应标度极端值的倾向为末端效应。最常见的末端效应表现为评价员往往会避免使用最高或最低的标度值，原因之一是留出空间给之后可能遇到的更极端的刺激响应，而实际上极端的样品并未出现。

① 数字和语义响应标度　数字和语义响应标度是感官评价中最常用的类型。评价员主要通过以下方式给出响应：在回答表上圈选或画框选择与自己感知匹配的数字或语义；写下数字表示感知强度；在给出的线段上标记位置。线性标度是连续标度，可细化区分响应之间的差异。而内向标度是离散标度，仅包含某些预定义的响应。

② 动态响应标度　动态响应标度是连续标度，可用于记录某种感知的强度随时间的变化。评价员可使用电脑鼠标或操纵杆移动光标，或调整电位器或用手指间的距离来标记强度。

③ 图像响应标度　图像响应标度为离散标度，通常以一系列固定格式化的面部图像呈现。这些面部图像代表从极其喜欢到极其不喜欢的不同表情，常用于对阅读或理解能力有限的儿童进行喜好测试。测试时评价员向测试人员指出面部表情或自己选择，不同的表情随后被转换为数字以便于统计处理。

(2) 测量标度　测量标度是属性（如感知的强度）与用于表示其属性值的数字（如评价员标记的数字或从评价员的响应转化的数字）之间的关系（如顺序的、等距的或比例的）。测量标度可分为顺序标度、等距标度和比例标度。

① 顺序标度　顺序标度是一种数字的顺序与感知到的属性强弱顺序对应的标度。赋值是为了对产品的一些特性、品质或观点（偏爱）标示排列的顺序。

> **思考：** 在顺序标度中排第四的产品某种感官强度是否是排第一的产品的1/4，为什么？

赋给产品的数值增加表示感官体验的数量或强度的增加，但值与值之差不反映感知强度之间的差异大小，值与值之比也不代表感知强度之比。

② 等距标度　等距标度是一种既具有顺序标度的属性，测量值之间的距离又与测量的属性（如感官分析中的感知强度）之间的差异大小对等的标度，如温度计。等距标度中较大的值对应于较大的感知强度，而且两个值之间的差值大小反映了被测属性的感知强度之间的差异大小，但等距标度中零并不表示该属性完全不存在，值与值之比也不反映感知强度之比。

③ 比例标度　比例标度是一种具有等距标度的属性，而且分配给两个刺激的值之比等于刺激感知强度之比的标度，如质量、长度标度。在比例标度中，数值零表示此属性

完全不存在，比例标度是唯——种可以表示一个结果是另一个结果（强度）几倍的标度，如 10 倍。

2. 常用标度方法

标度方法即使用数字来量化感官体验，既使用数字来表达样品性质的强度（甜度、硬度、柔软度），又使用词汇来表达对该性质的感受（太软、正合适、太硬），如果使用词汇，应该将该词汇和数字对应起来。例如非常喜欢＝9，非常不喜欢＝1，这样就可以将这些数字进行统计分析。感官检验中常用的标度方法有三种，即类项评估法、量值估计法和线性标度法。

(1) 类项评估法 类项评估是最古老也是最广为使用的标度方法，是评价员根据特定而有限的反应，将数值赋予觉察到的感官刺激。类项标度可选择的反应数目为 7～15 个类项，类项的多少取决于实际需要以及评价员对产品能够区别出来的级别数。随着评价人员训练的进行，对强度水平可感知差别的分辨能力会得到提高。最简单的，也是最常见的形式是利用整数来反映逐渐增强的感官强度。类项标度的例子如下所示。

① 数字标度

1	2	3	4	5	6	7	8	9
弱								强

② 方格标度

□　□　□　□　□　□　□　□　□

不甜　　　　　　　　　　　　　　　　很甜

③ 相对于参照的类项标度

□　□　□　□　□　□　□　□　□

较弱　　　　　　　参照　　　　　　　较强

④ 语义类标度

1	2	3	4	5
极弱	较弱	合适	较强	极强

⑤ 情感标度

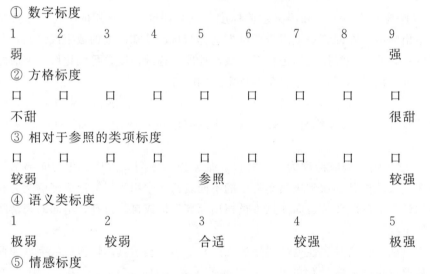

类项标度在实践中使用较多，常见的是用大约 9 个点的整数反应。在快感或情感检验中，常用两极标度，有一个 0 点或中性点位于中间位置，这比强度标度简略。例如，在对儿童使用的"笑脸"标度中，虽然对较年长的儿童可以使用 9 点法，但对很年幼的受试对象只采用 3 个选择。因为人们常对特定的数字产生特定的含义，为避免受试对象对使用的标度或整数的偏见，可采用未标注的方格标度法。

(2) 量值估计法 量值估计法，评价员可以对感觉赋予任何数值来反映其比率；量值估计法是流行的标度技术，它不受限制地应用数字来表示感觉的比率。在此过程中，评价员允许使用任意正数并按指令给感觉定值，数字间的比率反映了感觉强度大小的比率。例如，假设产品 A 的甜度值为 20,产品 B 的甜度是它的 2 倍,那么 B 的甜度评估值就是 40。当评价员的人数和培训评价员的时间有限时,量值估计法与其他标度方法相比有明显优点。量值估计法为评价小组组长和评价员提供较高的灵活性,在量值估计法中评价员经过培训后,再加上少量其他方面的培训,就能在更多的样品和特性上用他们的技能进行评定。应用这种方法需要注意对受试者的指令以及数据分析技术。在实践中,量值估计法可应用于训练有素的评价小组、消费者甚至是儿童。量值估计有以下两种基本变化形式。

① 有固定模数参比样 给受试者一个标准刺激作为参照或基准,此标准刺激一般给它一个固定数值。所有其他刺激与此标准刺激相比较而得到标示,这种标准刺激称为"模数"。例如,品尝第一块饼干的脆性是 20。请将其他样品与其进行比较,以 20 为基础,就脆性与20 的比例给定一个数值。如果某块饼干的脆度只有第一块饼干的一半,那么它脆度的数值就是 10。你可以使用任意的正数,包括分数和小数。在这种方法中有时允许用数字 0,因为在检验时有些产品实际上没有甜味,或者没有需评价的感官特性。但参照样品不能用 0 来赋值,参照样最好能选择在强度范围的中间点附近。

② 没有固定模数参比样 不给出标准刺激,参与者可选择任意数字赋予第一个样品,然后所有样品与第一个样品的强度比较而得到标示。例如,品尝第一块饼干,就其脆性给定你认为合适的任何一个数值,然后将其他样品与它进行比较,按比例给出它们脆性的数值。如果下一个样品的脆性是参照样的 2 倍,则给该样品定值为第一个样品的 2 倍。你可以使用任意正数,包括分数和小数。参与者一般会选择他们感觉合适的数字范围,ASTM 法建议第一个样品的值在 30~100 之间为宜,应避免使用太小的数字。如果允许参加者选择自己的数字范围,那么,在统计分析之前有必要进行再标度,使每个人的数据落在一个正常的范围内。这样,可以防止受试对象选择极大数字而对集中趋势(平均值)测量和统计检验产生不良影响。这一再标度过程也被称为"标准化"。

(3) 线性标度法 线性标度也称为图表评估标度或视觉相似标度,是评价员采用在一条线上作标记来评价感觉强度或喜爱程度。自从发明了数字化设备以及随着在线计算机化数据输入程序的广泛应用,这种标度方法变得特别流行。在这种标度方法中,要求评价人员在一条线上标记出能代表某感官性质强度或数量的位置,这条线的长度一般为 15cm,端点一般在两端或距离两端 1.25cm 处。通常最左端代表没有或 0,最右端代表最大或最强。一种常见的变化形式是在中间标出一个参考点,代表标准品的标度值。品评人员在直线的相应处做标记,表示其感受到的某项感官性质,而这些线上的标记又被转化成相应的数值,然后输入计算机进行分析,线性标度中的数字均表示间距。如下所示,经过训练的评价员对多特性进行描述性分析时,这些技术是很常用的。而在消费者研究中则较少应用。

线性标度举例如下:

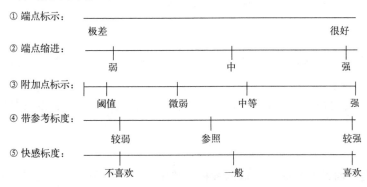

拓展阅读

品酒师简介

品酒师是应用感官评价技术，评价酒体质量，指导酿酒工艺、贮存和勾调，进行酒体设计和新产品开发的人员。

对于品酒师而言，为了保持鉴赏能力，从饮食到日常生活的其他各个方面，都有严格的要求。而且，品酒师要保持一个良好健康的心态。

品酒师工作内容包括：

① 入库半成品酒进行分级和质量评价；

② 提出发酵、蒸馏工艺改进建议；

③ 对酒的贮存过程进行质量鉴定；

④ 对酒的组合和调味方案进行评价；

⑤ 对酒产品的感官质量进行监控；

⑥ 选择合理的酿酒工艺技术；

⑦ 对新产品的感官质量进行鉴定。

思考题

1. 食品感官检验实验室通常应包含哪几个部分？应如何设置？

2. 样品制备区应满足哪些要求？样品检验区的环境应如何控制？

3. 根据经验及训练层次的不同，通常可以将感官评价员分为哪几类？

4. 候选评价员应具备哪些基本要求？

5. 感官评价员初选的方法和程序如何？

6. 感官评价员培训的目的是什么？

7. 感官评价员的培训内容有哪些？

8. 食品感官检验方法按照应用目的可分为哪几类？

9. 标度的种类有哪些？

10. 常用的标度方法有哪些？

技能训练一　味觉敏感度测定

【目的】

1. 掌握甜、酸、苦、咸四种基本味觉的识别方法，判断感官评价员的味觉灵敏度以及是否有感官缺陷。

2. 用于筛选和培训评价员的初始实验，检测评价员对四种基本味的识别能力及其察觉阈、识别阈值。

【原理】

酸、甜、苦、咸是人类的四种基本味觉，取四种标准味感物质按两种系列（几何系列和算术系列）稀释，以浓度递增的顺序向评价员提供样品，品尝后记录味感。

【样品及器材】

水：无色、无味、无臭、无泡沫，中性，纯度接近于蒸馏水，对实验结果无影响。

四种味感物质储备液：按表 2-10 规定制备。

表 2-10　四种味感物质储备液

基本味道	参比物质		浓度/(g/L)
酸	DL-酒石酸(结晶)	$M=150.1$	2
	柠檬酸(一水化合物结晶)	$M=210.1$	1
苦	盐酸奎宁(二水化合物)	$M=196.9$	0.020
	咖啡因(一水化合物结晶)	$M=212.12$	0.200
咸	无水氯化物	$M=58.46$	6
甜	蔗糖	$M=342.3$	32

注：1. M 为物质的分子量。

2. 酒石酸和蔗糖溶液，在实验前几小时配制。

3. 试剂均为分析纯。

四种味感物质的稀释溶液：用上述储备液按两种系列制备稀释溶液，见表 2-11 和表 2-12。

表 2-11　四种基本味液几何系列稀释液

稀释液	成分		溶液浓度/(g/L)					
	储备液/mL	水/mL	酸		苦		咸	甜
			酒石酸	柠檬酸	盐酸奎宁	咖啡因	氯化钠	蔗糖
G_6	500		1	0.5	0.010	0.1000	3	16
G_5	250		0.5	0.25	0.005	0.050	1.5	8
G_4	125	稀释至 1000	0.25	0.125	0.0025	0.025	0.75	4
G_3	62		0.12	0.062	0.0012	0.012	0.37	2
G_2	31		0.06	0.030	0.0006	0.006	0.18	1
G_1	16		0.03	0.015	0.0003	0.003	0.09	0.5

表 2-12　四种基本味液算术系列稀释液

稀释液	成分		溶液浓度/(g/L)					
	储备液/mL	水/mL	酸		苦		咸	甜
			酒石酸	柠檬酸	盐酸奎宁	咖啡因	氯化钠	蔗糖
A_9	250		0.50	0.250	0.0050	0.050	1.5	8.0
A_8	225		0.45	0.225	0.0045	0.045	1.35	7.2
A_7	200		0.40	0.200	0.0040	0.040	1.20	6.4
A_6	175		0.35	0.175	0.0035	0.035	1.05	5.6
A_5	150	稀释至 1000	0.30	0.150	0.0030	0.030	0.0	4.8
A_4	125		0.25	0.125	0.0025	0.025	0.75	4.0
A_3	100		0.20	0.100	0.0020	0.020	0.60	3.2
A_2	75		0.15	0.075	0.0015	0.015	0.45	2.4
A_1	50		0.10	0.050	0.0010	0.010	0.30	1.6

仪器：容量瓶、玻璃容器（玻璃杯等）。

【步骤】

① 把稀释溶液分别放置在已编号的容器内，另有一容器盛水。

② 溶液依次从低浓度开始，逐渐提交给评价员，每次 7 杯，其中一杯为水。每杯约 15mL，杯号按随机数编号，品尝后按表 2-13 填写记录。

表 2-13　四种基本味测定记录（按算术系列稀释）

姓名：		时间：		年　月　日		
项目	未知	酸味	苦味	咸味	甜味	水
一						
二						
三						
四						
五						
六						
七						
八						
九						

【结果与分析】

1. 根据评价员的品评结果，统计该评价员的觉察阈和识别阈。

2. 根据评价员对四种基本味觉的品评结果，计算各自的辨别正确率。

技能训练二　色素调配

【目的】

1. 识别色素，增加对色素的了解。

2. 掌握调色的方法和原理。

【原理】

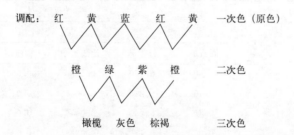

【样品及器材】

六大合成色素：苋菜红、胭脂红、柠檬黄、日落黄、亮蓝、靛蓝。

色调：不同波长的光线刺激眼球产生的视觉。

色度：不同强度的光线刺激眼球产生的视觉。

仪器：量筒、锥形瓶等。

【步骤】

① 选择色素：苋菜红、日落黄、靛蓝。

② 认识色素的状态：液体、固体；油溶性、水溶性。

③ 将色素按一定比例稀释。液体 3 滴稀释至 1000mL，固体称量 0.1g 加水溶解至 1000mL。

④ 将其中一种用量筒取 50mL 倒入锥形瓶，另一种每次加 10mL 摇晃，记录颜色及比例，以此类推。

⑤ 试着配制葡萄紫、苹果绿、橙色、咖啡色、草绿色、深绿色等，越接近某种食品的颜色越好，如啤酒色、葡萄酒色、橙汁色、果冻色。

【结果与分析】

结果记录＿＿＿＿＿＿＿＿。

技能训练三 甜度训练

【目的】

1. 掌握味觉评价的方法、识别技巧。

2. 学会排序检验法的原理、操作步骤及数据处理方法。

【原理】

根据评价员对不同样品味觉方面的感觉，可以获得不同食品甜度的完整描述。

【样品及器材】

样品：甜蜜素、安赛蜜、三氯蔗糖、阿斯巴甜（蛋白糖）、蔗糖溶液。

仪器：容量瓶、电子天平等。

【步骤】

1．溶液配制

（1）蔗糖溶液 称量蔗糖 0.3g 定容至 1000mL 容量瓶。

（2）三氯蔗糖（600 倍）溶液 称量三氯蔗糖 0.3g 定容至 1000mL 容量瓶。

（3）阿斯巴甜（100 倍）溶液 称量阿斯巴甜 0.3g 定容至 1000mL 容量瓶。

（4）安赛蜜（200 倍）溶液 称量安赛蜜 0.3g 定容至 1000mL 容量瓶。

（5）甜蜜素（50 倍）溶液 称量甜蜜素 0.3g 定容至 1000mL 容量瓶。

2．品味技巧

样品应一点一点地啜入口中，并使其滑动接触舌的各个部位（尤其应注意使样品能达到感觉酸味的舌边缘部位）。样品不能吞咽，在品尝两个样品中间应用 35℃ 温水漱口去味，等待 1min 品尝下一个样品。

3．排序检验法

（1）样品编码与呈送 备样员给每个样品编出三位随机数的代码，每个样品给三个编码，以进行三次重复检验，见表 2-14 和表 2-15。

表 2-14　样品批次编码表

样品	第一批重复检验编码	第二批重复检验编码	第三批重复检验编码
A	463	973	434
B	995	607	227
C	067	635	247
D	624	654	490
E	681	695	343

表 2-15　第一批次样品编码及供样顺序表

检验员	供样顺序	第一批次检验号码顺序				
1	CAEDB	067	463	681	624	995
2	ACBED	463	067	995	681	624
3	EABDC	681	463	995	624	067
4	BAEDC	995	463	681	624	067
5	EDCAB	681	624	067	463	995
6	DEACB	624	681	463	067	995
7	DCABE	624	067	463	995	681
8	ABEDC	463	995	624	681	067
9	CDBAE	067	624	995	463	681
10	EBACD	681	995	463	067	624

进行第二批次检验时，供样顺序不变，样品编号改用第二批次样品检验码，其余类推。

（2）样品品评　见表 2-16。

表 2-16　样品品评表

样品名称：　　　检验日期：　年　　月　　日
检验员：

检验内容：
请仔细品评您面前的 5 个样品，请根据它们的入口甜度和绵延度分别排序，最甜的排在左边第 1 位，以此类推，最不甜的排在右边第 1 位，将样品编号填入对应的横线中。

样品甜度排序	（最甜）1	2	3	4	5（最不甜）
样品编号	＿＿＿	＿＿＿	＿＿＿	＿＿＿	＿＿＿
样品绵延度排序	（最甜）1	2	3	4	5（最不甜）
样品编号	＿＿＿	＿＿＿	＿＿＿	＿＿＿	＿＿＿

（3）数据汇总与计算　见表 2-17 和表 2-18。

表 2-17　评价员的排序结果汇总表

检验员	067	463	681	624	995
1					
2					
3					
4					
5					
6					

表 2-18　数据汇总表

评价员	秩次					秩和
	1	2	3	4	5	
1						
2						
3						
4						
5						
6						
每个样品的秩和 T						

【结果与分析】

1. Kramer 排序检验法

排序检验法见表 2-19。

表 2-19　排序检验法检验表 （$\alpha = 5\%$）

评价员人数/n	样品数		
	1	2	3
4	5～15	6～18	6～22
	6～14	7～17	8～20
5	7～18	8～22	9～36
	8～17	10～20	11～24
6	9～21	10～26	11～31
	11～19	12～24	14～28

查样品数 $m =$ ＿＿＿＿＿＿＿那一列，评价员数 $n =$ ＿＿＿＿＿＿＿那一行。

得到上段＿＿＿＿＿＿＿，下段＿＿＿＿＿＿＿。

2. 若排序和 $T \leqslant$ 最小值，或 $T \geqslant$ 最大值，则说明在显著性水平，样品间有显著差异性，根据上段值判断样品间＿＿＿＿＿＿＿（填是否）差异显著。

3. 结论：在 5% 的显著水平上，样品＿＿＿＿＿＿最不甜，样品＿＿＿＿＿＿和＿＿＿＿＿＿＿无显著性差异，样品＿＿＿＿＿＿最甜。

项目三

差别试验

⊙ 知识目标

1. 掌握差别检验常用方法的基本概念、特点和操作程序。
2. 熟悉差别检验常用方法的基本原理、应用领域和范围。
3. 了解差别检验的设计理论，选择适合的方法。

⑨ 能力目标

1. 会设计常用差别检验方法的准备工作表、问答卷以及工作方案。
2. 能够根据感官试验实例选择合适的感官差别检验方法。
3. 能够采用差别检验方法对试验样品进行比较，并对试验结果进行分析。

◎ 素养目标

1. 有正确的科学发展观，有将食品的质量控制在安全范围的责任意识及社会公德意识。
2. 形成尊重科学、实事求是、与时俱进、服务企业和社会的工作态度。
3. 增强敢于创新、善于创新的勇气，形成热爱生活、发现生活积极的创新和创造意识。

知识点一 成对比较检验法

成对比较检验法是食品感官差别检验中重要内容之一，主要掌握试验技能、方案设计与实施的能力。感官评价员要熟练掌握成对比较检验法的知识，根据样品检验规则，通过差别成对比较检验的方式、操作步骤等条件，按照品评要求完成相关的比较试验。

一、成对比较检验法概述

1. 成对比较检验法特点

成对比较检验法，是指试验者连续或同时呈送一对样品给评价员，要求其对这两个样品进行比较，评价员判定两个样品间感官特性强度是否相似或存在可感觉到的感官差别，并被要求回答它们是相同还是不同的一种评价方法，也称为差别成对比较检验法。其有两种形式：一种是差别成对比较试验，也称简单差别试验、二点检验法和异同试验，或者称作双边检验，即检验监督员预先不知道涉及的差别范围的检验；另一种是定向成对比较试验，也称作单边检验，即检验监督员预先知道差别范围的检验。

差别成对比较试验（简单差别试验，异同试验）：试验者每次得到两个（一对）样品，被要求回答它们是相同还是不同。在呈送给试验者的样品中，相同和不同的样品的对数是一样的。通过比较观察的频率和期望（假设）的频率，根据 χ^2 分布检验分析结果。

定向成对比较试验：定向成对比较试验也是要求评价员比较两个样品是否相同，但定向成对比较试验更加侧重于两个产品在某一特性上是否存在差异，比如甜度、苦味、黏度和颜色等。

2. 应用领域和范围

当试验的目的是要确定产品之间是否存在感官上的差异，但产品有一个延迟效应或者不能同时呈送两个或更多样品时应用本试验。比如三点检验法和二-三点检验法都不便应用的时候，在比较一些味道很浓或停留时间较长的样品时，通常采用差别成对比较试验。

3. 评价人员

（1）评价员资格　所有评价员应具有相同资格等级，该等级根据检验目的确定（具体要求参见 GB/T 16291.1—2012《感官分析　选拔、培训与管理评价员一般导则　第 1 部分：优选评价员》和 GB/T 16291.2—2010《感官分析　选拔、培训和管理评价员一般导则　第 2 部分：专家评价员》）。对产品的经验和熟悉程度可以改善一个评价员的成绩，并因此增加发现显著差别的可能性。所有评价员应熟悉成对检验过程（评分表、任务和评价程序）。此外，所有评价员应具备识别检验依据的感官特性的能力。这种特性可通过参照物质或通过呈送检验中具有不同特性强度水平的几个样品进行口头明确。

（2）评价员人数　评价员人数的选择应达到检验所需的敏感性要求（详见表 3-1 和表 3-2）。使用大量评价员可以增加检出产品之间微小差别的可能性，但实际上，评价员人数通常决定于具体条件（如试验周期、可利用评价员人数、产品数量）。实施差别检验时，具有代表性的评价员人数在 24～30 名之间；实施相似检验时，为达到相当的敏感性需要两倍的评价员人数（即大约 60 名）。检验相似时，同一位评价员不应作重复评价；对于差别检验，可以考虑重复回答，但应尽量避免。若需要重复评价以得出产品足够数量的总评价，应尽量使每一位评价员评价次数相同。

表 3-1　单边成对检验所需评价员人数

α	P_d	β					
		0.50	0.20	0.10	0.05	0.01	0.001
0.50	50%	—	—	—	9	22	33
0.20		—	12	19	26	39	58
0.10		—	19	26	33	48	70
0.05		13	23	33	42	58	82
0.01		35	40	50	59	80	107
0.001		38	61	71	83	107	140
0.50	40%	—	—	9	20	33	55
0.20		—	19	30	39	60	94
0.10		14	28	39	53	79	113
0.05		18	37	53	67	93	132
0.01		35	64	80	96	130	174
0.001		61	95	117	135	176	228

α	P_d	β					
		0.50	0.20	0.10	0.05	0.01	0.001
0.50		—	—	23	33	59	108
0.20		—	32	49	68	110	166
0.10	30%	21	53	72	96	145	208
0.05		30	69	93	119	173	243
0.01		64	112	143	174	235	319
0.001		107	172	210	246	318	412
0.50		—	23	45	67	133	237
0.20		21	77	112	158	253	384
0.10	20%	46	115	168	214	322	471
0.05		71	158	213	268	392	554
0.01		141	252	325	391	535	726
0.001		241	386	479	556	731	944
0.50		—	75	167	271	539	951
0.20		81	294	451	618	1006	1555
0.10	10%	170	481	658	861	1310	1906
0.05		281	620	866	1092	1583	2237
0.01		550	1007	1301	1582	2170	2927
0.001		961	1551	1908	2248	2937	3812

注：1. α，也叫作 α 风险，是指错误地估计两者之间的差别存在的可能性，即当感官差别不存在时，推断感官差别存在的概率，也被称为显著性水平。

2. β，也叫作 β 风险，是指错误地估计两者之间的差别不存在的可能性，即当感官差别存在时，推断感官差别不存在的概率。

3. P_d，指能够分辨出差异的人数比例。

4. 表中空白部分表示不代表任何实际意义的情况（考虑选择的 P_d 值的 α、β 的高值）。

表 3-2　双边成对检验所需评价员人数

α	P_d	β					
		0.50	0.20	0.10	0.05	0.01	0.001
0.50		—	—	—	23	33	52
0.20		—	19	26	33	48	70
0.10	50%	—	23	33	42	58	82
0.05		17	30	42	49	67	92
0.01		26	44	57	66	87	117
0.001		42	66	78	90	117	149
0.50		—	—	25	33	54	86
0.20		—	28	39	53	79	113
0.10	40%	18	37	53	67	93	132
0.05		25	49	65	79	110	149
0.01		44	73	92	108	144	191
0.001		48	102	126	147	188	240

α	P_d	β					
		0.50	0.20	0.10	0.05	0.01	0.001
0.50	30%	—	29	44	63	98	156
0.20		21	53	72	96	145	208
0.10		30	69	93	119	173	243
0.05		44	90	114	145	199	276
0.01		73	131	164	195	261	345
0.001		121	188	229	267	342	440
0.50	20%	—	63	98	135	230	352
0.20		46	115	168	214	322	471
0.10		71	158	213	268	392	554
0.05		101	199	263	327	455	635
0.01		171	291	373	446	596	796
0.001		276	425	520	604	781	1010
0.50	10%	—	240	393	543	910	1423
0.20		170	461	658	861	1310	1905
0.10		281	620	866	1092	1583	2237
0.05		390	801	1055	1302	1833	2544
0.01		670	1167	1493	1782	2408	3203
0.001		1090	1707	2094	2440	3152	4063

注：表中空白部分表示不代表任何实际意义的情况（考虑选择的 P_d 值的 α、β 的高值）。

4. 问答表设计和做法

差别成对比较检验法要求问答表的设计应和产品特性及试验目的相结合。呈送给评价员的两个带有编号的样品，必须是 A、B 两种样品的四种可能的样品组合（A/A，B/B，A/B，B/A），并等量随机呈送给评价员，要求评价员从左到右尝试样品。然后填写问卷。

常用的准备工作表、问答表、问卷如表 3-3～表 3-5 所示。

表 3-3 差别成对比较检验准备工作表

姓名：	评价员编号：	检验日期：

样品类型：

试验类型：异同试验　　　　　　　　　　样品情况

　　　　　　　　　A　　　　　　　　　　　　　　　　　　B

将用来盛放样品的容器用 3 位随机号码编号，并将容器分为两排，一排装样品 A，另一排装样品 B。每位参评人员都会得到一个托盘，里面有两个样品和一张问答卷。

准备托盘时，将样品从左向右按以下顺序排列。

评价员编号	样品顺序
1	A-A（用 3 位数字的编号）
2	A-B
3	B-A
4	B-B
5	A-A
…	…

依此类推直到所需的评价人员总数。

表 3-4　差别成对比较检验问答表

姓名：	评价员编号：	检验日期：

样品类型：＿＿＿＿＿＿＿

试验指令：

　1. 从左到右品尝你面前的两个样品。

　2. 确定这两个样品是相同的还是不同的。

　3. 在以下相应的答案前面打"√"。

＿＿＿＿＿＿＿＿两个样品相同

＿＿＿＿＿＿＿＿两个样品不同

评语：

表 3-5　差别成对比较检验常用问卷

姓名：	评价员编号：	检验日期：

检验须知：检验开始之前，请用清水漱口，两组差别成对比较检验中各有两个样品需要评价。请按照呈送的顺序品尝各组中的编码样品，从左到右，从第一组开始。将全部样品放入口中，请勿再次品尝。回答各组中的样品是相同还是不同，圈出相应的词。在两种样品品尝之间请用清水漱口，并吐出所有的样品和水。然后进行下一组的实验，重复品尝程序。

组别

1.	相同	不同
2.	相同	不同

5. 结果分析与判断

差别成对检验有两种结果分析与判断方法，一种是国家标准方法，即比较一致答案与相应表中的数值（对应评价员人数和检验选择的 α 风险水平），推断样品之间是否存在感官差异；另一种方法是计算检验结果的 χ^2，并与相应风险水平的数值相比较，得出样品之间是否存在感官差异。

（1）国家标准方法

① 进行差别检验

a. 单边检验。用表 3-6 分析由成对检验获得的数据。若正确答案数大于或等于表中给出的数字（对应评价员人数和检验选择的 α 风险水平），则推断样品之间存在感官差别；如果正确答案数小于表中给出的数值，则推断样品之间不存在感官差别；如果正确答案数低于评价员人数一半时表中对应的最大正确答案数，则不应推断出结论。

表 3-6　根据单边成对检验推断出感官差别存在所需最少正确答案数

n	α					n	α				
	0.20	0.10	0.05	0.01	0.001		0.20	0.10	0.05	0.01	0.001
10	7	8	9	10	10	18	12	13	13	15	16
11	8	9	9	10	11	19	12	13	14	15	17
12	8	9	10	11	12	20	13	14	15	16	18
13	9	10	10	12	13	21	13	14	15	17	18
14	10	10	11	12	13	22	14	15	16	17	19
15	10	11	12	13	14	23	15	16	16	18	20
16	11	12	13	14	15	24	15	16	17	19	20
17	11	12	13	14	16	25	16	17	18	19	21

n	α					n	α				
	0.20	0.10	0.05	0.01	0.001		0.20	0.10	0.05	0.01	0.001
26	16	17	18	20	22	44	26	27	28	31	33
27	17	18	19	20	22	48	28	29	31	33	36
28	17	18	19	21	23	52	30	32	33	35	38
29	18	19	20	22	24	56	32	34	35	38	40
30	18	20	20	22	24	60	34	36	37	40	43
31	19	20	21	23	25	64	36	38	40	42	45
32	19	21	22	24	26	68	38	40	42	45	48
33	20	21	22	24	26	72	41	42	44	47	50
34	20	22	23	25	27	76	43	45	46	49	52
35	21	22	23	25	27	80	45	47	48	51	55
36	22	23	24	26	28	84	47	49	51	54	57
37	22	23	24	27	29	88	49	51	53	56	59
38	23	24	25	27	29	92	51	53	55	58	62
39	23	24	26	28	30	96	53	55	57	60	64
40	24	25	26	28	31	100	55	57	59	63	66

注：1. 因为是根据二项式分布得到，表中的值是准确的。对于不包括在表中的 n 值，以下述方式得到遗漏项的近似值：最少正确答案数 (x) ＝大于下式的最接近整数 $x=(n+1)/2+z\sqrt{0.25n}$，其中 z 随以下显著水平不同而不同：$\alpha=0.20$ 时，0.84；$\alpha=0.10$ 时，1.28；$\alpha=0.05$ 时，1.64；$\alpha=0.01$ 时，2.33；$\alpha=0.001$ 时，3.09。

2. n 值<18 时，通常不推荐用成对差别检验。

b. 双边检验。用表 3-7 分析由成对检验获得的数据。若一致答案数大于或等于表中给出的数字（对应评价员人数和检验选择的 α 风险水平），则推断样品之间存在感官差别；如果正确答案数小于表中给出的数值，则推断样品之间不存在感官差别。

表 3-7 根据双边成对检验推断出感官差别存在所需最少一致答案数

n	α					n	α				
	0.20	0.10	0.05	0.01	0.001		0.20	0.10	0.05	0.01	0.001
10	8	9	9	10		21	14	15	15	17	18
11	9	9	10	11	11	22	15	16	17	18	19
12	9	10	10	11	12	23	16	16	17	19	20
13	10	10	11	12	13	24	16	17	18	19	21
14	10	11	12	13	14	25	17	18	18	20	21
15	11	12	12	13	14	26	17	18	19	20	22
16	12	12	13	14	15	27	18	19	20	21	23
17	12	13	13	15	16	28	18	19	20	22	23
18	13	13	14	15	17	29	19	20	21	22	24
19	13	14	15	16	17	30	20	20	21	23	25
20	14	15	15	17	18	31	20	21	22	24	25

n	α					n	α				
	0.20	0.10	0.05	0.01	0.001		0.20	0.10	0.05	0.01	0.001
32	21	22	23	24	26	56	34	35	36	39	41
33	21	22	23	25	27	60	36	37	39	41	44
34	22	23	24	25	27	64	38	40	41	43	46
35	22	23	24	26	28	68	40	42	43	46	48
36	23	24	25	27	29	72	42	44	45	48	51
37	22	23	24	27	29	76	45	46	48	50	53
38	23	24	25	27	29	80	47	48	50	52	56
39	24	26	27	28	31	84	49	51	52	55	58
40	25	26	27	29	31	88	51	53	54	57	60
44	27	28	29	31	34	92	53	55	56	59	63
48	29	31	32	34	36	96	55	57	59	62	65
52	32	33	34	36	39	100	57	59	61	64	67

注：1. 因为是根据二项式分布得到，表中的值是准确的。对于不包括在表中的 n 值，以下述方式得到遗漏项的近似值：最少正确答案数（x）=大于下式的最接近整数 $x=(n+1)/2+z\sqrt{0.25n}$，其中 z 随以下显著水平不同而不同：$\alpha=0.20$ 时，1.28；$\alpha=0.10$ 时，1.64；$\alpha=0.05$ 时，1.96；$\alpha=0.01$ 时，2.58；$\alpha=0.001$ 时，3.29。

2. n 值<18 时，通常不推荐用成对差别检验。

② 进行相似检验

a. 单边检验。用表 3-8 分析由成对检验获得的数据。若正确答案数小于或等于表中给出的数字（对应评价员人数和检验选择的 β 风险水平和 P_d 值），则推断样品之间不存在有意义的感官差别；如果正确答案数大于表中给出的数值，则推断样品之间存在感官差别；如果正确答案数低于评价员人数一半的最大正确答案数时，则不应推断出结论。

b. 双边检验。用表 3-8 分析由成对检验获得的数据。若一致答案数小于或等于表中给出的数字（对应评价员人数和检验选择的 β 风险水平和 P_d 值），则推断样品之间不存在有意义的感官差别；如果正确答案数大于表中给出的数值，则推断样品之间存在感官差别。

表 3-8　根据成对检验推断两个样品相似所需最大正确或一致答案数

n	β	P_d					n	β	P_d				
		10%	20%	30%	40%	50%			10%	20%	30%	40%	50%
18	0.001	—	—	—	—	—	30	0.001	—	—	—	—	—
	0.01	—	—	—	—	—		0.01	—	—	—	—	16
	0.05	—	—	—	—	9		0.05	—	—	—	16	17
	0.10	—	—	—	9	10		0.10	—	—	15	17	18
	0.20	—	—	9	10	11		0.20	—	15	16	18	20
24	0.001	—	—	—	—	—	36	0.001	—	—	—	—	—
	0.01	—	—	—	—	12		0.01	—	—	—	18	20
	0.05	—	—	—	12	13		0.05	—	—	18	20	22
	0.10	—	—	12	13	18		0.10	—	—	19	21	23
	0.20	—	—	13	14	15		0.20	—	18	20	22	24

n	β	P_d					n	β	P_d				
		10%	20%	30%	40%	50%			10%	20%	30%	40%	50%
42	0.001	—	—	—	—	21	60	0.001	—	—	—	—	33
	0.01	—	—	—	21	24		0.01	—	—	—	33	36
	0.05	—	—	21	23	26		0.05	—	—	32	35	38
	0.10	—	—	22	25	27		0.10	—	30	33	36	40
	0.20	—	22	24	26	28		0.20	—	32	35	38	41
48	0.001	—	—	—	—	25	66	0.001	—	—	—	—	37
	0.01	—	—	—	25	28		0.01	—	—	33	36	40
	0.05	—	—	25	27	30		0.05	—	—	35	39	43
	0.10	—	—	26	28	31		0.10	—	34	37	40	44
	0.20	—	25	27	30	33		0.20	—	35	39	42	46
54	0.001	—	—	—	—	29	72	0.001	—	—	—	37	40
	0.01	—	—	—	29	32		0.01	—	—	36	40	44
	0.05	—	—	28	31	34		0.05	—	—	39	43	47
	0.10	—	27	30	32	35		0.10	—	37	41	44	48
	0.20	—	28	31	34	37		0.20	—	39	42	46	50

注：1. 因为表中的数值根据二项式分布求得，因此是准确的。对于不包括在表中的 n 值，根据的正常近似值计算 $100(1-\beta)\%$ 置信上限 P_d 近似值：$[2(x/n)-1]+2 \times z_\beta \sqrt{(nx-x^2)/n^3}$。其中，$x$ 为正确或一致答案数；n 为评价员人数；z_β 随下列显著性水平变化而异：$\beta=0.20$ 时，0.84；$\beta=0.10$ 时，1.28；$\beta=0.05$ 时，1.64；$\beta=0.01$ 时，2.33；$\beta=0.001$ 时，3.09。若计算值小于预先选择的 P_d 限，则声明样品在 β 显著水平相似。

2. 当 $n<30$ 时，通常不推荐用于成对差别检验。

3. 本表不叙述低于 $n/2$ 的正确答案数值，用符号"—"标明。

（2）χ^2 比较法　将经过差别成对检验后得到的某两种样品的评价结果收集整理，统计方法按照表 3-9 进行。

表 3-9　两种样品的评价结果

评价员的回答	评价员得到的样品		总计
	相同的样品 AA 和 BB	不同的样品 AB 或 BA	
相同	C_1	D_1	C_1+D_1
不同	C_2	D_2	C_2+D_2
总计	F	F	$2F$

注：C、D 为回答该项目的人数。

其计算公式为：

$$\chi^2=\sum(O_{ij}-E_{ij})/E_{ij}$$

式中，O 为观察值；E 为期望值；E_{ij} 为（i 行的总和）×（j 列的总和）/总和。

相同产品 AA/BB 的期望值：

$$E_1=(C_1+D_1) \times F/2F$$

不同样品 AB/BA 的期望值：

$$E_2 = (C_2 + D_2) \times F / 2F$$

$$\chi^2 = \frac{(C_1 - C_2)^2}{C_2} + \frac{(D_1 - C_2)^2}{C_2} + \frac{(C_2 - C_1)^2}{C_1} + \frac{(D_2 - C_1)^2}{C_1}$$

设 $\alpha = 0.05$，由 χ^2 分布临界表（附录三），df=1（df 为自由度，因为两种样品，自由度为 1）查到 χ_0^2，比较 χ^2 和 χ_0^2，得出两个样品之间是否存在差异。

差别成对比较检验法技术要点总结如下：

① 进行成对比较检验时，从一开始就应分清是差别成对比较还是定向成对比较。如果检验目的只是关心两个样品是否不同，则是差别成对比较检验；如果想具体知道样品的特性，比如哪一个更好、更受欢迎，则是定向成对比较。

② 差别成对比较检验法具有强制性。在差别成对比较检验法中有可能出现"无差异"的结果，通常是不允许的，因而要求评价员"强制选择"，以促进评价员仔细观察分析，从而得出正确结论。尽管两者反差不强烈，但没有给你下"没有差异"结论的权利，故必须下一个结论。在评价员中可能会出现"无差异"的反应，有这类人员时，用强制选择可以增加有效结论的机会，即"显著结果的机会"。这个方法的缺点是鼓励人们去猜测，不利于评定人员诚实地记录"无差异"的结果，出现这种情况时，实际上是减少了评价员的人数。因此，要对评价员进行培训，以增强其对样品的鉴别能力，减少这种错误的发生。

③ 因为该检验方法容易操作，因此，没有受过培训的人都可以参加，但是他必须熟悉要评价的感官特性。如果要评价的是某项特殊特性，则要用受过培训的人员。因为这种检验方法猜对的概率是 50%，因此，需要参加人员的数量多一点。一般要求 20～50 名评价员来进行试验，最多可以用 200 人，或者 100 人，每人品尝 2 次。试验人员要么都接受过培训，要么都没接受过培训，但在同一个试验中，参评人员不能既有受过培训的又有没受过培训的。

④ 检验相似时，同一评价员不应做重复评价。对于差别检验，可考虑重复回答，但应尽量避免。若需要重复评价以得出足够的评价总数，应尽量使每一位评价员的评价次数相同。例如，仅有 10 名评价员可利用，应使每位评价员评价三对检验以得到 30 个总评价数。

⑤ 每张评分表仅用于一对样品。如果在一场检验中一名评价员进行一次以上的检验，在呈送随后的一对样品之前，应该收走填好的评分表和未用的样品。评价员不应取回先前样品或更改先前的检验结论。

⑥ 不要对选择的最强样品询问有关偏爱、接受或差别的任何问题。对任何附加问题的回答都可能影响评价员做出的选择。这些问题的答案可通过独立的偏爱、接受、差别程度检验等获得。询问为何做出选择的陈述部分可包括评价员的陈述。

二、成对比较检验法实例

实例 1　饼干的脆度测试

问题：某饼干厂根据消费者反馈对饼干生产工艺做了改进，生产出一种比原产品更脆的饼干，研发部门想知道新产品是否比原产品更脆。

检验目的：确定新产品是否更脆。因此是一项单边检验实例。

评价员人数：为防止研发部门错误推断出不纯正的风味差别，感官分析监督员建议 α 值为 0.05，检出差别的评价员百分数 $P_d=30\%$、$\beta=0.50$，因此参考表 3-1 发现至少需要 30 名评价员。

试验设计：30 个样品盘内盛放饼干 A（控制样），30 个样品盘内盛放饼干 B（试验样），用唯一性随机数字编码。按顺序 AB 将产品呈送给 15 名评价员，按顺序 BA 呈送给其他 15 名评价员。问答表见表 3-10。

表 3-10　饼干差别成对比较试验问答卷

姓名：	评价员编号：	检验日期：

说明：从左到右依次品尝两个样品，在以下位置指明最脆的样品编码，若不确定，请猜测一个，并在"陈述处"的开头指明这是猜测的。

最脆的样品编码：＿＿＿＿＿＿＿＿＿＿＿＿＿＿＿＿

可能的陈述：＿＿＿＿＿＿＿＿＿＿＿＿＿＿＿＿

结果分析与表述：假设有 21 名评价员指明样品 B 更脆，在表 3-6 中 $n=30$ 的相应行和 $\alpha=0.05$ 的列内可找到期望范围内为 20 个答案，由于 21＞20，因此表明两个样品差别显著。

报告与结论：感官分析人员为评价小组报告在 5%（$n=30$，$x=21$）显著性水平显示新产品更脆。

实例 2　酱菜的差别成对检验

问题：某酱菜厂由于成本原因，准备更换生产酱菜的某一种调味料，该工厂的经理想知道，更换了调味料后生产出的酱菜和原来的酱菜相比，是否存在感官差异。

项目目标：确定新调味料是否可以替换原有调味料。

试验目标：确定用两种调味料生产出来的酱菜是否在味道上存在不同。

试验设计：感官评价员选择用 60 名。一共准备 60 对样品，30 对完全相同，另外 30 对不同。准备工作表见表 3-11，问答表同表 3-4。

表 3-11　酱菜差别成对比较检验准备工作表

姓名：	评价员编号：	检验日期：

样品类型：酱菜

试验类型：差别成对检验（异同试验）

样品情况

A（原调味料生产的酱菜）　　　　　B（新调味料生产的酱菜）

将用来盛放样品的 60×2＝120 个容器用三位随机号码编号，并将容器分为两排，一排装样品 A，另一排装样品 B。每位参评人员都会得到一个托盘，里面有两个样品和一张问答卷。

准备托盘时，将样品从左向右按以下顺序排列。

评价员编号	样品顺序
1	A-A（用 3 位数字的编号）
2	A-B
3	B-A
4	B-B
5	A-A
…	…

依此类推直到 60。

结果分析：假设实验结果如表 3-12 所示。

表 3-12　试验结果

评价员的回答	评价员得到的样品		总计
	相同的样品 AA 或 BB	不同的样品 AB 或 BA	
相同	17	9	26
不同	13	21	34
总计	30	30	60

利用之前公式计算可得：

相同产品 AA/BB 的期望值：$E_1 = 26 \times 30/60 = 13$

不同产品 AB/BA 的期望值：$E_2 = 34 \times 30/60 = 17$

$$\chi^2 = \frac{(17-13)^2}{13} + \frac{(9-13)^2}{13} + \frac{(13-17)^2}{17} + \frac{(21-17)^2}{17} = 4.34$$

设 $\alpha = 0.05$，由附录三，df=1（因为 2 个样品，自由度为样品数减去 1）查到 χ^2 的临界值为 3.84，计算结果 $\chi^2 = 4.34 > 3.84$，所以得出两个样品之间存在显著性差异。

结果解释：由于两个样品之间存在显著性差异，所以感官分析人员可以告知该经理，使用新的调味料生产出来的酱菜和原来的产品是不同的，如果真的想降低成本更换新的调味料，建议经理可以将两种产品进行消费者试验，以确定消费者是否愿意接受新调味料生产出来的产品。

知识点二　三点检验法

一、三点检验法概述

三点检验法是食品感官差别检验中最常用的一种方法，在食品感官检验中应用广泛。通过认知三点检验法，可以根据样品评定的任务要求，能够实施相应的评定程序和步骤，并统计分析相应的结果，得出样品之间是否存在显著性差异，为食品生产提供依据或参考。

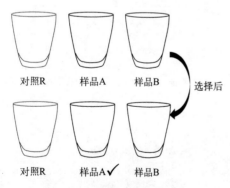

图 3-1　三点检验法示意图

1．三点检验法特点

（1）基本概念　三点检验法又称三角检验，是差别检验中最常用的一种方法。在检验中，将 3 个样品同时呈送给评价员，并告知评价员其中两个样品是一样的，另外一个样品与其他两个样品不同，请评价员品尝后，挑出不同的是哪一个样品，如图 3-1。

（2）应用领域和范围　三点检验法主要的应用领域有以下方面：

① 在原料、加工工艺、包装或贮藏条件发生变化，确定产品的感官特征是否发生变化，而且差异是否来自成分、工艺、包装及贮存条件的改变时，三点检验法是一种有效的方法。

② 三点检验法可使用在产品开发、工艺开发、产品匹配、质量控制等过程中，确定两

种产品之间是否存在整体差异。

③ 三点检验法也可以用于筛选和培训人员，以锻炼其发现产品差别的能力。

三点检验法适用于确定两种样品之间是否有可觉察的差别，这种差异可能涉及一个或多个感官性质的差异，但三点检验法不能辨别有差异的产品在哪些感官性质上有差异，也不能评价差异的程度。

(3) 评价员人数 一般来说，三点检验要求评价人员的人数在 24～30 之间，如果产品之间的差异非常大，很容易被发现时，12 位评价员就足够了。而如果试验目的是检验两种产品是否相似时（是否可以互相替换），达到同样的敏感性则需要两倍的评价员即大约 60 位，具体试验所需的评价员人数见表 3-13。

表 3-13 三点检验所需的评价员人数

α	P_d	β				
		0.20	0.10	0.05	0.01	0.001
0.20	50%	7	12	16	25	36
0.10		12	15	20	30	43
0.05		16	20	23	35	48
0.01		25	30	35	47	62
0.001		36	43	48	62	81
0.20	40%	12	17	25	36	55
0.10		17	25	30	46	67
0.05		23	30	40	57	79
0.01		35	47	56	76	102
0.001		55	68	76	102	130
0.20	30%	20	28	39	64	97
0.10		30	43	54	81	119
0.05		40	53	66	98	136
0.01		62	82	97	131	181
0.001		93	120	138	181	233
0.20	20%	39	64	86	140	212
0.10		62	89	119	178	260
0.05		87	117	147	213	305
0.01		136	176	211	292	397
0.001		207	257	302	396	513
0.20	10%	149	238	325	529	819
0.10		240	348	457	683	1011
0.05		325	447	572	828	1181
0.01		525	680	824	1132	1539
0.001		803	996	1165	1530	1992

2. 问答表设计与做法

三点检验法要求每次随机提供给评价员 3 个样品，两个相同，一个不同。这两种样品可能的组合是 ABB、BAA、BBA、BAB、AAB、ABA，要求每种组合被呈送的机会相等，每个样品均有唯一随机编码号。三点检验的工作准备表如表 3-14 所示。

表 3-14　样品准备工作表

姓名：	评价员编号：	检验日期：

三点检验样品顺序和呈送计划

在样品托盘准备区贴本表，提前将评分表和呈送容器编码准备好。

样品类型：

样品编码：

样品 A　　　　　样品 B

呈送容器编码如下：

评价员编号	样品编码			评价员编号	样品编码		
1	A-xxx	B-xxx	B-xxx	7	A-xxx	B-xxx	B-xxx
2	B-xxx	A-xxx	A-xxx	8	B-xxx	A-xxx	A-xxx
3	B-xxx	B-xxx	A-xxx	9	B-xxx	A-xxx	A-xxx
4	B-xxx	A-xxx	B-xxx	10	B-xxx	A-xxx	A-xxx
5	A-xxx	A-xxx	B-xxx	11	A-xxx	A-xxx	B-xxx
6	A-xxx	B-xxx	A-xxx	12	A-xxx	B-xxx	A-xxx

注：样品按照以上顺序重复排列，直到所需评价员人数，保证每种组合被呈送的机会相等。

在三点检验中，评价员按照从左到右的顺序品尝样品，然后找出与其他两个样品不同的那一个，如果找不出，可以猜一个答案，即不能没有答案。在问答表的设计过程中，当评价员必须告知该批检验的目的时，提示要简单明了，不能有暗示。常用的三点检验问答卷的一般形式如表 3-15 所示。

表 3-15　三点检验问答表的一般形式

姓名：	评价员编号：	检验日期：

说明：

从左到右品尝样品。两个样品相同，一个不同。在下面空白处写出与其他样品不同的样品编号。如果无法确定，记录你的最佳猜测，在陈述处注明你是猜测的。

与其他两个样品不同的样品：_____

陈述：_____

3. 结果分析与判断

按三点检验法要求统计回答正确的问答表数，查表可得出两个样品之间有无差异。

例如：36 张评价表，有 21 张正确地选择出单个样品，查表 3-16 中，$n=36$ 信息。由于 21 大于 1% 显著性水平的临界值 20，小于 0.1% 显著性水平的临界值 22，则说明在 1% 显著性水平处两样品间存在差异。

三点检验法操作技术要点总结如下：

① 在感官评价中，三点检验法是一种专门的方法，可用于两种产品的样品间的差异分析，而且适合于样品间细微差别的鉴定，如品质管制和仿制产品。其差别可能与样品的所有特征或者与样品的某一特征有关。

表 3-16 三点检验确定存在显著性差别所需最少正确答案数

n	α					n	α				
	0.20	0.10	0.05	0.01	0.001		0.20	0.10	0.05	0.01	0.001
6	4	5	5	6	—	27	12	13	14	16	18
7	4	5	5	6	7	28	12	14	15	16	18
8	5	5	6	7	8	29	13	14	15	17	19
9	5	6	6	7	8	30	13	14	15	17	19
10	6	6	7	8	9	31	14	15	16	18	20
11	6	7	7	8	10	32	14	15	16	18	20
12	6	7	8	9	10	33	14	15	17	18	21
13	7	8	8	9	11	34	15	16	17	19	21
14	7	8	9	10	11	35	15	16	17	19	22
15	8	8	9	10	12	36	15	17	18	20	22
16	8	9	9	11	12	42	18	19	20	22	25
17	8	9	10	11	13	48	20	21	22	25	27
18	9	10	10	12	13	54	22	23	25	27	30
19	9	10	11	12	14	60	24	26	27	30	33
20	9	10	11	13	14	66	26	28	29	32	35
21	10	11	12	13	15	72	28	30	32	34	38
22	10	11	12	14	15	78	30	32	34	37	40
23	11	12	12	14	16	84	33	35	36	39	43
24	11	12	13	15	16	90	35	37	38	42	45
25	11	12	13	15	17	96	37	39	41	44	48
26	12	13	14	15	17	102	39	41	43	46	50

注：1. 因为表中的数值根据二项式分布求得，因此是准确的。对于表中未设的 n 值，根据下列二项式的近似值计算其近似值。最小答案数（x）等于下式中最近似的整数：$x=(n/3)+z\sqrt{2n/9}$。其中 z 随下列显著性水平变化而异：$\alpha=$ 0.05 时，1.64；$\alpha=0.01$ 时，2.33；$\alpha=0.001$ 时，3.09。

2. 当 $n<18$ 时，不宜用三点检验差别。

② 三点检验中，每次随机呈送给评价员 3 个样品。其中两个样品是一样的，一个样品则不同，并要求在所有的评价员间交叉平衡。为了使 3 个样品的排列次序和出现的概率相同，这两种样品可能的组合是 BAA、ABA、AAB、ABB、BAB 和 BBA。在检验中，组合在 6 组中出现的概率也应是相同的，当评价员人数不足 6 的倍数时，可舍去多余样品组，或向每名评价员提供 6 组样品做重复检验。

③ 对三点检验的无差异假设规定：当样品间没有可察觉的差别时，做出正确选择的概率为 1/3。因此，在检验中此法的猜对率为 1/3，这要比差别成对比较检验法和二-三点检验法的 1/2 的猜对率低得多。

④ 在食品的三点检验中，所有评价员都应基本上具有同等的鉴别能力和水平，并且因食品的种类不同，评价员也应该是各具专业所长。参与评价的人数多少要因任务而异，可以在 5 人到上百人的很大范围内变动，并要求做显著性差异测定。三点检验通常要求评价员人

数在 24～30 名，而如果试验目的是检验两种产品是否相似（是否可以互相替换），则要求的评价员人数大约为 60 名。

⑤ 食品的三点检验法要求的技术比较严格，每项检验的主持人都要亲自参与评价。为使检验取得理想的效果，主持人最好主持一次预备试验，以便熟悉可能出现的问题，以及先熟悉一下原料的情况。但要防止预备试验对后续的正规检验起诱导作用。

⑥ 三点检验是强迫选择程序，不允许评价员回答"无差别"。当评价员无法判断出差别时，应要求评价员随机选择一个样品，并且在评分表的陈述栏中注明，该选择仅是猜测。

⑦ 评价员进行检验时，每次都必须按从左到右的顺序品尝样品。评价过程中，允许评价员重新检验已经做过检验的那个样品。评价员找出与其他两个样品不同的样品或者相似的一个样品，然后对结果进行统计分析。

⑧ 尽量避免同一名评价员的重复评价。但是，如果需要重复评价以产生足够的评价总数，应尽量使每位评价员重复评价的次数相同。例如，如果只有 10 名评价员，为得到 30 次评价总数，应让每名评价员评价 3 组三联样。注意：在进行相似检验时，将 10 名评价员做的 3 次评价作为 30 次独立评价是无效的，但是在进行差别检验时，即使进行重复评价也是有效的。

⑨ 每张评分表仅用于一组三联样。如果在一场检验中一个评价员进行一次以上的检验，在呈送后续的三联样之前，应收走填好的评分表和未用的样品。评价员不应取回先前的样品或更改先前的检验结论。

⑩ 评价员做出选择后，不要问其有关偏好、接受或差别程度的问题。任何附加问题的答案都可能影响评价员刚做出的选择。这些问题的答案可通过独立的偏好、接受、差别程度检验等获得。询问为何做出选择的陈述部分可以包含评价员的解释。

二、三点检验法实例

实例 1　三点检验法——差别检验

问题： 某啤酒厂开发了一项工艺，以降低无醇啤酒中不良谷物风味。该工艺需投资新设备，厂长想要确定研制的无醇啤酒与公司目前生产的无醇啤酒不同。

检验目的： 确定新工艺生产的无醇啤酒能否区别于原无醇啤酒。

试验设计： 因为试验目的是检验两种产品之间的差异，可将 α 值设为 0.05（5%），β 值设为 0.05，保证检验中检出差别的机会为 95%，即 $100(1-\beta)$%，而且 50% 的评价员能检出样品间的差别（即 P_d 值为 50%）。将 $\alpha=0.05$、$\beta=0.05$ 和 $P_d=50$% 代入表 3-13，查得 $n=23$。为了平衡样品的呈送顺序，公司决定用 24 名评价员。因为每人所需的样品是 3 个，所以一共准备 72 个样品，新、老产品各 36 个。用唯一随机数给样品（36 杯 A 和 36 杯 B）编码。每组三联样 ABB、BAA、AAB、BBA、ABA 和 BAB 以平衡随机顺序，分四次发放，以涵盖 24 名评价员。样品工作准备表和问答表如表 3-17 和表 3-18 所示。

表 3-17　样品准备工作表

姓名：	评价员编号：	检验日期：

三点检验样品顺序和呈送计划：
在样品托盘准备区贴本表,提前将评分表和呈送容器编码准备好。
样品类型:啤酒

姓名：　　　　　　　　评价员编号：　　　　　　　　检验日期：

样品编码：

样品 A(旧工艺)　　　　　　　　样品 B(新工艺)

呈送容器编码如下：

评价员编号	样品编码			评价员编号	样品编码		
1	A-108	B-795	B-140	13	A-142	B-325	B-632
2	B-189	A-168	A-733	14	B-472	A-762	A-330
3	A-718	A-437	B-488	15	A-965	A-641	B-300
4	B-535	B-231	A-243	16	B-582	B-659	A-486
5	A-839	B-402	A-619	17	A-429	B-884	A-499
6	B-145	A-296	B-992	18	B-879	A-891	B-404
7	A-792	B-280	B-319	19	A-745	B-247	B-724
8	B-167	B-936	A-180	20	B-344	A-370	A-355
9	B-589	A-743	A-956	21	A-629	A-543	B-951
10	B-442	B-720	A-213	22	B-482	B-120	A-219
11	A-253	B-444	A-505	23	B-259	A-384	B-225
12	B-204	A-159	B-556	24	A-293	B-459	A-681

表 3-18　啤酒检验问答表

姓名：　　　　　　　　评价员编号：　　　　　　　　检验日期：

说明：从左到右品尝样品。两个样品相同，一个不同。在下面空白处写出与其他样品不同的样品编号。如果无法确定。记录你的最佳猜测，在陈述处注明你是猜测的。

与其他两个样品不同的样品：＿＿＿＿＿＿＿＿＿＿

陈述：＿＿＿＿＿＿＿＿＿＿＿＿＿＿＿＿＿＿＿＿

结果分析：假设总共 15 名评价员正确地识别了不同样品。在表 3-16 中，由 $n=24$ 位评价员对应的行和 $\alpha=0.05$ 对应的列，可以查到对应的临界值是 13，然后与统计答对人数比较，得出两啤酒间存在感官差别，做出这个结论的置信度是 95%，即错误估计两者之间的差别存在的可能性是 5%，即正确的可能性是 95%。

实例 2　三点检验法——相似检验

问题：某方便面的生产商最近得知一个调料包的供应商要提高其调料价格，而此时有另外一家调料公司向他提供类似产品，而且价格比较适当。该公司感官品评研究室的任务就是对这两种调料包进行评价，一种是以前生产商的调料包，另一种则是新供应商提供的调料包，以决定是否使用新供应商的产品。

检验目的：确定两种调料包的风味是否相似，新调料是否可以取代旧调料。

试验设计：感官评价员和生产商一起确定适于本检验的风险水平，确定能够区分产品的评价的最大允许比例为 $P_d=20\%$。生产商仅愿意冒 $\beta=0.10$ 的风险来检测评价员。感官评价员选择 $\alpha=0.20$、$\beta=0.10$ 和 $P_d=20\%$，在相关表中查到需要评价员 $n=64$ 名。感官评价员用表 3-19 所示的工作表和表 3-20 所示的问答表进行检验。评价员用六组可能的三联样：AAB、ABB、BAA、BBA、ABA 和 BAB 循环 10 次送给前 60 名评价员，然后，随机选择四组三联样送给 61~64 号评价员。

表 3-19　样品准备工作表

姓名：	评价员编号：	检验日期：

三点检验样品顺序和呈送计划：

在样品托盘准备区贴本表,提前将评分表和呈送容器编码准备好。

样品类型：

样品编码：

　　　　　样品 A(旧包装)　　　　　　　　　　　样品 B(新包装)

呈送容器编码如下：

评价员编号	样品编码			评价员编号	样品编码		
1	A-108	A-795	B-140	33	B-360	A-303	A-415
2	A-189	B-168	A-733	34	B-134	B-401	A-305
3	B-718	A-437	A-488	35	B-185	A-651	B-307
4	B-535	B-231	A-243	36	A-508	B-271	B-465
5	B-839	B-402	A-619	37	A-216	A-941	B-321
6	A-145	B-296	B-992	38	A-494	B-783	A-414
7	A-792	A-280	B-319	39	B-151	A-786	A-943
8	A-167	B-936	A-180	40	B-432	B-477	A-164
9	B-589	A-743	A-956	41	B-570	A-772	B-887
10	B-442	B-720	A-213	42	A-398	B-946	B-764
11	B-253	A-444	B-505	43	A-747	A-286	B-913
12	A-204	B-159	B-556	44	A-580	B-558	A-114
13	A-142	A-325	B-632	45	B-345	A-562	A-955
14	A-472	B-762	A-330	46	B-385	B-660	A-856
15	B-965	A-641	A-300	47	B-754	A-210	B-864
16	B-582	B-659	A-486	48	A-574	B-393	B-753
17	B-429	A-884	B-499	49	A-793	A-308	B-742
18	A-879	B-891	B-404	50	A-147	B-395	A-434
19	A-745	A-247	B-724	51	B-396	B-629	A-957
20	A-344	B-370	A-355	52	A-147	B-395	A-434
21	B-629	A-543	A-951	53	B-525	A-172	B-917
22	B-482	B-120	A-219	54	A-325	B-993	B-736
23	B-259	A-384	B-225	55	A-771	A-566	B-377
24	A-293	B-459	B-681	56	A-585	B-628	A-284
25	A-849	A-382	A-390	57	B-354	A-526	A-595
26	A-294	A-729	A-390	58	B-358	B-606	A-586
27	B-165	A-661	A-336	59	B-548	A-201	B-684
28	B-281	B-409	A-126	60	A-475	B-339	B-573
29	B-434	A-384	B-948	61	A-739	A-380	B-472
30	A-819	B-231	B-674	62	A-417	B-935	A-784
31	A-740	A-397	A-514	63	B-127	B-692	A-597
32	A-354	B-578	A-815	64	A-157	B-315	A-594

表 3-20　三点检验法问答表

姓名：	评价员编号：	检验日期：

试验指令:在你面前有 3 个带有编号的样品,其中有两个是一样的,另一个和其他两个不同。请从左往右依次品尝 3 个样品,然后在不同于其他两个样品的编号上画"√"。你可以多次品尝,但不能没有答案。

样品编号：＿＿＿＿＿＿　　＿＿＿＿＿＿　　＿＿＿＿＿＿

描述差别：＿＿＿＿＿＿＿＿＿＿＿＿＿＿＿＿＿＿＿＿＿＿＿

结果分析： 在 64 名评价员中，共有 24 名评价员正确辨认出样品不同。查表 3-21，评价员发现没有 $n＝64$ 的条目。因此评价员用表 3-21 的注 1 中的公式，来确定能否得出两个样品相似的结论。评价员算出：

$$1.5 \times (24/64) - 0.5 + 1.5 \times 1.28 \sqrt{(64 \times 24 - 24^2)/64^3} = 0.1781$$

即评价员有 90% 的置信度，小于 18%（不超过 $P_d = 20\%$）的评价员能检出调料包之间的差别。因此，新调料可以代替原来的调料。

表 3-21　根据三点检验确定两个样品相似所需最大正确答案数

n	β	P_d					n	β	P_d				
		10%	20%	30%	40%	50%			10%	20%	30%	40%	50%
18	0.001	0	1	2	3	5	60	0.001	12	15	19	23	27
	0.01	2	3	4	5	6		0.01	14	18	22	26	30
	0.05	3	4	5	6	8		0.05	17	21	25	29	34
	0.10	4	5	6	7	8		0.10	18	22	26	30	34
	0.20	4	6	7	8	9		0.20	20	24	28	32	36
24	0.001	2	3	4	6	8	66	0.001	14	18	22	26	31
	0.01	3	5	6	8	9		0.01	16	20	25	29	34
	0.05	5	6	8	9	11		0.05	19	23	28	32	37
	0.10	6	7	9	10	12		0.10	20	25	29	33	38
	0.20	7	8	10	11	13		0.20	22	26	31	35	40
30	0.001	3	5	7	11	14	72	0.001	15	20	24	29	34
	0.01	5	7	9	13	16		0.01	18	23	28	32	38
	0.05	9	11	13	16	18		0.05	21	26	30	35	40
	0.10	10	12	14	17	19		0.10	22	27	32	37	42
	0.20	11	13	16	18	21		0.20	24	29	34	39	44
36	0.001	5	7	9	11	14	78	0.001	17	22	27	32	38
	0.01	7	9	11	14	16		0.01	20	25	30	36	41
	0.05	9	11	13	16	18		0.05	23	n	33	39	44
	0.10	10	12	14	17	19		0.10	25	30	35	40	46
	0.20	11	13	16	18	21		0.20	27	32	37	42	48
42	0.001	6	9	11	14	17	84	0.001	19	24	30	35	41
	0.01	9	11	14	17	20		0.01	22	28	33	39	45
	0.05	11	13	16	19	23		0.05	25	31	36	42	48
	0.10	12	14	17	20	23		0.10	27	32	38	44	49
	0.20	13	16	19	22	24		0.20	29	34	40	46	51
48	0.001	8	11	14	17	21	90	0.001	21	27	32	38	45
	0.01	11	13	17	20	23		0.01	24	30	36	42	48
	0.05	13	16	19	22	26		0.05	27	33	39	45	52
	0.10	14	17	20	23	27		0.10	29	35	41	47	53
	0.20	15	18	22	25	28		0.20	31	37	43	49	55
54	0.001	10	13	17	20	24	96	0.001	23	29	35	42	48
	0.01	12	16	19	23	27		0.01	26	33	39	45	52
	0.05	15	18	22	25	29		0.05	32	38	45	52	59
	0.10	16	20	23	27	31		0.10	31	38	44	50	57
	0.20	18	21	25	28	32		0.20	33	40	46	53	59

注：1. 因为表中的数值根据二项式分布求得，因此是准确的。对于不包括在表中的 n 值，根据以下二项式的近似值计算 P_d 在 $100(1-\beta)\%$ 水平的置信上限：$[1.5(x/n) - 0.5] + 1.5z_\beta \sqrt{(nx - x^2)/n^3}$。其中 x 为正确答案数；n 为评价员人数；z_β 的变化如下：$\beta = 0.05$ 时，1.64；$\beta = 0.10$ 时，1.28；$\beta = 0.20$ 时，0.84。如果计算小于选定的 P_d 值，则表明样品在 β 显著性水平上相似。

2. 当 $n < 30$ 时，通常不推荐用三点检验法检验相似。

知识点三　二-三点检验法

一、二-三点检验法概述

二-三点检验法是食品感官差别检验中的主要内容之一，主要掌握试验技能、方案设计与实施的能力。感官评价员要熟练掌握二-三点检验法的知识，根据样品检验规则，通过二-三点检验的方式、操作步骤等条件，按照品评要求完成相关的感官检验。

1. 二-三点检验法特点

(1) 基本概念　二-三点检验法是由 Peryam 和 Swartz 于 1950 年提出的方法。在检验中，先提供给评价员一个参照样品，接着提供两个样品，其中一个与参照样品相同或者相似。要求评价员在熟悉参照样品后，从后提供的两个样品中挑选出与参照样品相同或不同的样品，这种方法也被称为一-二点检验法。二-三点检验法有两种模式：一种是固定参照模式；另一种是平衡参照模式。在固定参照模式中，总是以正常生产的产品为参照模式样品；而在平衡参照模式中，正常生产的样品和需要进行检验的样品被随机用作参照样品。在评价员是受过培训、对参照样品很熟悉的情况下，使用固定参照模式；当评价员对两种样品都不熟悉，而他们又没有接受过培训时，使用平衡参照模式，如图 3-2。

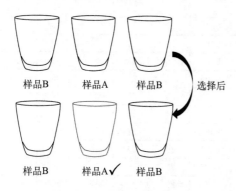

图 3-2　二-三点检验法示意图

(2) 应用领域和范围　二-三点检验从统计学上来讲不如三点检验具有说服力，因为它是从两个样品中选出一个。另外，这种方法比较简单，容易理解。当试验目的是确定两种样品之间是否存在感官上的不同时，常常应用这种方法，特别是比较的两种样品中有一个是标准样品或者参照样品时，本方法更适合。具体来讲，可以应用在以下三方面：①确定产品之间的差别是否来自原料、加工工艺、包装或者贮存条件的改变；②在无法确定某些具体性质的差异时，确定两种产品之间是否存在总体差异；③用于对评价员的考核、培训。

(3) 评价人员

① 评价员资格　所有评价员应具有相同资格等级，该等级根据检验目的确定（具体要求参见 GB/T 16291.1—2012 和 GB/T 16291.2—2010）。对产品的经验和熟悉程度可以改善一个评价员的成绩，因而增加发现显著差别的可能性。

② 评价员人数　评价员人数的选择应达到检验所需的敏感性要求。一般来说，参加评定的最少人数是 16 名，对于少于 28 名的实验，β 型错误可能要高。如果人数在 $32 \sim 40$ 名或者更多，试验效果会更好。使用大量评价员可以增加检出产品之间微小差别的可能性，但实际上，评价员人数通常决定于具体条件（如试验周期、可利用评价员人数、产品数量）。但检验差别时，具有代表性的评价员人数在 $32 \sim 36$ 名之间。当检验无合理差别时（即相似），为达到相当的敏感性需要两倍的评价员人数（即大约 72 名）。

尽量避免同一名评价员的重复评价。若需要重复评价以得出产品足够数量的总评价，应尽量使每一名评价员评价次数相同。二-三点检验所需人数参见表 3-22。

表 3-22 二-三点检验所需最少参加人数

α	P_d	β				
		0.20	0.10	0.05	0.01	0.001
0.20		12	19	26	38	58
0.10		19	26	33	48	70
0.05	50%	23	33	42	58	82
0.01		40	50	59	80	107
0.001		61	71	83	107	140
0.20		19	30	39	60	94
0.10		28	39	53	79	113
0.05	40%	37	53	67	93	132
0.01		64	80	96	130	174
0.001		95	117	135	176	228
0.20		32	49	68	110	166
0.10		53	72	96	145	208
0.05	30%	69	93	119	173	243
0.01		112	143	174	235	319
0.001		172	210	246	318	412
0.20		77	112	158	253	384
0.10		115	168	214	322	471
0.05	20%	158	213	268	392	554
0.01		252	325	391	535	726
0.001		386	479	556	731	944
0.20		294	451	618	1006	1555
0.10		461	658	861	1310	1905
0.05	10%	620	866	1092	1583	2237
0.01		1007	1301	1582	2170	2927
0.001		1551	1908	2248	2937	3812

注：表中数据为给定 α、β 和 P_d 条件下，二-三点检验所需最少参加人数。

2. 问答表设计与做法

二-三点检验虽然有两种形式，但从评价员的角度来讲，这两种检验的形式是一致的，只是所使用的参照物样品不同。二-三点检验准备工作表和问答卷的一般形式如表 3-23 和表 3-24 所示。

表 3-23 样品准备工作表

姓名：	评价员编号：	检验日期：

二-三点检验样品顺序和呈送计划
在样品托盘准备区贴本表，提前将评分表和呈送容器编码准备好。
样品类型：＿＿＿＿＿＿＿＿＿＿
试验类型：二-三点检验（平衡参照模型）

姓名：	评价员编号：	检验日期：
产品情况	含有 2 个 A 的号码	含有 2 个 B 的号码
A：新产品	959　257	448
B：原产品（对比）	723	539　661

呈送容器标记情况：

评价员编号	样品顺序	代表类型
1	AAB	R-257-723
2	BBA	R-661-448
3	ABA	R-723-257
4	BAB	R-448-661
5	ABA	R-723-257
6	BBA	R-661-448
7	AAB	R-959-723
8	BBA	R-539-448
9	ABA	R-723-959
10	BAB	R-448-539
11	AAB	R-257-723
12	BAB	R-448-661

注：1. R 为参照，将以上顺序依次重复，直到所需数量。

2. 在一个呈送盘内呈送，放置样品和一份编码评分表。

3. 无论回答正确与否都回传涉及的工作表。

表 3-24　二-三点检验问答卷的一般形式

姓名：	评价员编号：	检验日期：

试验指令：在你面前有 3 个样品，其中一个标明"参照"，另外两个标有编号。从左到右品尝 3 个样品，先是参照样，然后是两个样品。品尝之后，请在与参照相同的那个样品的编号上画圈。如果你认为带有编号的两个样品非常接近，没有什么区别，你也必须在其中选择一个，必须有答案。

参照	编号 1	编号 2

3. 结果分析与判断

在进行差别检验时，若正确答案数大于或等于表 3-25 中给出的数（对应评价员人数和检验选择的 α 风险水平），推断样品之间存在感官差别。在进行相似检验时，若正确答案数小于或等于表 3-26 中给出的数（对应评价员人数、检验选择的 β 风险水平和 P_d 值），则推断出样品之间不存在有意义的感官差别。

表 3-25　二-三点检验法确定存在显著性差异所需最少正确答案数

n	α					n	α				
	0.20	0.10	0.05	0.01	0.001		0.20	0.10	0.05	0.01	0.001
6	5	6	6	—	—	11	8	9	9	10	11
7	6	6	7	7	—	12	8	9	10	11	12
8	6	7	7	8	—	13	9	10	10	12	13
9	7	7	8	9	—	14	10	10	11	12	13
10	7	8	9	10	10	15	10	11	12	13	14

n	α					n	α				
	0.20	0.10	0.05	0.01	0.001		0.20	0.10	0.05	0.01	0.001
16	11	12	12	14	15	32	19	21	22	24	26
17	11	12	13	14	16	36	22	23	24	26	28
18	12	13	13	15	16	40	24	25	26	28	31
19	12	13	14	15	17	44	26	27	28	31	33
20	13	14	15	16	18	48	28	29	31	33	36
21	13	14	15	16	18	52	30	32	33	35	38
22	13	14	15	17	19	56	32	34	35	38	40
23	15	16	16	18	20	60	34	36	37	40	43
24	15	16	17	19	20	64	36	38	40	42	45
25	16	17	18	19	21	68	38	40	42	45	48
26	16	17	18	20	22	72	41	42	44	47	50
27	17	18	19	20	22	76	43	45	46	49	52
28	17	18	19	21	23	80	45	47	48	51	55
29	18	19	20	22	24	84	47	49	51	54	57
30	18	20	20	22	24	88	49	51	53	56	59

注：1. 因为表中的数值根据二项式分布求得，因此是准确的。对于表中未设的 n 值，根据下列二项式的近似值计算其近似值。最小答案数（x）等于下式的最近似整数：$x=(n/2)+z\sqrt{0.25n}$。其中 z 随下列显著性水平变化而异：$\alpha=0.05$ 时，1.64；$\alpha=0.01$ 时，2.33；$\alpha=0.001$ 时，3.09。

2. 当 $n<24$ 时，通常不宜用二-三点检验差别。

表 3-26　根据二-三点检验确定两个样品相似所允许的最大正确答案数

n	β	P_d					n	β	P_d				
		10%	20%	30%	40%	50%			10%	20%	30%	40%	50%
20	0.001	3	4	5	6	8	32	0.001	8	10	11	13	15
	0.01	5	6	7	8	9		0.01	10	12	13	15	17
	0.05	6	7	8	10	11		0.05	12	14	15	17	19
	0.10	7	8	9	10	11		0.10	13	15	16	18	20
	0.20	8	9	10	11	12		0.20	14	16	18	19	21
24	0.001	5	6	7	9	10	36	0.001	10	11	13	15	17
	0.01	7	8	9	10	12		0.01	12	14	16	18	20
	0.05	8	9	11	12	13		0.05	14	16	18	20	22
	0.10	9	10	12	13	14		0.10	15	17	19	21	23
	0.20	10	11	13	14	15		0.20	16	18	20	22	24
28	0.001	6	8	9	11	12	40	0.001	11	13	15	18	20
	0.01	8	10	11	13	14		0.01	14	16	18	20	22
	0.05	10	12	13	15	16		0.05	16	18	20	22	24
	0.10	11	12	14	15	17		0.10	17	19	21	23	25
	0.20	12	14	15	17	18		0.20	18	20	22	25	27

n	β	P_d					n	β	P_d				
		10%	20%	30%	40%	50%			10%	20%	30%	40%	50%
44	0.001	13	15	18	20	23	64	0.001	22	23	26	30	33
	0.01	16	18	20	23	25		0.01	23	26	29	33	36
	0.05	18	20	22	25	27		0.05	26	29	32	35	38
	0.10	19	21	24	26	28		0.10	27	30	33	36	40
	0.20	20	23	25	27	30		0.20	29	32	35	38	41
48	0.001	15	17	20	22	25	68	0.001	24	27	31	34	38
	0.01	17	20	22	25	28		0.01	27	30	34	38	41
	0.05	20	22	25	27	30		0.05	30	33	37	40	44
	0.10	21	23	26	28	31		0.10	31	35	38	42	45
	0.20	23	25	27	30	33		0.20	33	36	40	43	47
52	0.001	17	19	22	25	28	72	0.001	26	29	33	37	41
	0.01	19	22	25	27	30		0.01	29	32	36	40	44
	0.05	22	24	27	30	33		0.05	32	35	39	43	47
	0.10	23	26	28	31	34		0.10	33	37	41	44	48
	0.20	25	27	30	33	35		0.20	35	39	42	46	50
56	0.001	18	21	24	27	30	76	0.001	27	31	35	39	44
	0.01	21	24	27	30	33		0.01	31	35	39	43	47
	0.05	24	27	29	32	36		0.05	34	38	41	45	50
	0.10	25	28	31	34	37		0.10	35	39	43	47	51
	0.20	27	30	32	35	38		0.20	37	41	45	49	53
60	0.001	20	23	26	30	33	80	0.001	29	33	38	42	46
	0.01	23	26	29	33	36		0.01	33	37	41	45	50
	0.05	26	29	32	35	38		0.05	36	40	44	48	53
	0.10	27	30	33	36	40		0.10	37	41	46	50	54
	0.20	29	32	35	38	41		0.20	39	43	47	52	56

注：1. 因为表中的数值根据二项式分布求得，因此是准确的。对于表中没有的 n 值，根据以下二项式的近似值计算 P_d 在 $100(1-\beta)\%$ 水平的置信上限：$[2(x/n)-1]+2z_\beta\sqrt{(nx-x^2)/n^3}$。其中，$x$ 为正确答案数；n 为评价员人数；z_β 的变化如下：$\beta=0.05$ 时，1.64；$\beta=0.01$ 时，2.33；$\beta=0.001$ 时，3.09。如果计算小于选定的 P_d 限，则表明样品在 β 显著性水平上相似。

2. 当 $n<36$ 时，不宜用二-三点检验相似。

二-三点检验法技术要点总结如下：

① 此方法是常用的三点检验法的一种替代法，在样品相对具有浓厚的味道、强烈的气味或者其他冲动效应时，会使人的敏感性受到抑制，这时可使用这种方法。

②该方法比较简单，容易理解。但从统计学上来讲，不如三点检验法具有说服力，精度较差（猜对率为 50%），故此方法常用于风味较强、刺激性较强烈和产生余味持久的产品检验，以降低评价次数，避免味觉和嗅觉疲劳。另外，外观有明显差别的样品不适宜此法。

③ 二-三点检验法也具有强制性。该试验中已经确定知道两种样品是不同的，这样当两

种样品区别不大时，不必像三点检验法那样去猜测。然而，差异不大的情况依然是存在的，当区别的确不大时，评价员必须去猜测，哪一个是特别一些的。这样，它的正确答案的机会是一半。为了提高检验的准确性，二-三点检验法要求有 25 组样品。如果这项检验非常重要，样品组数应当增加，在正常情况下，起组数一般不超过 50 个。

④ 这种方法在品尝时，要特别强调漱口，在样品的风味很强烈的情况下，做第二个试验之前，必须彻底地洗漱口腔，不得有残留物和残留味，品尝完一批样品后，如果后面还有一批同类的样品检验，最好是稍微离开现场一定时间，或回到品尝室饮用一些白开水等。

⑤ 固定参照三点检验中，样品有两种可能的呈送顺序，为 $R_A BA$、$R_A AB$，应在所有的评价员中交叉平衡。而在平衡参照三点检验中，样品有 4 种可能的呈送顺序，如 $R_A BA$、$R_A AB$、$R_B AB$、$R_B BA$，一半的评价员得到一种样品类型作为参照，而另一半的评价员得到另一种样品类型作为参照，样品在所有的评价员中交叉平衡。当评价员对两种样品都不熟悉，或者没有足够的数量时，可运用平衡参照三点检验，样品采用唯一随机编码。

⑥ 根据试验所需的敏感性，即根据试验敏感参数 α、β 和 P_d 选择评价员人数（表 3-22）。使用大量评价员可增加辨别产品之间微小差别的可能性。但实际上，评价员人数通常决定于具体条件（如试验周期、可利用评价员人数、产品数量）。当检验差别时，α 值要设定得保守些，具有代表性的评价员人数在 32～36 名之间。当检验无合理差别（即相似），β 值要设定得保守些，为达到相当的敏感性需要两倍评价员人数（即大约 72 名）。

⑦ 尽量避免同一评价员的重复评价。但是如果需要重复评价以产生足够的评价总次数，应尽量使每名评价员重复评价的次数相同。例如，如果只有 12 名评价员，为得到 36 次评价总数，应让每名评价员评价 3 组，注意：在进行相似检验时，将 12 名评价员做的 3 次评价作为 36 次独立评价是无效的。但是在进行差别检验时，即使进行重复评价也是有效的。

二、二-三点检验法实例

实例 1　二-三点检验法——平衡参照模型

问题：一个薯片生产厂家想要知道，两种不同的番茄香精添加到薯片中是否会在薯片的质量和香味浓度上产生能够察觉的差异。

检验目的：确定两种不同番茄香精的薯片是否存在可以察觉的差异。

试验设计：评价员人数、α、β 和 P_d 的确定，根据以往经验，如果只有不超过 50% 的评价员能够觉察出产品的不同（即 $P_d = 50\%$），那么就可以认为在市场上是没有什么风险的。厂家更关心的是两种不同成本的香精是否会引起薯片风味的改变，所以他将 β 值定得保守一些，为 0.05，也就是说他愿意有 95% 的把握确定产品之间的相似性。将 α 值定为 0.1，根据表 3-22，需要的评价员人数是 33 名。此处决定采用 36 名评价员。样品用同样的容器在同一天准备，制备样品 54 份 A 和 54 份 B，其中 18 份样品 A 和 18 份样品 B 被标记为参照样，其余 36 份样品 A 和 36 份样品 B 用唯一随机三位数进行编码，然后，全部样品分为 9 个系列，每个系列由 4 组样品组成：$R_A AB$、$R_A BA$、$R_B AB$ 和 $R_B BA$。每组样品内呈送的第一份为参照样，标明 R_A 或 R_B 样品。每 4 个三联样组合被呈送 9 次，以使平衡的随机顺序涉及 36 名评价员。准备工作表和试验问答卷见表 3-27 和表 3-28。

表 3-27　样品准备工作表

姓名：	评价员编号：	检验日期：

二-三点检验样品顺序和呈送计划
在样品托盘准备区贴本表,提前将评分表和呈送容器编码准备好。
样品类型:薯片

	样品 A(一种香精薯片)			样品 B(另一种香精薯片)	

呈送容器编码如下:

评价员编号	样品编码		评价员编号	样品编码	
1	R_A　A-862	B-245	19	R_A　A-653	B-743
2	R_A　B-458	A-396	20	R_B　B-749	A-835
3	R_B　A-522	B-498	21	R_B　A-827	B-826
4	R_B　B-298	A-665	22	R_B　B-721	A-364
5	R_B　A-635	A-665	23	R_A　A-259	B-776
6	R_A　B-113	B-917	24	R_A　B-986	A-988
7	R_A　A-365	B-332	25	R_A　A-612	B-923
8	R_B　B-896	A-314	26	R_A　B-464	A-224
9	R_B　A-688	B-468	27	R_B　A-393	B-615
10	R_A　A-663	B-712	28	R_B　B-847	A-283
11	R_B　B-585	A-351	29	R_A　A-226	B-462
12	R_A　B-847	A-223	30	R_B　B-392	A-328
13	R_B　A-398	B-183	31	R_A　A-137	B-512
14	R_B　B-765	A-138	32	R_A　B-674	A-228
15	R_A　A-369	B-163	33	R_B　A-915	B-466
16	R_A　B-743	A-593	34	R_B　B-851	A-278
17	R_B　A-252	B-581	35	R_A　A-789	B-874
18	R_A　B-355	A-542	36	R_A　B-543	A-373

注:1. 用参量（R）或随机三位数标记样品杯并按给每位评价员的呈送顺序排列。

2. 在一个呈送盘内呈送,放置样品和一份编码评分表。

3. 无论回答正确与否都回传涉及的工作表。

表 3-28　二-三点差别检验问卷

姓名：	评价员编号：	检验日期：

试验指令:在你面前有 3 个样品,左侧样品为"参照",其他两个标有编号的样品之一与参照相同。从左到右品尝样品,先是参照样,然后是两个样品。品尝之后,请在与参照相同的那个样品的"□"内画"√"。若不确定,标记最好的猜测,并在陈述栏注明自己是猜测的。

参照　　　　　　　□编号1　　　　　　□编号2

陈述:＿＿＿＿＿＿＿＿＿＿＿＿＿＿＿＿＿＿＿＿＿＿＿＿＿＿＿＿

结果分析：在进行试验的 36 人中，假设有 21 人做出了正确选择，根据表 3-25，在 $\alpha = 0.01$ 时，临界值是 26，得出两薯片之间不存在感官差别。而且，通过观察数据发现，以两种样品分别作为参照样,得到的正确答案分别是 10 和 11，这更说明这两种产品之间不存在差异。

实例 2　二-三点检验法——固定参照模型

问题：一个葡萄酒生产商现在有两种葡萄酒软木塞的供应商，A 是他们已经使用多年的产品，B 是另一种新产品，可以提升酒瓶的档次，生产商想知道这两种软木塞对灌装后的葡萄酒风味的影响是否不同，而且觉得有必要在葡萄酒风味稍有改变和葡萄酒档次上做一些平衡，也就是说，愿意为提高葡萄酒的档次而冒葡萄酒风味可能发生改变的风险。

检验目的：两种软木塞的葡萄酒在室温存放 3 个月后，在风味上是否相似。

试验设计：一般来说，如果只有不超过 30% 的评价员能够察觉出产品的不同，那么就可以认为在市场上是没有什么风险的。生产商更关心的是新软木塞是否会引起葡萄酒风味的改变。所以将 β 值定得相对保守些，为 0.05，也就是说他愿意有 95% 的把握确定产品之间的相似性。将 α 值定为 0.1，根据相关表查得，需要的评价员为 96 人。对于这个试验来说，固定模型的二-三点检验法较合适，因为评价员对该公司的产品，用 A 种葡萄酒软木塞，比较熟悉，为了节省时间，试验可分为 3 组，每组 32 人，同时进行。以 A 为参照，每组都要准备 $32 \times 2 = 64$ 个 A 和 32 个 B。准备工作表和试验问答卷与表 3-23 和表 3-24 类似。

结果分析：假设在 3 组中，分别有 19、18、20 个人做出了正确选择，因此，做出正确选择的总数是 57，从相关表中得出临界值是 54。将 3 个小组合并起来考虑，A 和 B 在 $\beta = 0.05$ 水平上不相似，即存在差异。如果需要进一步确定哪一种产品更好，可以检查评价员是否写了关于两种产品之间的评语；如果没有，可将样品送给描述分析小组。经过描述检验之后，若仍不能确定哪一种产品更好，则可以进行消费者试验，来确定哪一种葡萄酒软木塞更被接受。

知识点四 "A"-"非 A"检验法

一、"A"-"非 A"检验法概述

"A"-"非 A"检验法是食品感官差别检验中的一种方法。通过认知"A"-"非 A"检验法，可以根据样品检验要求设计相应工作方案，并以合理的评定程序和步骤进行检验，能够掌握"A"-"非 A"检验结果统计分析的方法，确定产品之间的差异性，并对已经完成的工作资料进行规范处理。

1．"A"-"非 A" 检验法特点

（1）基本概念 "A"-"非 A"检验法就是首先让感官评价人员熟悉样品"A"以后，再将一系列样品呈送给这些评价人员。样品中有"A"，也有"非 A"。要求评价人员对每个样品做出判断：哪些是"A"，哪些是"非 A"，最后通过 x^2 检验分析结果。这种检验方法被称为"A"-"非 A"检验法。这种是与否的检验法，也称为单项刺激检验，如图 3-3。

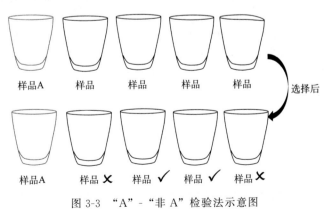

图 3-3 "A"-"非 A"检验法示意图

（2）**应用领域和范围** "A"-"非 A"检验主要用于评价那些具有各种外观或有很浓的气味或者味道有延迟的样品。特别是不适用于三点检验或二-三点检验法的样品。这种方法特别适用于无法取得完全类似样品的差别检验。适用确定由于原料、加工、处理、包装和贮藏等各环节的不同所造成的产品感官特性的差异。特别适用于检验具有不同外观或后味样品的差异检查。当两种产品中的一种非常重要，可作为标准品或者参考产品，并且评价员非常熟悉该样品，或者其他样品都必须和当前样品进行比较时，优先使用"A"-"非 A"检验而不选择差别成对比较检验。"A"-"非 A"检验也适用于敏感性检验，用于确定评价员能否辨别一种与已知刺激有关的新刺激或用于确定评价员对一种特殊刺激的敏感性。

（3）**评价人员** 通常需要 10～50 名评价人员，他们要经过一定的训练，做到对样品"A"和"非 A"比较熟悉，在每次试验中，每个样品要被呈送 20～50 次。每个评价员可以只接受一个样品，也可以接受 2 个样品，一个"A"，一个"非 A"，还可以连续评价 10 个样品。每次评价的样品数量视检验人员的生理疲劳和精神疲劳程度而定。需要强调的一点是，参加检验的人员一定要对样品"A"和"非 A"非常熟悉，否则，没有标准或参照，结果将失去意义。

（4）**"A"-"非 A"检验选用的注意事项** "A"-"非 A"检验在本质上是一种顺序差别成对比较检验或者简单差别检验。当试验不能使两种类型的产品有严格相同的颜色、形状或大小，但样品的颜色、形状或大小与研究目的不相关时，经常采用"A"-"非 A"检验。但是颜色、形状或者大小的差别必须非常微小，而且只有当样品同时呈现差别时才比较明显。如果差别不是很小，评价员很可能将其记住，并根据这些外观差异做出他们的判断。

2. 问答表设计与做法

"A"-"非 A"检验的步骤一般为首先将对照样品"A"反复提供给评价员，直到评价员可以识别它为止。必要时也可以让评价员对"非 A"做检验。检验开始后，每次随机给出一个可能是"A"或者"非 A"的样品，要求评价员辨别。提供样品应当有适当的时间间隔，并且一次评价的样品不宜过多，以免产生感官疲劳。

"A"-"非 A"检验法问答表的一般形式如表 3-29 或表 3-30 所示。

表 3-29 "A"-"非 A"检验法问答表（一）

姓名：	评价员编号：	检验日期：

1. 品尝体验"A"样品后，归还给管理人员，取出编码的样品。
2. 带编码的"A"和"非 A"样品是以随机顺序提供，所有"非 A"样品均为同类样品。未知两种样品各自的具体个数。
3. 按顺序将样品一一品尝并将判断记录在下面。

样品编码	"A"	"非 A"
_____	☐	☐
_____	☐	☐
_____	☐	☐
_____	☐	☐
⋯	☐	☐

评论：

注：正式测试前只给评价员体验样品"A"。

表 3-30 "A"-"非 A"检验法问答表（二）

姓名：	评价员编号：	检验日期：

1. 品尝体验"A"和"非 A"样品后，归还给管理人员，取出编码的样品。

2. 带编码的"A"和"非 A"样品是以随机顺序提供，所有"非 A"样品均为同类样品。未知两种样品各自的具体个数。

3. 按顺序将样品一一品尝并将判断记录在下面。

样品编码	"A"	"非 A"
_____	☐	☐
_____	☐	☐
_____	☐	☐
_____	☐	☐
...	☐	☐

评论：

注：正式测试前给评价员体验了样品"A"和"非 A"。

3. 结果分析与判断

对评价表进行统计，并将结果汇总，再进行结果分析。用 χ^2 检验来进行解释。汇总表一般形式如表 3-31 所示。

表 3-31 "A"-"非 A"检验结果统计表

评价员的回答	提供的样品为"A"	提供的样品为"非 A"	合计
评价员将样品判别为"A"	n_{11}	n_{12}	$n_{1.}$
评价员将样品判别为"非 A"	n_{21}	n_{22}	$n_{2.}$
合计	$n_{.1}$	$n_{.2}$	$n_{..}$

注：n_{11} 表示样品本身为"A"而评价员也认为是"A"的回答总数；n_{22} 表示样品本身为"非 A"而评价员也认为是"非 A"的回答总数；n_{21} 表示样品本身为"A"而评价员认为是"非 A"的回答总数；n_{12} 表示样品本身为"非 A"而评价员认为是"A"的回答总数；$n_{1.}$ 表示第一行的回答总数；$n_{2.}$ 表示第二行的回答总数；$n_{.1}$ 表示第一列的总数；$n_{.2}$ 表示第二列的总数；$n_{..}$ 表示所有回答数。

假设评价员的判断与样品本身的特性无关。

当回答总数为 $n_{..} \leqslant 40$ 或 n_{ij}（$i=1$、2；$j=1$、2）$\leqslant 5$ 时，χ^2 的统计量为

$$\chi^2 = [|n_{11}n_{22} - n_{12}n_{21}| - (n_{..}/2)]^2 \times n_{..}/(n_{.1}n_{.2}n_{1.}n_{2.})$$

当回答总数为 $n_{..} > 40$ 和 n_{ij}（$i=1$、2；$j=1$、2）> 5 时，χ^2 的统计量为

$$\chi^2 = |n_{11}n_{22} - n_{12}n_{21}|^2 \times n_{..}/(n_{.1}n_{.2}n_{1.}n_{2.})$$

根据附录三，将 χ^2 统计量与 χ^2 分布临界值比较：当 $\chi^2 \geqslant 3.84$ 时，为 5% 显著性水平；当 $\chi^2 \geqslant 6.63$ 时，为 1% 显著性水平。

因此，在此选择的显著性水平上拒绝原假设，即评价员的判断与样品特性有关，即认为样品"A"与"非 A"有显著性差异。

当 $\chi^2 < 3.84$ 时，为 5% 显著性水平；当 $\chi^2 < 6.63$ 时，为 1% 显著性水平。

因此，在此选择的显著性水平上接受原假设，即认为评价员的判断与样品本身的特性无关，即认为样品"A"与"非 A"无显著性差异。

"A"-"非 A"检验法操作技术要点总结如下：

① 此检验法本质上是一种顺序差别成对比较检验或简单差别检验。评价员先评价第一个样品，然后再评价第二个样品。要求评价员指明这些样品感觉是相同还是不同。此试验的结果只能表明评价员可察觉到样品的差异，但无法知道品质差异的方向。

② 参加检验的所有评价员应具有相同的资格水平与检验能力。例如都是优选评价员或都是初级评价员等。需要 7 名以上专家或 20 名以上优选评价员或 30 名以上初级评价员。

③ 在检验中，样品有 4 种可能的呈送顺序，如 AA、BB、AB、BA。这些顺序要能够在评价员之间交叉随机化。在呈送给评价员的样品中，分发给每个评价员的样品数应相同，但样品 "A" 的数目与样品非 "A" 的数目不必相同。每次试验中，每个样品要被呈送 20～50 次。每个评价员可以只接受一个样品，也可以接受 2 个样品，一个 "A"，一个 "非 A"，还可以连续评价 10 个样品。每次评价的样品数量视检验人员的生理疲劳程度而定，受检验的样品数量不能太多，应以评价人数较多来达到可靠的目的。

在检验中，每次样品出示的时间间隔很重要。一般相隔 2～5min。

二、"A"-"非 A" 检验法实例

实例：评价员甜味敏感性测试

问题： 某公司欲进行评价员甜味敏感性测试，以筛选出合格的评价员。已知蔗糖的甜味（"A" 刺激）与某种甜味剂（"非 A" 刺激）有显著性差别。

检验目的： 确定某一名评价员能否将甜味剂的甜味与蔗糖的甜味区别开。

试验设计： 首先将对照样品 "A" 反复提供给评价员，直到评价员可以识别它为止。必要时也可让评价员对 "非 A" 进行体验。检验开始后，每次随机给出一个可能是 "A" 或者 "非 A" 的样品，要求评价员辨别。评价员评价的样品数：13 个 "A" 和 19 个 "非 A"。检验调查问卷参见表 3-29 或表 3-30。

结果分析： 评价员判别结果见表 3-32。

表 3-32　品评结果统计表

评价员的回答	提供的样品为"A"	提供的样品为"非 A"	累计
评价员将样品判别为"A"	8	6	14
评价员将样品判别为"非 A"	5	13	18
累计	13	19	32

由于 $n..$ 小于 40 和 n_{21} 等于 5，所以：

$$\chi^2 = [|n_{11}n_{22} - n_{12}n_{21}| - (n../2)]^2 \times n../(n_{.1}n_{.2}n_1.n_2.)$$
$$= [|8 \times 13 - 6 \times 5| - (32/2)]^2 \times 32/(13 \times 19 \times 14 \times 18)$$
$$= 1.73$$

因为 χ^2 统计量 1.73 小于 3.84，得出结论：接受原假设，认为蔗糖的甜味与甜味剂的甜味没有显著性区别，或该评价员没能将甜味剂的甜味与蔗糖的甜味区别开。

知识点五　五中取二检验法

一、五中取二检验法概述

同时提供给评价员 5 个以随机顺序排列的样品，其中 2 个是同一类型，3 个是另一种类

型，要求评价员将这些样品按类型分成两组的一种检验方法称为五中取二检验法。该方法在测定上更为经济，统计学上更具有可靠性，但在评价过程中容易出现感官疲劳。

1. 五中取二检验法特点

① 五中取二检验法可识别出两样品间的细微感官差异。从统计学上讲，在这个试验中单纯猜中的概率是 1/10，而不是三点检验的 1/3 或二-三点检验的 1/2，统计上更具有可靠性。

② 评价员必须经过培训，人数要求不是很多，一般需要的人数是 10～20 人。当样品之间的差异很大，非常容易辨别时，5 人也可以。当评价员人数少于 10 人时，多用此方法。

③ 此试验需要样品量较大，易受感官疲劳和记忆效果的影响，因此一般只用于视觉、听觉、触觉方面的试验，而不用来进行味道的检验。

④ 在每次评价试验中，样品的呈送有一个排列顺序，其可能的组合有 20 个，例如 AAABB、ABABA、BBBAA、BABAB、AABAB、BAABA、BBABA、ABBAB、ABAAB、ABBAA、BABBA、BAABB、BAAAB、BABAA、ABBBA、ABABB、AABBA、BBAAA、BBAAB、AABBB。当评价员数目不足 20 时，样品出现的次序应随机地从以上 20 种不同的排序中挑选，如图 3-4。

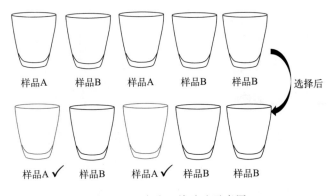

图 3-4　五中取二检验法示意图

2. 问答表设计与做法

在五中取二检验法试验中，一般常用的问答表如表 3-33 所示。

表 3-33　五中取二检验法问答表

五中取二检验

姓名：_____　　　　　　　　　　日期：_____

试验指令
1. 按以下的顺序观察或感觉样品，其中有 2 个样品是同一种类型的，另外 3 个样品是另一种类型。
2. 测试之后，请在你认为相同的两种样品的编码后面打"√"。

编号	评语
862 _____	_____
568 _____	_____
689 _____	_____
368 _____	_____
542 _____	_____

3. 结果分析与判断

根据试验中正确作答的人数，查表得出五中取二检验正确回答人数的临界值，最后作比较。假设有效评价数为 n，回答正确的评价数为 k，查表 3-34 中 n 栏的数值，若 k 小于这一数值，则说明在 5% 显著水平两种样品间无差异，若 k 大于或等于这一数值，则说明在 5% 显著水平两种样品有显著差异。

表 3-34　五中取二检验法检验表（$\alpha = 5\%$）

评价员数 n	正确回答最少数 k	评价员数 n	正确回答最少数 k	评价员数 n	正确回答最少数 k
9	4	23	6	37	8
10	4	24	6	38	8
11	4	25	6	39	8
12	4	26	6	40	8
13	4	27	6	41	8
14	4	28	7	42	9
15	5	29	7	43	9
16	5	30	7	44	9
17	5	31	7	45	9
18	5	32	7	46	9
19	5	33	7	47	9
20	5	34	7	48	9
21	6	35	8	49	10
22	6	36	8	50	10

二、五中取二检验法实例

实例 1　五中取二检验——原料稳定性差异检验

某食品厂为了检查原料质量的稳定性，把两批原料分别添加入某产品中，运用五中取二检验对添加不同批次的原料的两个产品进行检验。有 10 名评价员进行检验，其中有 3 名评价员正确地判断了 5 个样品的两种类型。查表 3-34 中 $n = 10$ 时，得到正确回答最少数为 4，因为 3 < 4，说明这两批原料的质量无差别。

实例 2　五中取二检验——饼干生产中油脂的替换

（1）问题　饼干生产中为了节省成本，要用一种氢化植物油替换现有配方中的一种起酥油。替换之后，饼干表面的光泽有所降低。

（2）项目目标　市场部想在产品进行销售之前知道用这两种配方制成的产品是否存在视觉上的差异。

（3）试验目标　确定这两种饼干是否在外观上存在统计学上的差异。

（4）试验设计　筛选 10 名评价员，先确定他们在视力和对颜色的识别上没有差异。将样品放在白瓷盘中，以白色作为背景，在白炽灯光下进行试验。

（5）结果分析　在 10 名受试者当中，有 5 人正确选出了相同的两个样品，查表 3-34，正确回答的临界值为 4，因为 5 > 4，说明这两种产品之间存在显著差异。

（6）结果解释　可以告知有关人员，替换后的效果不够理想。

知识点六　选择试验法

一、选择试验法概述

从 3 个以上的样品中，选择出一个最喜欢或最不喜欢的样品的检验方法，称为选择试验法。它常用于嗜好调查，如图 3-5。

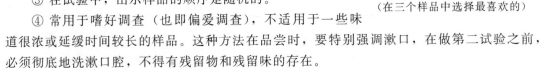

样品A✔　　样品B　　样品C

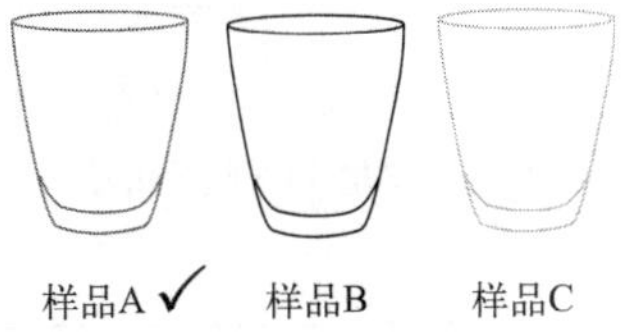

图 3-5　选择试验示意图
（在三个样品中选择最喜欢的）

1．选择试验法特点

① 试验简单易懂，不复杂，技术要求低。

② 对评价员没有硬性规定要求必须经过培训，一般在 5 人以上，多则 100 人以上。

③ 在试验中，出示样品的顺序是随机的。

④ 常用于嗜好调查（也即偏爱调查），不适用于一些味道很浓或延缓时间较长的样品。这种方法在品尝时，要特别强调漱口，在做第二试验之前，必须彻底地洗漱口腔，不得有残留物和残留味的存在。

2．问答表设计与做法

常用的选择试验法调查问答表如表 3-35 所示。

表 3-35　选择试验法调查问答表示例

选择试验法	
姓名：_____	日期：_____
试验指令：	
1. 从左到右依次品尝样品。	
2. 品尝之后，请在你最喜欢的样品号码上画圈。	
352　　　　746　　　　259	

3．结果分析与判断

（1）求数个样品间有无差异　根据 χ^2 检验判断结果，用如下公式求 χ_0^2 值：

$$\chi_0^2 = \sum_{i=1}^{m} \frac{\left(\chi_i - \dfrac{n}{m}\right)^2}{\dfrac{n}{m}}$$

式中，m 表示样品数；n 表示有效评价数；χ_i 表示 m 个样品中，最喜好其中某个样品的人数。

查 χ^2 分布表（见附录三），若 $\chi_0^2 \geqslant \chi^2(f, \alpha)$（$f$ 为自由度，$f = m-1$；α 为显著水平），说明 m 个样品在 α 显著水平存在差异；若 $\chi_0^2 < \chi^2(f, \alpha)$，说明 m 个样品在 α 显著水平不存在差异。

（2）求被多数人判断为最好的样品与其他样品间是否存在差异　根据 χ^2 检验判断结果，用如下公式求 χ_0^2 值：

$$\chi_0^2 = \left(x_i - \frac{n}{m}\right)^2 \frac{m^2}{(m-1)n}$$

式中，m 表示样品数；n 表示有效评价数；x_i 表示 m 个样品中，最喜好其中某个样品的人数。

查 χ^2 分布表（见附录三），若 $\chi_0^2 \geqslant \chi^2(f, \alpha)$，说明此样品与其他样品之间在 α 显著水平存在差异，否则无差异。

二、选择试验法实例

实例　选择试验法——产品比较

某生产厂家把自己生产的商品 A，与市场上销售的 3 个同类商品 X、Y、Z 进行比较。有 80 位评价员进行评价，并选出最好的一个产品，结果如表 3-36 所示。

表 3-36　产品比较试验数据统计表

商品	A	X	Y	Z	合计
认为某商品最好的人员	26	32	16	6	80

（1）求 4 个商品间的喜好度有无差异：

$$\chi_0^2 = \sum_{i=1}^{m} \frac{\left(x_i - \dfrac{n}{m}\right)^2}{\dfrac{n}{m}} = \frac{m}{n} \sum_{i=1}^{m} \left(x_i - \frac{n}{m}\right)^2$$

$$= \frac{4}{80}\left[\left(26 - \frac{80}{4}\right)^2 + \left(32 - \frac{80}{4}\right)^2 + \left(16 - \frac{80}{4}\right)^2 + \left(6 - \frac{80}{4}\right)^2\right]$$

$$= 19.6$$

$$f = 4 - 1 = 3$$

查 χ^2 分布表（见附录三），可知 $\chi^2(3, 0.05) = 7.81$、$\chi^2(3, 0.01) = 11.34$，因为 $\chi_0^2 = 19.6 > \chi^2(3, 0.05) = 7.81$，$\chi_0^2 = 19.6 > \chi^2(3, 0.01) = 11.34$。所以，结论为四个商品间的喜好度有极显著差异。

（2）求多数人判断为最好的商品与其他商品间是否有差异：

$$\chi_0^2 = \left(x_i - \frac{n}{m}\right)^2 \frac{m^2}{(m-1)n}$$

$$= \left(32 - \frac{80}{4}\right)^2 \times \frac{4^2}{(4-1) \times 80}$$

$$= 9.6$$

查 χ^2 分布表（见附录三），可知 $\chi^2(1, 0.05) = 3.84$，$\chi^2(1, 0.01) = 6.63$，因为 $\chi_0^2 = 9.6 > \chi^2(1, 0.05) = 3.84$，$\chi_0^2 = 9.6 > \chi^2(1, 0.01) = 6.63$，所以被多数人判断为最好的商品 X 与其他商品间存在极显著差异。

本题的最终结论为四个商品间的喜好度有极显著差异，而被多数人判断为最好的商品 X 与其他商品间存在极显著差异。

知识点七　配偶试验法

一、配偶试验法概述

把数个样品分为两组，逐个取出各组样品进行两两归类的分析方法叫作配偶试验法。

1．配偶试验法特点

① 配偶试验法可应用于检验评价员的识别能力，也可用于识别样品间的差异。

② 检验前，两组样品的顺序必须是随机的，但样品的数目可不尽相同，如有 n 个评价员，A组有 m 个样品，B组中可有 m 个样品，也可有 $m+1$ 或 $m+2$ 个样品，但配对数只能是 m 对。

2．问答表设计与做法

配偶试验法问答表的一般形式如表 3-37 所示。

表 3-37　配偶试验法问答表的一般形式

配偶试验法

姓名：＿＿＿＿＿＿＿＿＿＿　　　　　　　　　　日期：＿＿＿＿＿＿＿＿＿＿

试验指令：

1. 有两组样品，要求从左到右依次品尝。

2. 品尝之后，归类样品。

A 组	B 组
256	735
583	369
762	489
154	371

归类结果

＿＿＿＿＿＿＿＿和＿＿＿＿＿＿＿＿

＿＿＿＿＿＿＿＿和＿＿＿＿＿＿＿＿

＿＿＿＿＿＿＿＿和＿＿＿＿＿＿＿＿

＿＿＿＿＿＿＿＿和＿＿＿＿＿＿＿＿

3．结果分析与判断

统计出正确的配对数平均值，即 $\overline{S}_0$，然后根据以下情况查表 3-38 或表 3-39 中的相应值，得出有无差异的结论。

（1） m 个样品重复配对时（即由两个以上评价员进行配对时） 若 $\overline{S}_0$ 大于或等于表 3-38 中的相应值，说明在 5% 显著水平样品间有差异。

表 3-38　配偶试验检验表（一）（$\alpha=5\%$）

n	S	n	S	n	S	n	S
1	4.00	6	1.83	11	1.64	20	1.43
2	3.00	7	1.80	12	1.58	25	1.36
3	2.33	8	1.75	13	1.54	30	1.33
4	2.25	9	1.67	14	1.52		
5	1.90	10	1.66	15	1.50		

注：此表为 m 个和 m 个样品配对时的检验表。适用范围：$m\geqslant4$，重复次数为 n。

（2） m 个样品与 m 或 $m+1$ 或 $m+2$ 个样品配对时 若 $\overline{S}$ 大于或等于表 3-38 中 $n=1$ 栏或表 3-39 中的相应值，说明在 5% 显著水平样品间有差异，或者说评价员在此显著水平有识别能力。

表 3-39　配偶试验检验表（二）（$\alpha = 5\%$）

m	S	
	m+1	m+2
3	3	3
4	3	3
5	3	3
6 以上	4	3

注：此表为 m 个和 m+1 个或 m+2 个样品配对时的检验表。

二、配偶试验法实例

实例 1　配偶试验法——加工食品的配偶

由 4 名评价员通过外观，对 8 种不同加工方法的食物进行配偶试验，检查这 8 种产品是否存在差异。结果如表 3-40 所示。

表 3-40　试验结果统计表

评价员	样品（n）								正确的配偶数
	A	B	C	D	E	F	G	H	
1	B	C	E	D	A	F	G	B	3
2	A	B	C	E	D	F	G	H	6
3	A	B	F	C	E	D	H	C	3
4	B	F	C	D	E	C	A	H	4

4 个人的平均正确配偶数 $\overline{S}_0 = (3+6+3+4)/4 = 4$，查表 3-38 中 $n = 4$ 栏中 $S = 2.25$，因为 $\overline{S}_0 = 4 > S = 2.25$，说明这 8 个产品在 5% 显著水平有显著差异，或这 4 个评价员有识别能力。

实例 2　配偶试验法——评价员训练试验

考核某分析员的味觉感官的灵敏度，用 5 种样品和 2 杯蒸馏水，共 7 杯试样，具体做法为：向某个评价员提供蔗糖、食盐、酒石酸、硫酸奎宁、谷氨酸钠 5 种味道的稀释溶液（浓度分别为 400mg/100mL、130mg/100mL、50mg/100mL、6.4mg/100mL、50mg/100mL）和 2 杯蒸馏水。评价员训练判断结果统计如表 3-41。即 $m = 5$ 与 $m+2$ 个样品配对。

表 3-41　配偶试验——评价员训练结果统计表

溶液	浓度/(mg/100mL)	味	评价员的结果	是否正确
0.4% 蔗糖	400	甜	咸	—
0.13% 食盐	130	咸	甜	—
0.05% 酒石酸	50	酸	酸	+
0.0004% 的硫酸奎宁	6.4	苦	苦	+
0.05% 谷氨酸钠	50	鲜		
蒸馏水		无味	鲜	—
蒸馏水		无味		

具体判断为：该评价员正确判断出两种味道的试样，正确数为 2 个，即 $\overline{S_0}=2$。

结果分析：根据表 3-39 中 $m=5$、$m+2$ 栏的临界值为 $S=3$，因为 $\overline{S_0}=2<S=3$，说明该评价员在 5% 显著水平无判断味道的能力。

 **拓展阅读**

感官检验方法标准发展历程

自 20 世纪 80 年代以来，国际标准化组织（ISO）制定并出台了一系列相应的感官分析标准，从感官分析基本术语的定义，到各种方法的运用及结果数据分析都进行了系统规定。与此同时，我国也开始逐步重视感官分析的应用研究，在参照、等效或等同采用国际标准的基础上，先后制定了一系列相应的感官分析国家标准，目前国家标准中关于差别检验的方法标准主要有《感官分析方法 成对比较检验》（GB/T 12310—2012）、《感官分析方法 三点检验》（GB/T 12311—2012）、《感官分析方法 二-三点检验》（GB/T 17321—2012）和《感官分析 方法学"A"-"非 A"检验》（GB/T 39558—2020）。目前，ISO 已对三点检验和二-三点检验进行了第一次修订，对成对比较检验进行了第二次修订，颁布的新版标准与旧版标准相比在技术内容上有了较大的变化。

成对比较检验、三点检验和二-三点检验是最常用的差别检验，其最新版标准颁布的时间接近，又同属于差别检验，所以相互之间有一些共性的地方。标准中条文的可对应性很强，如三者均将相似性检验纳入差别检验的检验范畴，对于评价员数目均由实验敏感参数来确定等；这 3 个方法形成了一套系统的差别检验方法，从而可以有效指导感官分析实践活动。差别检验的不同版本标准对比情况见表 3-42。

表 3-42 感官分析差别检验方法标准对比

方法	成对比较检验	三点检验	二-三点检验
第一版	—	检验差别	检验差别；评价员数量由 α 决定
第二版	偏爱检验适用；检验差别	检验差别和相似性；评价员重复评价的有效性规定；提出了检验的精确度和偏差	检验差别性和相似性；评价员数量由 α、β、P_d 共同决定
第三版	不适用偏爱检验；检验差别和相似性		

在感官分析不断系统化、科学化的大背景下，加上越来越壮大的感官分析工作者队伍的不懈努力，感官分析检验方法的标准必将日臻完善，渗透到感官分析领域的各个方面，更好地为生产实践和科学研究服务。

 思考题

1. 什么是差别成对比较检验法？一般在什么情况下使用？
2. 什么是三点检验法？简要说明其方法特点和使用范围。
3. 简要说明三点检验法品评样品操作步骤。
4. 三点检验法对评价员的要求是什么？

5. 什么是二-三点检验法？简要说明其使用领域和范围。

6. 什么是"A"-"非A"检验法？简要说明其使用范围。

7. 五中取二检验法有什么特点？

8. 选择试验法及配偶试验法的适用范围是什么？

9. 某公司研发了一款添加谷朊粉的面条，试用定向成对比较法检验新产品的筋道性，要求完成：项目目标、试验目标、试验设计及结果分析。

10. 某食品烘焙厂研发了一款使用新型甜味剂的蛋糕，可有效降低生产成本，试用二-三点检验法检验新产品的甜度及风味的不同，要求完成：项目目标、试验目标、试验设计及结果分析。

11. 某饮料厂原有一款软饮料产品，为增加品系，新开发了同款新产品，试用三点检验法感官检验两个产品是否存在差异，要求完成：项目目标、试验目标、试验设计及结果分析。

技能训练一　两种可乐的二-三点检验

【目的】

1. 了解二-三点检验法的使用方法，同时掌握实验结果统计分析方法。

2. 了解差别检验显著性分析，评价不同品牌可乐两两之间是否存在显著差异。

【原理】

实验分两组进行，记为红组和黑组，每组由三个样品组成，其中用三位数编码的为待测样品，以 R 为标记的为标准样品，感官评价员通过品尝，找出和标准样品一样的那个待测样品。

【样品及器材】

可乐：两种不同品牌但感官品质相近的可乐。

品评杯：直径 50mm、杯高 100mm 的烧杯或 250mm 高型烧杯；托盘若干等。

【步骤】

1. 参加人数

一般情况 20～40 人之间，如产品之间差别大，很容易发现时，12 人即可。而如果实验目的是检验两种产品是否相似（是否可以替换）时，50～100 人。

2. 实验程序

首先品尝黑组的样品，指出哪个样品与标样一样；再品尝红组的样品，指出哪个样品与标样一样。

3. 结果分析

统计做出正确选择的人数，对照相应的表得出结论。

4. 二-三点检验结果记录

① 首先品尝黑组的样品

a. 按所给品尝顺序从左到右依次品尝两个被测样品，指出两个样品之间的差异。

b. 再品尝标样 R，指出哪个样品与标样一样，如表3-43。

表 3-43　二-三点检验法实验记录表

A:请指出两个样品的差异	B:请指出哪个样品与标准 R 相同
样品品尝顺序：　　→ 差别大小(请选择以下合适的描述,在相应处打√) 　大　中等　小　略有　无 　—　—　—　—　—	与标样一致的样品是: R=　　　(样品编号)

② 休息片刻，喝些白开水漱口，再品尝红组的样品

a. 按所给品尝顺序从左到右依次品尝两个被测样品，指出两个样品之间的差异。

b. 再品尝标样 R，指出哪个样品与标样一样，如表 3-44。

表 3-44　二-三点检验法实验记录表

A:请指出两个样品的差异	B:请指出哪个样品与标准 R 相同
样品品尝顺序：　　→ 差别大小(请选择以下合适的描述,在相应处打√) 　大　中等　小　略有　无 　—　—　—　—　—	与标样一致的样品是: R=　　　(样品编号)

【结果与分析】

统计每个评价员的实验结果，查二-三点检验法检验表，判断该评价员的鉴别水平。

技能训练二　两种啤酒的三点检验

【目的】

1. 了解三点检验法的使用方法，同时掌握实验结果统计分析方法。

2. 了解差别检验显著性分析，评价不同品牌啤酒两两之间是否存在显著差异。

【原理】

在感官评价中，当样品间的差别很微小时，三点检验法是较常用的差别检验法之一。其可用于两种产品样品间的差异分析，也可用于挑选评价员和培训评价员。三点检验法是同时提供三个编码样品，其中有两个样品是相同的，要求评价员挑选出其中不同于其他两样品的样品的检验方法。具体做法是，首先需要进行三次配对比较：A 与 B、B 与 C、A 与 C，然后指出哪个样品不同于其他两个相同样品。根据评价员对三个样品的反应，通过计算正确回答数来进行判断。

【样品及器材】

啤酒：两种不同品牌但感官品质相近的啤酒。

试剂：蔗糖、α-苦味酸。

啤酒品评杯：直径 50mm、杯高 100mm 的烧杯或 250mm 高型烧杯；托盘若干等。

【步骤】

1. 样品制备

（1）标准样品　12°啤酒（样品 A）。

（2）稀释比较样品　12°啤酒用水作 10% 稀释为系列样品；90mL 除气啤酒添加 10mL

纯净水为 B_1；90mL B_1 加 10mL 纯净水为 B_2，其余类推。

(3) 甜度比较样品 以 4g/L 蔗糖的量间隔加入啤酒中的系列样品，做法同（2）。

(4) 加苦样品 以 4mg/L α-苦味酸量间隔加入啤酒的系列样品，做法同（2）。

2．样品编号（样品制备员准备）

以随机数对样品编号，见表 3-45。

表 3-45　啤酒三点检验法样品编号

标准样品(A)	304(A_1)	547(A_2)	743(A_3)
稀释样品(B)	377(B_1)	779(B_2)	537(B_3)
加糖样品(C)	462(C_1)	734(C_2)	553(C_3)
加苦样品(D)	739(D_1)	678(D_2)	225(D_3)

3．供样顺序（样品制备员准备）

每次随机提供三个样品，其中两个是相同的，另一个不同。例如，$A_1 A_1 B_1$、$A_1 A_1 C_1$、$A_1 D_1 D_1$、$B_1 B_1 B_2$、$A_1 C_1 C_1$…。

4．品评

每个评价员每次得到一组三个样品，依次品评，每人应评价 10 次左右，问答表见表 3-46。

表 3-46　三点检验法问答表

样品：啤酒对比实验　　　实验方法：三点检验法
实验员：＿＿＿＿＿　　　实验日期：＿＿＿＿年＿＿＿＿月＿＿＿＿日
请从左至右依次品尝你面前的 3 个样品，其中有两个是相同的，另一个不同，品尝后，记录结果。你可以多次品尝，但不能没有答案。
相同的两个样品编号是：＿＿＿＿＿　不同的那个样品编号是：＿＿＿＿＿

【结果与分析】

1．统计每个评价员的实验结果，查三点检验法检验表，判断该评价员的鉴别水平。

2．统计本组及全班同学的实验结果，查三点检验法检验表，判断该评价员的鉴别水平。

技能训练三　葡萄酒的差别检验（成对比较检验法）

【目的】

1．学会运用成对比较检验法辨别不同浓度样品的细微差别。

2．掌握成对比较检验法的原理、问答表设计和方法特点。

3．学会运用成对比较检验法评价葡萄酒的风味差异。

【原理】

成对比较检验法是指随机顺序同时出示两个样品给评价员，要求评价员对这两个样品进行比较，判定整个样品或者某些特征强度顺序的一种评价方法，也称两点检验法。有两种形式：一种是差别成对比较（双边检验），另一种是定向成对比较（单边检验）。

葡萄酒的感官指标包括四个方面：外观、香气、滋味、典型性。

葡萄酒的品尝过程包括看、摇、闻、吸、尝和吐六个步骤。

品尝葡萄酒的口感，需要正确的品尝方法。首先，将酒杯举起，杯口放在嘴唇之间，并压住下唇，头部稍往后仰，轻轻地向口中吸气，并控制吸入的酒量，使葡萄酒均匀分布在舌头表面，以控制在口腔的前部。每次吸入的酒量应相等，一般在 6~10mL。当酒进入口腔后，闭上双唇，头微前倾，利用舌头和面部肌肉运动，搅动葡萄酒；也可将嘴微张，轻轻吸气，可以防止酒流出，并使酒蒸汽进入鼻腔后部，然后咽下。再用舌头舔牙齿和口腔表面，以鉴别余味。通常酒在口腔内保留时间为 12~15s。

主要通过品尝，采用两点检验法鉴别两个葡萄酒产品之间是否有差异，或对同一种类葡萄酒的特性强度的细微差别进行鉴别，以测试评价员的味觉鉴别能力和嗜好度。

【样品与器材】

葡萄酒，市售；葡萄酒品评杯；托盘；漱口杯等。

【步骤】

1. 样品制备

(1) 标准样品 2 种不同干红葡萄酒，标记为样品 A、B。

(2) 甜度比较样品 葡萄酒 B 以蔗糖 4g/L 的量间隔加入葡萄酒的系列样品中。90mL 葡萄酒添加 10mL 4g/L 的蔗糖为 B_1，方法同上制 B_2。

2. 样品编号与呈送

以随机数对样品进行编号，然后每次随机呈送两个样品给评价员，可以相同，也可以不同，依目的而定，样品编号见表 3-47。例如，比较两个酒样感官特性的差异中样品呈样顺序按照 AB、BA、AA、BB 四种在所有评价员中交叉平衡。

表 3-47 样品编号

样品	编号	
标准样品	534,448(A)	412,314(B)
加糖样品	348,282(B_1)	615,132(B_2)

3. 比较两个酒样感官特性的差异

每个评价员每次将得到两个样品，必须作答，结果填入表 3-48。

表 3-48 两个酒样感官特性的差异

样品:葡萄酒(异同试验)	实验方法:成对检验法
实验员:	实验日期:

从左至右品尝你面前的两个样品,确定两个样品是否相同,写出相应的编号。在两种样品之间请用清水漱口,然后进行下一组实验,重复品尝程序。

相同的两个样品编号:_____、_____

不同的两个样品编号:_____、_____

4. 确定两个酒样中的哪个更甜

每个评价员每次将得到两个样品，必须作答，结果填入表 3-49。

表 3-49　比较两个酒样的甜度

样品:葡萄酒(定向实验)	实验方法:成对检验法
实验员:	实验日期:

　　从左至右品尝你面前的 2 个样品,在认为较甜的样品编号上画圈,可以猜测,但必须有选择。在两种样品之间请用清水漱口,然后进行下一组实验,重复品尝程序。

　　　　　　348　　　　615

5. 确定品尝者所喜欢的酒样

　　每个评价员每次将得到的两个样品,必须作答,结果填入表 3-50。

表 3-50　品尝者所喜欢的酒样

样品:葡萄酒	实验方法:成对检验法
实验员:	实验日期:

　　检验开始前,请用清水漱口,请按给定的顺序从左至右品尝 2 个样品,在你所偏爱的样品号码上画圈,谢谢你的参与。

　　　　　　534　　　　412

【结果与分析】

　　统计本组同学的实验结果和有效问答数,查单边成对检验法检验表,判断该评价员的鉴别水平和样品的差异性。

1. 掌握排序检验法、分类试验法、评分法、成对比较法、加权评分法的问答表设计与做法，掌握结果分析方法。

2. 熟悉各种检验方法的试验设计与流程。

3. 了解排序检验法、分类试验法、评分法、成对比较法、加权评分法的概念、特点。

1. 熟练掌握各种检验方法的试验过程与结果分析方法。

2. 学会依据不同要求正确选择合适的检验方法进行检验。

1. 养成法则意识，遵循制度的工作态度。

2. 能够科学地思考问题，严谨的思维。

知识点一　排序检验法

一、排序检验法概述

比较数个样品，按照其某项品质程度（例如，某特性的强度或嗜好程度等）的大小进行排序的方法，称为排序检验法。该法只排出样品的次序，表明样品之间的相对大小、强弱、好坏等，属于程度上的差异，而不评价样品间的差异大小。此法的优点是可利用同一样品，对其各类特征进行检验，排出优劣，且方法较简单，结果可靠，即使样品间差别很小，只要评价员很认真，或者具有一定的检验能力，都能在相当精确的程度上排出顺序，如图 4-1。

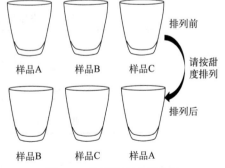

图 4-1　排序检验法示意图

当试验目的是就某一项性质对多个产品进行比较时，比如甜度、新鲜程度等，使用排序检验法是最简单的方法。排序法比任何其他方法更节省时间。它常被用在以下几个方面。

① 确定由于不同原料、加工、处理、包装和贮藏等各环节而造成的产品感官特性差异。

② 当样品需要为下一步的试验预筛或预分类，即对样品进行更精细的感官分析之前，

可应用此方法。

③ 对消费者或市场经营者订购的产品的可接受性调查。

④ 企业产品的精选过程。

⑤ 评价员的选择和培训。

1. 方法特点

① 此法的试验原则：以均衡随机的顺序将样品呈送给评价员，要求评价员就指定指标将样品进行排序，计算序列和，然后利用 Friedman 法等对数据进行统计分析。

② 参加试验的人数不得少于 8 人，如果参加人数在 16 以上，会得到明显区分效果。根据试验目的，评价人员要有区分样品指标之间细微差别的能力。

③ 当评定少量样品的复杂特性时，选用此法是快速而高效的。此时的样品数一般小于6 个。

④ 当样品数量较大（如大于 20 个），而且不是比较样品间的差别大小时，选用此法也具有一定优势。但其信息量却不如分级试验法大，此法可不设对照样，将两组结果直接进行对比。进行检验前，应由组织者对检验提出具体的规定，对被评价的指标和准则要有一定的理解。例如，对哪些特性进行排列；排列的顺序是从强到弱还是从弱到强；检验时操作要求如何；评价气味时是否需要摇晃等。

⑤ 排序检验只能按照一种特性进行，如要求对不同的特性进行排序，则按不同的特性安排不同的顺序。

⑥ 在检验中，每个评价员以事先确定的顺序检验编码的样品，并安排出一个初步顺序，然后进一步整理调整，最后确定整个系列的强弱顺序。如果实在无法区别两种样品，则应在问答表中注明。

2. 问答表设计与做法

在进行问答表的设计时，应明确评价的指标和准则，如对哪些特性进行比较；是对产品的一种特性进行排序，还是对一种产品的多种特性进行比较；排列顺序是从强到弱还是从弱到强；要求的检验操作过程如何；是否进行感官刺激的评价，如果是，应使评价员在不同的评价之间使用水、淡茶或无味面包等以恢复原感觉能力。排序检验法问答表的一般形式如表 4-1、表 4-2 所示。

表 4-1　排序检验法问答表的一般形式示例（一）

排序试验

姓名：_____　　　　日期：_____　　　　产品：_____

品尝样品后，请根据您所感受的甜度，把样品号码填入适当的空格中（每格中必须填一个号码）

甜味最强：_____　　　　甜味最弱：_____

表 4-2　排序检验法问答表的一般形式示例（二）

排序试验

姓名：_____　　　　日期：_____

试验指令：

1. 从左到右依次品尝样品 A、B、C、D。

2. 品尝之后，就指定的特征方面进行排序。

3. 结果分析与判断

在试验中，尽量同时提供样品，评价员同时收到以均衡、随机顺序排列的样品，其任务就是将样品排序。同一组样品还可以以不同的编号被一次或数次呈送，如果每组样品被评价的次数大于2，那么试验的准确性会得到最大提高。在嗜好性试验中，告诉评价人员，最喜欢的样品排在第一位，第二喜欢的样品排在第二位，依此类推，不要把顺序搞颠倒。如果相邻两个样品的顺序无法确定，鼓励评价员去猜测，如果实在猜不出，可以取中间值，如4个样品中，对中间两个的顺序无法确定时，就将它们都排为（2+3）/2＝2.5。如果需要排序的感官指标多于一个，则对样品分别进行编号，以免发生相互影响。排出初步顺序后，若发现不妥之处，可以重新核查并调整顺序，确定各样品在尺度线上的相应位置。

二、排序检验法实例

实例1 风味瓜子甜味排序试验

某瓜子生产公司想比较四种风味瓜子的甜味强弱，确定瓜子的甜味排序。每10人为一组，共分3个小组，每组选出组长，轮流进行试验。

（1）样品准备

① 备样员给每个样品编出三位数的编码，每个样品给三个编码，作为三次重复检验之用，随机数码取自随机数表（表4-3）。

表 4-3　备样员制定的样品准备工作表

评价员	供样顺序	样品编码
1	ADCB	658 463 681 695
2	DABC	284 541 975 132
3	BCAD	825 740 349 187
4	CBDA	529 617 903 185
5	ACBD	238 451 784 386
6	DACB	973 627 271 843

② 样品的呈送：将样品按准备表上的顺序依次呈送给每个评价员（1号评价员得到的样品为658、463、681、695）。

同时还需要呈送一杯漱口水、一个废液缸和一份问答表（表4-4）。

表 4-4　排序检验法问答表

样品名称：＿＿＿＿＿＿　　　检验日期：＿＿＿＿＿＿

检验员：＿＿＿＿＿＿

检验内容：

请仔细品评您面前的四种配方风味瓜子,请根据它们的甜味强弱由小到大进行排序,最小的排在左边第1位,依次类推,将样品编号填入对应横线上。

样品排序(最差)　1　　2　　3　　4(最好)

样品编号　＿＿＿　＿＿＿　＿＿＿　＿＿＿

（2）品评　评价员按顺序从左到右依次对样品进行品评，注意品尝完一个样品时要漱口，等1min后再品尝下一个样品，可以多次品尝，但必须给出答案。

(3) 结果计算

① 以小组为单位，统计检验结果 将评价小组样品排序结果汇集在表 4-5 中。表 4-5 是 6 个评价员对 A、B、C、D 四种样品的甜味排序结果。

表 4-5 评价员的排序结果

评价员	1		2		3		4
1	A		B		C		D
2	B	=	C		A		D
3	A		B	=	C	=	D
4	A		B		D		C
5	A		B		C		D
6	A		C		B		D

② 统计样品秩次和秩和 在每个评价员对每个样品排出的秩次当中有相同秩次时，则取平均秩次。表 4-6 是表 4-5 中的样品秩次与秩和。

表 4-6 样品的秩次与秩和

评价员	A	B	C	D	秩和
1	1	2	3	4	10
2	3	1.5	1.5	4	10
3	1	3	3	3	10
4	1	2	4	3	10
5	1	2	3	4	10
6	1	3	2	4	10
每种样品的秩和 R	8	13.5	16.5	22	60

③ 样品差异分析 使用 Friedman 检验和 Page 检验对被检样品之间是否有显著差异做出判定。

a. 方法一：Friedman 检验

先用下式求出统计量 F：

$$F = \frac{12}{qp(p+1)}(R_1^2 + R_2^2 + \cdots + R_p^2) - 3q(p+1)$$

式中，q 表示评价员数；p 表示样品（或产品）数；R_1、R_2、$\cdots$、R_p 表示每种样品的秩和。

查表 4-7，若计算出的 F 值大于或等于表中对应于 p、q、α 的临界值，则可以判定样品之间有显著差异；若小于相应临界值，则可以判定样品之间没有显著差异。

当评价员数 q 较大，或当样品数 p 大于 5 时，超出表 4-7 的范围，可查 χ^2 分布表（附录三），F 值近似服从自由度为 χ^2 值。

上例中（见表 4-6）的 F 值为：

$$F = \frac{12}{6 \times 4 \times (4+1)} \times (8^2 + 13.5^2 + 16.5^2 + 22^2) - 3 \times 6 \times (4+1) = 10.25$$

当评价员实在分不出某两种样品之间的差异时，可以允许将这两种样品排定同一秩次，

这时用 F' 代替 F：

$$F'=\frac{F}{1-E[qp(p^2-1)]}$$

式中，E 值通过下式得出：

令 n_1、n_2、$\cdots$、n_k 为出现相同秩次的样品数，若没有相同秩次，$n_k=1$，则：

$$E=(n_1^3-n_1)+(n_2^3-n_2)+\cdots+(n_k^3-n_k)$$

表 4-6 中，出现相同秩次的样品数有：$n_1=2$，$n_2=3$，其余均没有相同秩次。所以：

$$E=(2^3-2)+(3^3-3)=6+24=30$$

$$F'=\frac{F}{1-30/[6\times4\times(4^2-1)]}\approx1.09F=1.09\times10.25=11.17$$

将 F' 与表 4-7 或 χ^2 分布表（附录三）中的临界值比较，从而得出统计结论。

本例中，$F'=11.17$，大于表 4-7 中相应的 $p=4$、$q=6$、$\alpha=0.01$ 的临界值 10.20，所以可以判定在 1% 显著水平下，样品之间有显著差异。

表 4-7　Friedman 秩和检验近似临界值

评价员数 q	样品（或产品）数 p					
	3	4	5	3	4	5
	显著水平 $\alpha=0.05$			显著水平 $\alpha=0.01$		
2	—	6.00	7.60	—	—	8.00
3	6.00	7.00	8.53	—	8.20	10.13
4	6.50	7.50	8.80	8.00	9.30	11.10
5	6.40	7.80	8.96	8.40	9.96	11.52
6	6.33	7.60	9.49	9.00	10.20	13.28
7	6.00	7.62	9.49	8.85	10.37	13.28
8	6.25	7.65	9.49	9.00	10.35	13.28
9	6.22	7.81	9.49	8.66	11.34	13.28
10	6.20	7.81	9.49	8.60	11.34	13.28
11	6.54	7.81	9.49	8.90	11.34	13.28
12	6.16	7.81	9.49	8.66	11.34	13.28
13	6.00	7.81	9.49	8.76	11.34	13.28
14	6.14	7.81	9.49	9.00	11.34	13.28
15	6.40	7.81	9.49	8.93	11.34	13.28

b. 方法二：Page 检验

有时样品有自然的顺序，例如样品成分的比例、温度、不同的贮藏时间等可测因素造成的自然顺序。为了检验该因素的效应，可以使用 Page 检验。该检验也是一种秩和检验，在样品有自然顺序的情况下，Page 检验比 Friedman 检验更有效。

如果 R_1、R_2、$\cdots$、R_p 是以确定的顺序排列的 p 种样品的理论上的平均秩次，两种样品之间没有差别，则应 $R_1=R_2=\cdots=R_p$；否则，$R_1\leqslant R_2\leqslant\cdots\leqslant R_p$，其中至少有一个不等式是成立的，也就是原假设不能成立。检验原假设能够成立，用下式计算统计量来确定：

$$L = 2R_1 + 2R_2 + \cdots + pR_p$$

若计算出的 L 值大于或等于表 4-8 中相应的临界值，则拒绝原假设而判定样品之间有显著差异。如果评价员人数 q 或样品数 p 超出表 4-8 的范围，可用统计量 L' 做检验，见下式：

$$L' = \frac{12L - 3qp(p+1)^2}{p(p+1)\sqrt{q(p-1)}}$$

当 $L' \geq 1.64$（$\alpha = 0.05$），或当 $L' \geq 2.33$（$\alpha = 0.01$）时，判定样品之间有显著差异。

表 4-8　Page 检验临界值

评价员数 q	样品（或产品）数 p											
	3	4	5	6	7	8	3	4	5	6	7	8
	显著水平 $\alpha = 0.05$						显著水平 $\alpha = 0.01$					
2	28	58	103	166	252	362	—	60	106	173	261	376
3	41	84	150	244	370	532	42	87	155	252	382	549
4	54	111	197	321	487	701	55	114	204	331	5041	722
5	66	137	244	397	603	869	68	141	251	409	620	893
6	79	163	291	474	719	1037	81	167	299	486	737	1063
7	91	189	338	550	835	1204	93	193	346	563	855	1232
8	104	214	384	925	950	1371	106	220	393	640	972	1401
9	116	240	431	701	1065	1537	119	246	441	717	1088	1569
10	128	266	477	777	1180	1703	131	272	487	793	1205	1736
11	141	292	523	852	1295	1868	144	298	534	869	1321	1905
12	153	317	570	928	1410	2035	156	324	584	946	1437	2072
13	165	343	615	1003	1525	2201	169	350	628	1022	1553	2240
14	178	368	661	1078	1639	2367	181	376	674	1098	1668	2407
15	190	394	707	1153	1754	2532	194	402	721	1174	1784	2574
16	202	420	754	1228	1868	2697	206	427	767	1249	1899	2740
17	215	445	800	1303	1982	2862	218	453	814	1325	2014	2907
18	227	471	846	1378	2097	3028	231	479	860	1401	2130	3073
19	239	496	891	1453	2217	3193	243	505	906	1476	2245	3240
20	251	522	937	1528	2325	3358	256	531	953	1552	2360	3406

④ 统计分组　当用 Friedman 检验或 Page 检验确定了样品之间存在显著差异之后，可采用下述方法进一步确定各样品之间的差异程度。

a. 方法一：多重比较和分组

根据各样品的秩和 R_p，从小到大将样品初步排序，上例的排序为：

R_A	R_B	R_C	R_D
8	13.5	16.5	22

计算临界值 $r(I, \alpha)$：

$$r(I, \alpha) = q(I, \alpha)\sqrt{\frac{qp(p+1)}{12}}$$

式中，$q(I, \alpha)$ 值可查表 4-9，其中 $I = 2, 3, \cdots, S$。

表 4-9　$q(I,\alpha)$ 值

I	$\alpha=0.01$	$\alpha=0.05$	I	$\alpha=0.01$	$\alpha=0.05$
2	3.64	2.77	20	5.65	4.75
3	4.12	3.31	22	5.71	5.08
4	4.40	3.63	24	5.77	5.14
5	4.60	3.86	26	5.82	5.20
6	4.76	4.03	28	5.87	5.25
7	4.88	4.17	30	5.91	5.30
8	4.99	4.29	32	5.95	5.35
9	5.08	4.39	34	5.99	5.39
10	5.16	4.47	36	6.03	5.43
11	5.23	4.55	38	6.06	5.46
12	5.29	4.62	40	6.09	5.50
13	5.35	4.69	50	6.23	5.65
14	5.40	4.74	60	6.34	5.76
15	5.45	4.80	70	6.43	5.86
16	5.49	4.85	80	6.51	5.95
17	5.54	4.89	90	6.58	6.02
18	5.57	4.93	100	6.64	6.09
19	5.61	4.97			

本例中临界值 $r(I,\alpha)$ 为：

$$r(I,\alpha)=q(I,\alpha)\sqrt{\dfrac{6\times4\times(4+1)}{12}}\approx3.16q(I,\alpha)$$

下面进行比较与分组。按下列顺序检验这些秩和的差数：最大减最小，最大减次小，……，最大减次大，次大减最小，次大减次小，……，依次减下去，一直到次小减最小。

$R_{AP}-R_{A1}$ 与 $r(p,\alpha)$ 比较；

$R_{AP}-R_{A2}$ 与 $r(p-1,\alpha)$ 比较；

……

$R_{AP}-R_{A(P-1)}$ 与 $r(2,\alpha)$ 比较；

$R_{A(P-1)}-R_{A1}$ 与 $r(p-1,\alpha)$ 比较；

$R_{A(P-1)}-R_{A2}$ 与 $r(p-2,\alpha)$ 比较；

……

$R_{A2}-R_{A1}$ 与 $r(2,\alpha)$ 比较；

若相互比较的两个样品 A_j 与 A_i 的秩和之差 $R_{Aj}-R_{Ai}$（$j>i$）小于相应的 r 值，则表示这两个样品以及秩和位于这两个样品之间的所有样品无显著差异，在这些样品以下可用一横线表示，即：$\underline{A_i A_{i+1}\cdots A_j}$，横线内的样品不必再作比较。

若相互比较的两个样品 A_i 与 A_j 的秩和之差 $R_{Aj}-R_{Ai}$ 大于或等于相应的 r 值，则表示这两个样品有显著差异，其下面不画横线。不同横线上面的样品表示不同的组，若有样品处

于横线重叠处，应单独列为一组。根据表 4-9 可得：

$$r(4,0.05)=q(4,0.05)×3.16=3.63×3.16≈11.47$$
$$r(3,0.05)=q(3,0.05)×3.16=3.31×3.16≈10.46$$
$$r(2,0.05)=q(2,0.05)×3.16=2.77×3.16≈8.75$$

由于：

$$R_4-R_1=22-8=14>r(4,0.05)=11.47，不可画横线$$
$$R_4-R_2=22-13.5=8.5<r(3,0.05)=10.46，可画横线$$
$$R_3-R_1=16.5-8=8.5<r(3,0.05)=10.46，可画横线$$

结果如下：

A <u>B C</u> D

最后分为 3 组：

<u>A</u> <u>B C</u> <u>D</u>

结论：在 5% 的显著水平上，D 样品最甜，C、B 样品次之，A 样品最不甜，C、B 样品在甜度上无显著差异。

b. 方法二：Kramer 检定法

首先列出表 4-3 与表 4-4 那样的统计表，查附录，得到检验表（$α=5\%$，$α=1\%$）中相对应于评价员数 q 和样品数 p 的临界值，分析出检验的结果。

查附表五（$α=5\%$）和附表六（$α=1\%$），相对应于 $q=6$ 和 $p=4$ 的临界值：

	5% 显著水平	1% 显著水平
上段	9～12	8～22
下段	11～19	9～21

首先通过上段来检验样品间是否有显著差异，把每个样品的位级和与上段的最大值 $R_{i\max}$ 和最小值 $R_{i\min}$ 相比较。若样品位级和的所有数值都在上段的范围内，说明样品间没有显著差异；若样品秩和不小于 $R_{i\max}$ 或不大于 $R_{i\min}$，则样品间有显著差异。据表 4-6，由于最大 $R_{i\max}=22=R_D$，最小 $R_{i\min}=8=R_A$，所以说明在 1% 显著水平，4 个样品之间有显著性差异。再通过下段检查样品间的差异程度，若样品的 R_p 处在下段范围内，则可将其划为一组，表明其间无差异；若样品的位级和 R_p 落在下段的范围之外，则落在上限之外和落在下限之外的样品就可分别组成一组。由于最大 $R_{i\max}=21<R_D=22$，最小 $R_{i\min}=9>R_A=8$，$R_{i\min}=9<R_B=13.5<R_C=16.5<R_{i\max}=21$，所以 A、B、C、D 4 个样品可划分为 3 个组：

<u>D</u> <u>B C</u> <u>A</u>

结论：在 1% 的显著水平上，D 样品最甜，C、B 样品次之，A 样品最不甜，C、B 样品在甜度上无显著差异。

实例 2 巧克力的风味排序试验

某巧克力公司想比较 A、B、C、D、E 5 种巧克力的风味，确定这 5 种巧克力的风味孰好孰坏。

(1) 样品准备 因为每个人对巧克力风味的感受不相同，而且该试验操作简单，不需要专业的评价员，所以尽可能召集更多的人来参加试验。召集 10 名评价员进行巧克力风味的评价，在确保样品除了风味之外没有其他不同后，同时给每位评价员均衡随机地提供样品。

(2) 评价员品评 在品尝完样品后，评价员如实填写问答表 4-10。其中 1 表示风味最差，以此类推。如果对相邻两个样品的顺序无法确定，鼓励评价员猜一个顺序；如果实在猜不出，可以将两个样品之间画等号。

表 4-10　排序检验法问答表

样品名称：

检验日期：

检验员：

检验内容：

请仔细品尝您面前的 5 种巧克力,根据它们的风味好坏由差到好进行排序,最差的排在左边第 1 位,依次类推,将样品编号填入对应横线上。

样品排序(最差)1　　　　2　　　　3　　　　4　　　　5(最好)

样品编号　　＿＿＿　＿＿＿　＿＿＿　＿＿＿　＿＿＿

(3) 结果分析　评价员的排序结果见表 4-11。

表 4-11　评价员的排序结果

评价员	1	2		3	4	5
1	C	B		E	D	A
2	B	C	＝	E	A	D
3	C	E		B	D	A
4	C	B		E	A	D
5	B	＝	C	D	E	A
6	C	B		E	A	D
7	C	E		B	A	D
8	C	＝	B	E	A	D
9	B	C		D	E	A
10	C	B		E	A	D

在每个评价员对每个样品排出的秩次当中有相同秩次时，则取平均秩次。表 4-12 是表 4-11 中的样品秩次与秩和。

表 4-12　样品的秩次与秩和

评价员	A	B	C	D	E	秩和
1	5	2	1	4	3	15
2	4	1	2.5	5	2.5	15
3	5	3	1	4	2	15
4	4	2	1	5	3	15
5	5	1.5	1.5	3	4	15
6	4	2	1	5	3	15
7	4	3	1	5	2	15
8	4	1.5	1.5	5	3	15
9	5	1	2	3	4	15
10	4	2	1	5	3	15
每种样品的秩和 R	44	19	13.5	44	29.5	150

转换秩和后，使用 Friedman 检验对样品进行显著性差异分析。

先用下式求出统计量 F：

$$F = \frac{12}{qp(p+1)}(R_1^2 + R_2^2 + \cdots + R_p^2) - 3q(p+1)$$

式中，q 表示评价员数；p 表示样品（或产品）数；R_1、R_2、$\cdots$、R_p 表示每种样品的秩和。

本示例中，评价员人数 q 为 10；样品数 p 为 5；样品秩和数 R 为 44，19，13.5，44，29.5。

则 F 值为：

$$F = \frac{12}{10 \times 5 \times (5+1)} \times (44^2 + 19^2 + 13.5^2 + 44^2 + 29.5^2) - 3 \times 10 \times (5+1) = 31.42$$

根据 p、q、α（显著性水平），查表可知，$p=5$，$q=10$，$\alpha=0.01$ 一栏，得 $F=12.38$。因存在两个或多个样品秩次相同，需要对 F 进行校正，这时用 F' 代替 F：

$$F' = \frac{F}{1 - E[qp(p^2-1)]}$$

式中，E 值通过下式得出：

令 n_1、n_2、$\cdots$、n_k 为出现相同秩次的样品数，若没有相同秩次，$n_k=1$，则：

$$E = (n_1^3 - n_1) + (n_2^3 - n_2) + \cdots + (n_k^3 - n_k)$$

表 4-12 中，出现相同秩次的样品数有：$n_1=2$，$n_2=5$，$n_3=8$，其余均没有相同秩次。所以：

$$E = (2^3 - 2) + (5^3 - 5) + (8^3 - 8) = 6 + 120 + 504 = 630$$

$$F' = \frac{F}{1 - 630/[10 \times 5 \times (5^2 - 1)]} \approx 26.06$$

$F'=26.06 > F=12.38$，所以可以判定在 1% 显著水平下，样品之间有显著差异。

再采用最小显著差数法（LSD）比较哪些样品之间有差异。

$$LSD = u_\alpha \sqrt{\frac{A \cdot S(S+1)}{6}}$$

式中，α 为显著性水平，当 $\alpha=0.05$ 和 0.01 时，u_α 分别为 1.96 和 2.58。将各样品的秩次和之差与 LSD 值比较，若差大于或等于 LSD 值，则表明在 α 水平上这两个样品有显著性差异，反之则没有显著性差异。

通过计算可知，本例中 LSD=18.24（$\alpha=0.01$），在显著性水平 1% 下计算两个样品秩次和之差：

A—B：$|44-19|=25 > 18.24$ A—C：$|44-13.5|=30.5 > 18.24$

A—D：$|44-44|=0 < 18.24$ A—E：$|44-29.5|=14.5 < 18.24$

B—C：$|19-13.5|=5.5 < 18.24$ B—D：$|19-44|=25 > 18.24$

B—E：$|19-29.5|=10.5 < 18.24$ C—D：$|13.5-44|=30.5 > 18.24$

C—E：$|13.5-29.5|=16 < 18.24$ D—E：$|44-29.5|=14.5 < 18.24$

由此可见，A 和 B、A 和 C、B 和 D、C 和 D 的差异是显著的，以上比较的结果表示如下：

$$\underline{A\ D\ E}\ \underline{B\ C}$$

未经连续的下划线连接的两个样品之间有显著性差异；由连续的下划线连接的两个或多个样品无显著性差异。

实例 3 月饼风味排序试验

某月饼公司想比较 A、B、C、D、E 5 种月饼的油腻程度，确定这 5 种月饼的风味孰好孰坏。

月饼属于油性较大的食品，如果每位评价员都品尝 5 种月饼容易产生适应，同时评价所有的样品会影响结果，因此可以采用平衡不完全区组设计（BIB）。

因为每个人对油腻的感受各不相同，而且该试验操作简单，不需要专业的评价员，所以尽可能召集更多的人来参加试验。召集 10 名评价员进行月饼油腻的评价，在确保样品除了风味之外没有其他不同后，依据 BIB 设计表，将样品以随机的方式同时呈送给评价员。

样品的秩次和秩和统计结果见表 4-13。

表 4-13　样品的秩次与秩和

评价员	A	B	C	D	E
1	1	2	3		
2	1	2		3	
3	2	3			1
4	1		2	3	
5	2		3		1
6	1			3	2
7		1	3	2	
8		2	3		1
9		3		2	1
10			1	3	2
每种样品的秩和 R	8	13	15	16	8

转换秩和后，使用 Friedman 检验对样品进行显著性差异分析。

先用下式求出统计量 F：

$$F = \frac{12}{\lambda t p(k+1)}(R_1^2 + R_2^2 + \cdots + R_p^2) - \frac{3pr^2(k+1)}{\lambda}$$

式中，k 为每个评价员排序的样品数；R_i 为 i 产品的秩和；r 为每个样品在整个试验中重复出现的次数，即每个样品被重复评价的次数；t 为样品数；p 为基础表重复数；λ 为任意两个样品配成对在同一区组中出现的次数，即任意两个配成对的样品被同一评价员评定的次数。

本示例中，评价员人数 $p=1$，$k=3$，$r=6$，$\lambda=3$，$t=5$，$R_1=8$，$R_2=13$，$R_3=15$，$R_4=16$，$R_5=8$。

则

$$F = \frac{12}{3 \times 5 \times 1 \times (3+1)} \times (8^2 + 13^2 + 15^2 + 16^2 + 8^2) - \frac{3 \times 1 \times 6^2 \times (3+1)}{3} = 11.6$$

根据附录五可知，评价员 10 人，样品数 5，$\alpha=0.05$ 一栏，得 $F=9.25$。因此，在显著性水平小于或等于 5% 时，5 个样品之间存在显著性差异。

计算最小显著差 LSD：如果两个样品秩和之差的绝对值大于最小显著差 LSD，可认为二者有显著性差异。

$$LSD=u_a\sqrt{\frac{p(k+1)(rk-r+\lambda)}{6}}$$

$$LSD=1.96\times\sqrt{\frac{1\times(3+1)\times(6\times3-6+3)}{6}}=6.2$$

比较与分组：

在显著性水平 0.05 下，A 和 C、A 和 D、C 和 E、D 和 E 之间的差异是显著性，其秩和之差的绝对值分别为 7、8、7、8。

A-B：$|8-13|=5<6.2$ A-C：$|8-15|=7>6.2$

A-D：$|8-16|=8>6.2$ A-E：$|8-8|=0<6.2$

B-C：$|13-15|=2<6.2$ B-D：$|13-16|=3<6.2$

B-E：$|13-8|=5<6.2$ C-D：$|15-16|=1<6.2$

C-E：$|15-8|=7>6.2$ D-E：$|16-8|=8>6.2$

以上比较的结果表示如下：

$$\underline{A\quad E\quad \underline{B\quad C\quad D}}$$

未经连续的下划线连接的两个样品之间有显著性差异；由连续的下划线连接的两个或多个样品无显著性差异。

知识点二　分类试验法

一、分类试验法概述

评价员评价样品后，划出样品应属的预先定义的类别，这种评价试验的方法称为分类试验法。它是先由专家根据某样品的一个或多个特征，确定出样品的质量或其他特征类别，再将样品归纳入相应类别或等级的办法。此法是使样品按照已有的类别划分，可在任何一种检验方法的基础上进行，如图 4-2。

图 4-2　分类试验法示意图

1. 方法特点

① 此法是以过去积累的已知结果为根据，在归纳的基础上进行产品分类。

② 当样品打分有困难时，可用分类法评价出样品的好坏差异，得出样品的级别、好坏，也可以鉴定出样品的缺陷等。

2. 问答表设计与做法

把样品以随机的顺序出示给评价员，要求评价员按顺序评价样品后，根据评价表中所规定的分类方法对样品进行分类。分类检验法问答表的一般形式如表4-14所示。

表 4-14　分类检验法问答表的一般形式示例

分类检验法

姓名：_____　　　　日期：_____　　　　产品：_____

试验指令：

(1) 从左到右依次品尝样品。

(2) 品尝后把样品划入你认为应属的预先定义的类别。

试验结果：

样品	一级	二级	三级	合计
A				
B				
C				
D				
合计				

3. 结果分析与判断

统计每一种产品分属每一类别的频数，然后用 χ^2 检验比较两种或多种产品落入不同类别的分布，从而得出每一种产品应属的级别。

二、分类试验法实例

实例 1　四种罐头的分类检验

有 4 种罐头产品，通过检验分成三级，了解它们由于加工工艺的不同对产品质量所造成的影响。

(1) 罐头的感官评定标准

① 组织和形态检验

a. 肉、禽及水产类罐头　先加热至汤汁溶化（有些罐头，如午餐肉、凤尾鱼等，无需加热），然后将内容物倒入白瓷盘中，观察其组织、形态是否符合标准。

b. 糖水水果类和蔬菜类罐头　在室温下将罐头打开，先滤去汤汁，然后将内容物倒入白瓷盘中，观察其组织、形态是否符合标准。

c. 糖浆类罐头　开罐后，将内容物平倾于不锈钢圆筛中，静置 3min，观察其组织、形态是否符合标准。

d. 果酱类罐头　在室温（15~20℃）下开罐后，用匙取果酱（约20g），置于干燥的白瓷盘上，在 1min 内观察酱体有无流散和汁液析出现象。

② 色泽检验

a. 肉、禽及水产类罐头　将肉、禽及水产类罐头倒入白瓷盘中，在白瓷盘中观察其色泽是否符合标准，再将汤汁注入量筒中，静置 3min 后，观察其色泽和澄清程度。

b. 糖水水果类和蔬菜类罐头　将糖水水果类和蔬菜类罐头倒入白瓷盘中，在白瓷盘中观察其色泽是否符合标准，再将汁液倒入烧杯中，观察其汁液是否清亮透明，有无夹杂物及引起浑浊的果肉碎屑。

c. 糖浆类罐头　将糖浆全部倒入白瓷盘中，观察其是否浑浊，有无胶冻、大量果屑及夹杂物存在。将不锈钢圆筛上的果肉倒入盘内，观察其色泽是否符合标准。

d. 果酱类罐头和番茄酱类罐头　将酱体全部倒入白瓷盘中，随即观察其色泽是否符合标准。

e. 果汁类罐头　将果汁倒入玻璃容器中静置 30min 后，观察其沉淀程度、有无分层和油圈现象及浓淡是否适中。

③ 滋味和气味检验

a. 肉、禽及水产类罐头　检验其是否具有该产品应有的滋味和气味，有无哈喇味及异味。

b. 果蔬类罐头　检验其是否具有与原果、蔬相近似之香味。

c. 果汁类罐头　应先嗅其香味（浓缩果汁应稀释至规定浓度），然后评定酸甜是否适口。

④ 结果评定　对照产品的感官标准，对实验样品进行感官评定并记录。各类产品的感官评价标准参见表 4-15～表 4-17。

说明：参加品尝人员必须具有正常的味觉和嗅觉，可事先对其进行资格评定。感官鉴定时间不得超过 2 小时。

表 4-15　橘子囊胞罐头的感官要求

项目	优级品	一级品	合格品
色泽	囊胞呈金黄色至橙色;汤汁清	囊胞呈橙黄色至黄色;汤汁较清	囊胞呈黄色;汤汁尚清,允许有少量白色沉淀
滋味与气味	具有橘子囊胞罐头应有的良好风味,无异味	具有橘子囊胞罐头应有的风味,无异味	具有橘子囊胞罐头应有的风味,无异味
组织形态	囊胞饱满,颗粒分明;橘核质量不超过固形物的 1%,破囊胞和瘪子质量不超过固形物的 10%	囊胞较饱满,颗粒较分明;橘核质量不超过固形物的 2%,破囊胞和瘪子质量不超过固形物的 20%	囊胞尚饱满,颗粒尚分明;橘核质量不超过固形物的 3%,破囊胞和瘪子质量不超过固形物的 30%

表 4-16　苹果酱罐头的感官要求

项目	优级品	合格品
色泽	具有该产品应有的色泽	
滋味与气味	无异味,甜酸适口,口味纯正,具有该产品应有的滋味和气味	
组织形态	块状果酱:酱体呈软胶凝状,徐徐流散,保持部分果块,无汁液析出,无糖的结晶 泥状果酱:酱体细腻均匀,徐徐流散,无明显分层和汁液流出,无糖的结晶	块状果酱:酱体呈软胶凝状,徐徐流散,保持部分果块,允许轻微汁液析出,无糖的结晶 泥状果酱:酱体尚细腻、均匀,徐徐流散,允许轻微汁液析出,无糖的结晶
杂质	无外来杂质	

表 4-17　午餐肉罐头的感官要求

项目	优级品	一级品	合格品
色泽	表面色泽正常,切面呈淡粉红色	表面色泽正常,无明显变色;切面呈淡粉红色,稍有光泽	表面色泽正常,允许带浅黄色;切面呈浅粉红色
滋味与气味	具有午餐肉罐头浓郁的滋味与气味	具有午餐肉罐头较好的滋味与气味	具有午餐肉罐头应有的滋味与气味
组织	组织紧密、细嫩,切面光洁,夹花均匀,无明显的大块肥肉、夹花和大蹄筋,富有弹性,允许存在极少量的小气孔	组织较紧密、细嫩,切面较光洁,夹花均匀,稍有大块肥肉、夹花或大蹄筋,有弹性,允许存在少量的小气孔	组织尚紧密,切片完整,夹花尚均匀,略有弹性,允许存在小气孔
形态	表面平整,无收腰,缺角不超过周长的10%,接缝处略有黏罐	表面较平整,稍有收腰,缺角不超过周长的30%,黏罐面积不超过罐内壁总面积的10%	表面尚平整,略有收腰,缺角不超过周长的60%,黏罐面积不超过罐内壁总面积的20%
析出物	脂肪和胶冻析出量不超过净含量的0.5%,净含量为198g的析出量不超过1.0%,无析水现象	脂肪和胶冻析出量不超过净含量的1.0%,净含量为198g的析出量不超过1.5%,无析水现象	脂肪和胶冻析出量不超过净含量的2.5%,无析水现象

（2）评价员结果分析　有 30 位评价员进行评价分级,各样品被划入各等级的次数统计填入表 4-18 中。

表 4-18　四种产品的分类检验结果

样品	一级	二级	三级	合计
A	7	21	2	30
B	18	9	3	30
C	19	9	2	30
D	12	11	7	30
合计	56	50	14	120

假设各样品的级别分不相同,则各级别的期待值为：

$$E = \frac{该等级次数}{120} \times 30 = \frac{该等级次数}{4}, \quad 即 \ E_1 = \frac{56}{4} = 14, \quad E_2 = \frac{50}{4} = 12.5, \quad E_3 = \frac{14}{4} = 3.5.$$

将实际测定值 Q 与期待值之差 $Q_{ij} - E_{ij}$ 列入表 4-19。

表 4-19　各级别期待值与实际值之差

样品	一级	二级	三级	合计
A	-7	8.5	-1.5	0
B	4	-3.5	-0.5	0
C	5	-3.5	-1.5	0
D	-2	-1.5	3.5	0
合计	0	0	0	0

$$\chi^2 = \sum_{i=1}^{t}\sum_{j=1}^{m}\frac{(Q_{ij}-E_{ij})^2}{E_{ij}} = \frac{(-7)^2}{14} + \frac{(4)^2}{14} + \frac{(5)^2}{14} + \cdots + \frac{(3.5)^2}{3.5} \approx 19.49$$

误差自由度 f＝样品自由度×级别自由度＝$(m-1)(t-1)=(4-1)\times(3-1)=6$

查 χ^2 分布表（见附录三），知 $\chi^2(6,0.05)=12.59$，$\chi^2(6,0.01)=16.81$。

因为 $\chi^2=19.49>16.81$，所以这 3 个级别之间在 1％显著水平时有显著差异，即这 4 个样品可以分成 3 个等级，其中 C、B 之间相近，可表示为 $\underline{C\ B}\ A\ D$，即 C、B 为一级，A 为二级，D 为三级。

实例 2　四种火腿的分类检验

某厂家按计划生产一批特级火腿，现需食品监督部门检验这批火腿的品质是否达标，其中第一个检验内容就是火腿感官鉴别，试按照检验步骤，依据相应等级的感官标准，对该产品的等级进行判断。

依据 GB/T 5009.44—2003《肉与肉制品卫生标准的分析方法》从外观、色泽、组织状态、气味四个方面对火腿进行感官质量判断。本任务是对产品等级的判断，所以选择使用分类检验法，按照检验步骤，依据相应等级的感官标准，对该产品的等级进行判断。一旦遇到不合格的情况，应及时调整产品等级或暂停销售。

（1）火腿的感官评定标准　火腿可根据其外观、色泽、组织状态、气味等几个方面的指标分为特级、一级、二级、三级和四级，具体划分标准可见表 4-20。

表 4-20　火腿的感官检验指标

分类		外观	色泽	组织状态	气味
火腿	特级	腿皮整齐,腿爪细,腿心肌肉丰满,腿上油头小,腿形整洁美观	肌肉切面为深玫瑰色、桃红色或暗红色,脂肪呈白色、淡黄色或淡红色	结实而致密,具有弹性,指压凹陷能立即恢复,基本上不留痕迹,切面平整、光滑	具有正常火腿特有的香气
	一级	全腿整洁美观,油头较小,无虫蛀和虫咬伤痕			
	二级	腿爪粗,皮稍厚,味稍咸,腿形整齐	肌肉切面呈暗红色或深玫瑰红色,脂肪切面呈白色或淡黄色,光泽较差	肉质较致密,略软尚有弹性,指压凹陷恢复较慢,切面平整	稍有酱味、花椒味或豆豉味,无明显的哈喇味,可有微弱酸味
	三级	腿爪粗,加工粗糙,腿形不整齐,稍有破伤、虫蛀伤痕,并有异味	肌肉切面呈酱色,上有斑点,脂肪切面呈黄色或黄褐色,无光泽	组织状态疏松稀软,甚至呈黏糊状,尤以骨髓及骨周围组织更加明显	
	四级	脚南皮厚,骨头外露,腿形不整齐,稍有伤痕、虫蛀或异味			具有腐败臭味或严重的酸败味及哈喇味

（2）实验设计及样品准备

① 实验设计：进行分组，一半作为备样员，另一半作为评价员；之后再交换身份。

② 用具准备：白瓷盘 4 个、一次性手套 4 副、小刀 4 把、小叉子 4 个。

③ 问答表设计：见表 4-21。

表 4-21 分类检验法问答表

姓名：		日期：		样品类型：	

实验指令：
①从左到右依次品尝样品。
②品尝后把样品划入你认为应属的预先定义的类别。

样品	一级	二级	三级	合计
A				
B				
C				
D				
合计				

（3）品评步骤

① 备样员准备 4 个样品，每个样品用三位随机数字编号，每个样品给出 3 个编码，以备 3 次重复检验。每份样品数量不得少于 25g，实验准备员将样品放入白瓷盘中，先给出 4 个样品，并按任意顺序进行呈送，要求评价员品评样品后，将样品归到应属的预先定义的类别中。

② 在自然光线下观察样品的外观，然后用小刀切开火腿，观察肌肉切面；戴上一次性手套，用手指按压样品，判断样品的组织状态；用鼻子嗅闻样品的气味。

③ 每位评价员按火腿的分级感官指标进行分级评价，并在火腿分级感官检验记录表 4-21 中记录相应的编号和判断结果。

（4）结果分析 每位感官评价员将评价的结果填入问答记录表（表 4-21）中，根据结果最终将每一种样品划入每一类别的次数 Q_{ij} 统计在分类检验法结果汇总表中（见表 4-22）。

表 4-22 分类检验法结果汇总表

姓名：		日期：		样品类型：	

实验指令：
①从左到右依次品尝样品。
②品尝后把样品划入你认为应属的预先定义的类别。

样品	特级	一级	二级	三级	四级
A	Q_{11}	Q_{21}	Q_{31}	Q_{41}	Q_{51}
B	Q_{12}	Q_{22}	Q_{32}	Q_{42}	Q_{52}
C	Q_{13}	Q_{23}	Q_{33}	Q_{43}	Q_{53}
D	Q_{14}	Q_{24}	Q_{34}	Q_{44}	Q_{54}
合计	N_1	N_2	N_3	N_4	N_5

然后用检验比较两种或多种样品落入不同类别的分布，从而得出每一种产品应属的级别。假设各样品的级别分布相同，那么各级别的期待值：$E_{ij} =$（该级别的实际测定值/所有评价员实际测定总值）×评价员总数，则可以将样品级别期待值综合统计为表 4-23。

计算出各样品在每一等级的实际测定值与期待值的差 $Q_{ij} - E_{ij}$ 并将结果填入表 4-24 中。

表 4-23　样品级别的期待值 E_{ij}

样品	特级	一级	二级	三级	四级
A	E_{11}	E_{21}	E_{31}	E_{41}	E_{51}
B	E_{12}	E_{22}	E_{32}	E_{42}	E_{52}
C	E_{13}	E_{23}	E_{33}	E_{43}	E_{53}
D	E_{14}	E_{24}	E_{34}	E_{44}	E_{54}
合计	N_1	N_2	N_3	N_4	N_5

表 4-24　实际测定值与期待值的差 $Q_{ij} - E_{ij}$

样品	特级	一级	二级	三级	四级
A	$Q_{11} - E_{11}$	$Q_{21} - E_{21}$	$Q_{31} - E_{31}$	$Q_{41} - E_{41}$	$Q_{51} - E_{51}$
B	$Q_{12} - E_{12}$	$Q_{22} - E_{22}$	$Q_{32} - E_{32}$	$Q_{42} - E_{42}$	$Q_{52} - E_{52}$
C	$Q_{13} - E_{13}$	$Q_{23} - E_{23}$	$Q_{33} - E_{33}$	$Q_{43} - E_{43}$	$Q_{53} - E_{53}$
D	$Q_{14} - E_{14}$	$Q_{24} - E_{24}$	$Q_{34} - E_{34}$	$Q_{44} - Q_{44}$	$Q_{54} - E_{54}$
合计	N_1	N_2	N_3	N_4	N_5

如表 4-24 所示，若样品作为某一级别的实际测定值大大高于期待值，则该样品应为这一等级。

用 χ^2 检验来确定这不同级别间有无显著差异：

$$\chi^2 = \sum_{i=1}^{t} \sum_{j=1}^{m} \frac{(Q_{ij} - E_{ij})^2}{E_{ij}}$$

自由度 $f = （样品数-1）\times（级别数-1）$。

查附录三得出 $\chi^2(f, 0.05)$ 和 $\chi^2(f, 0.01)$。

若计算值 $\chi^2 > \chi^2(f, 0.05)$，而且计算值 $\chi^2 > \chi^2(f, 0.01)$，则可以得出这 4 个级别之间在 5% 和 1% 显著水平有显著性差异，也就是说这 4 种样品可以分成不同等级。等级越高，品质最佳。反之，则无显著差异。

知识点三　评分法

一、评分法概述

1. 方法特点

评分法是指按预先设定的评价基准，对样品的特性和嗜好程度以数字标度进行评定，然后换算成得分的一种评价方法。在评分法中，所有的数字标度为等距或比率标度，如 1～10（10 级）、-3～3 级（7 级）等数值尺度。该方法不同于其他方法的是所谓的绝对性判断，即根据评价员各自的评价基准进行判断。它出现的粗糙评分现象也可由增加评价员人数的方法来克服。

由于此方法可同时评价一种或多种产品的一个或多个指标的强度及其差异，所以应用较为广泛，尤其适用于评价新产品。

评分法是商业中比较推崇也经常使用的一种评价方法，由专业的打分员用一定的尺度进行打分，经常用打分来评价的商品有咖啡、茶叶、调味料、奶油、鱼、肉等。评分法在商业中十分有用，因为它可以保证产品的高质量，但它也有自身的缺点，因为评分法都是评分员给样品打一个总体分，它综合了该样品所有的性质，因此很难从统计学的角度对其进行某项物理、化学性质分析，所以，评分法正在被其他方法逐步取代，但有一些经典方法仍在继续使用。例如，Torry 的鱼的新鲜度评分标准，USDA 的奶油和肉的评分标准等。

2．问答表设计与做法

设计问答表（票）前，首先要确定所使用的标度类型。在检验前，要使评价员对每一个评分点所代表的意义有共同的认识。样品的出示顺序可利用拉丁法随机排列。

问答表的设计应和产品的特性及检验目的相结合，尽量简洁明了。可参考表 4-25 的形式。

表 4-25　评分法问答表参考形式

姓名：　　　性别：　　　样品号：　　　　　　年　月　日
请你在品尝面前的样品后，以自身的尺度为基准，在下面的尺度中相应位置画"○"。

极端好	非常好	好	一般	不好	非常不好	极端不好
1	2	3	4	5	6	7

3．结果分析与判断

在进行结果分析与判断前，首先要将问答表的评价结果按选定的标度类型转换成相应的数值。以上述问答表的评价结果为例，可按 $-3\sim3$（7 级）等值尺度转换成相应的数值，极端好＝3；非常好＝2；好＝1；一般＝0；不好＝-1；非常不好＝-2；极端不好＝-3。当然，也可以用十分制或百分制等其他尺度。

常见的评分标度：

① 9 分制评分法　评价结果可转换成数值，例如，非常不喜欢＝1，很不喜欢＝2，不喜欢＝3，不太喜欢＝4，一般＝5，稍喜欢＝6，喜欢＝7，很喜欢＝8，非常喜欢＝9。

② 平衡评分法　例如，非常不喜欢＝-4，很不喜欢＝-3，不喜欢＝-2，不太喜欢＝-1，一般＝0，稍喜欢＝1，喜欢＝2，很喜欢＝3，非常喜欢＝4。

③ 5 分制评分法　例如，无感觉＝0，稍稍有感觉＝1，稍有感觉＝2，有感觉＝3，感觉较强＝4，感觉非常强＝5。

④ 10 分制评分法　（略）。

⑤ 百分制评分法　（略）。

然后通过相应的统计分析和检验方法来判断样品间的差异性，当样品只有两个时，可以采用简单的 t 检验；当样品超过两个时，要进行方差分析并最终根据 F 检验结果来判别样品间的差异性。

二、评分法实例

实例 1　两种熟鲱鱼新鲜度评分

10 名评价员分别比较两种熟鲱鱼的新鲜度。

熟鲱鱼新鲜度评分标准（10 分）如下：

10 分：新鲜鱼油味，甜，肉香，奶油味，金属光泽，无不良气味；

9分：新鲜鱼油味，甜，肉香，奶油味，具有本属特征；

8分：油的，甜，肉香，奶香，烧焦味；

7分：油的，甜，肉香，奶香，轻微酸败，轻微的酸味；

6分：油的，甜，放置了几天的肉味，奶香，酸败，酸味；

5分：酸败，汗味，霉味，酸味；

4分：酸败，汗味，奶酪味，发酸的水果味，轻微的苦味；

3分：酸败，奶酪味，酸味，苦味，腐败的水果味。

该方法认为低于3分的制品可能已经没有任何食用价值，因此没有必要为3分以下的制品制定评分标准。

10位评价员评价两种样品，以9分制评价，求两样品是否有差异（t检验），见表4-26。

表 4-26　评价结果

评价员		1	2	3	4	5	6	7	8	9	10	合计	平均值
样品	A	8	7	7	8	6	7	7	8	6	7	71	7.1
	B	6	7	6	7	6	6	7	7	7	7	66	6.6
评分差	d	2	0	1	1	0	1	0	1	−1	0	5	0.5
	d^2	4	0	1	1	0	1	0	1	1	0	9	

用 t 检验进行解析，即

$$t = \frac{\overline{d}}{\sigma_e / \sqrt{n}}$$

其中 $\overline{d}=0.5$，$n=10$，且

$$\sigma_e = \sqrt{\frac{\sum (d_i - \overline{d})^2}{n-1}} = \sqrt{\frac{\sum d_i^2 - (\sum d)^2 / n}{n-1}} = \sqrt{\frac{9 - \frac{5^2}{10}}{10-1}} = 0.85$$

所以

$$t = \frac{0.5}{0.85 / \sqrt{10}} = 1.86$$

以评价员自由度为9分查 t 分布表（表4-27），在5%显著水平相应的临界值为 $t_9(0.05)=2.262$，因为 $2.262 > 1.86$，可推断A、B两样品没有显著差异（5%水平）。

故可得出"这两种样品之间的新鲜度没有差别"的结论。

表 4-27　t 分布表

显著水平	自由度								
	3	4	5	6	7	8	9	10	11
5%	3.182	2.776	2.571	2.447	2.365	2.306	2.262	2.228	2.201
1%	5.841	4.604	3.365	3.707	3.499	3.355	3.25	3.169	3.106

显著水平	自由度								
	12	13	14	15	16	17	18	19	20
5%	2.179	2.16	2.145	2.131	2.12	2.11	2.101	2.093	2.086
1%	3.055	3.012	2.977	2.947	2.921	2.898	2.878	2.861	2.845

实例 2　三个公司快餐面质量比较

为了比较 X、Y、Z 3 个公司生产的快餐面质量，8 名评价员分别对 3 个公司的产品按 1～6 分尺度（极好＝1，非常好＝2，好＝3，一般＝4，不好＝5，非常不好＝6）进行评分，评分结果如下，问产品之间有无显著差异？

评价员 n	1	2	3	4	5	6	7	8	合计
样品 X	3	4	3	1	2	1	2	2	18
样品 Y	2	6	2	4	4	3	6	6	33
样品 Z	3	4	3	2	2	3	4	2	23
合计	8	14	8	7	8	7	12	10	74

以 n、m 分别表示评价员、样品的数量，x_{ij} 表示各平均值，$x_{i.}$ 表示样品的平均值和，$x_{.j}$ 表示各评价员的平均值和，T 表示平均值总和。

（1）求离差平方和 Q

修正项

$$CF = \frac{T^2}{nm} = \frac{74^2}{8 \times 3} \approx 228.17$$

样品平方和

$$Q_A = \frac{x_{1.}^2 + x_{2.}^2 + \cdots + x_{i.}^2 + \cdots + x_{m.}^2}{n} - CF$$

$$= \frac{(18^2 + 33^2 + 23^2)}{8} - 228.17$$

$$= 242.75 - 228.17$$

$$= 14.58$$

评价员平方和

$$Q_B = \frac{x_{.1}^2 + x_{.2}^2 + \cdots + x_{.j}^2 + \cdots + x_{.n}^2}{m} - CF$$

$$= \frac{(8^2 + 14^2 + \cdots + 10^2)}{3} - 228.17$$

$$= 243.33 - 228.17$$

$$= 15.16$$

总平方和

$$Q_T = \frac{x_{11}^2 + x_{12}^2 + \cdots + x_{ij}^2 + \cdots + x_{mn}^2}{m} - CF$$

$$= \frac{(3^2 + 4^2 + \cdots + 2^2)}{3} - 228.17$$

$$= 47.83$$

误差平方和

$$Q_E = Q_T - Q_A - Q_B = 47.83 - 14.58 - 15.16 = 18.09$$

（2）求自由度 f

样品自由度　$f_A = m - 1 = 3 - 1 = 2$

评价员自由度　$f_B = n - 1 = 8 - 1 = 7$

总自由度　$f_T = mn - 1 = 3 \times 8 - 1 = 23$

误差　$f_E = f_T - f_A - f_B = 23 - 2 - 7 = 14$

（3）方差分析　求平均离差平方和：

$$V_A = Q_A / f_A = 14.58 \div 2 = 7.29$$

$$V_B = Q_B / f_B = 15.16 \div 7 = 2.17$$

$$V_E = Q_E / f_E = 18.09 \div 14 = 1.29$$

求 F_0

$$F_A = V_A / V_E = 7.29 \div 1.29 = 5.65$$

$$F_B = V_B / V_E = 2.17 \div 1.29 = 1.68$$

查 F 分布表（附录七），求 $F(f, f_E, \alpha)$。若 $F > F(f, f_E, \alpha)$，则对显著水平 $\alpha = 0.05$ 有显著差异。

本例中 $F_A = 5.65 > F(2, 14, 0.05) = 3.74$，$F_B = 1.68 < F(7, 14, 0.05) = 2.76$

故对显著水平 $\alpha = 0.05$，样品之间有显著差异，而评价员之间无显著差异。

将上述计算结果列入表 4-28。

表 4-28　方差分析

方差来源	平方和 Q	自由度 f	均方和 V	F_0	F
样品 A	14.58	2	7.29	5.65	$F(2, 14, 0.05) = 3.74$
评价员 B	15.16	7	2.17	1.68	$F(7, 14, 0.05) = 2.76$
误差 E	18.09	14	1.29		
合计	47.83	23			

(4) 检验样品间显著性差异　当方差分析结果表明样品之间有显著差异时，为了检验哪几个样品间有显著差异，采用斯图登斯化范围试验法，即

求样品平均分	X	Y	Z
	18/8 = 2.25	33/8 = 4.13	23/8 = 2.88
按大小顺序排列	1 位	2 位	3 位
	Y	Z	X
	4.13	2.88	2.25

求样品平均分的标准误差：$SE = \sqrt{V_E / n} = \sqrt{1.29 \div 8} = 0.4$

查斯图登斯化范围表，求斯图登斯化范围 q，计算显著差异最小范围：$R_p = q \times$ 标准误差 SE

p	2	3
$q(14, 0.05)$	3.03	3.70
R_p	1.21	1.48

$$1 \text{ 位} - 3 \text{ 位} = 4.13 - 2.25 = 1.88 > 1.48(R_3)$$

$$1 \text{ 位} - 2 \text{ 位} = 4.13 - 2.88 = 1.25 > 1.21(R_2)$$

即 1 位（Y）和 2、3 位（Z、X）之间有显著差异。

$$2 \text{ 位} - 3 \text{ 位} = 2.88 - 2.25 = 0.63 < 1.21(R_2)$$

即 2 位（Z）和 3 位（X）之间无显著差异。

故对显著水平 $\alpha = 0.05$，产品 Y 和产品 X、Z 比较有显著差异，产品 Y 明显不好。

知识点四 成对比较法

一、成对比较法概述

1. 方法特点

当试样数 n 很大时，一次把所有的试样进行比较是困难的。此时，一般采用将 n 个试样 2 个一组、2 个一组地加以比较，根据其结果，最后对整体进行综合性的相对评价，判断整体的优劣，从而得出数个样品相对结果的评价方法，这种方法称为成对比较法。

本法的优点很多，如在顺序法中出现样品的制备及试验实施过程中的困难等大部分都可以得到解决，并且在试验时间上，长达数天进行也无妨。因此，本法是应用最广泛的方法之一。如舍菲（Scheffe）成对比较法，其特点是不仅回答了两个试样中"喜欢哪个"，即排列两个试样的顺序，而且还要按设定的评价基准回答"喜欢到何种程度"，即评价试样之间的差别程度（相对差）。

成对比较法可分为定向成对比较法（2 选项必选法）和差别成对比较法（简单差别检验或异同检验）。二者在适用条件及样品呈送顺序等方面都存在一定差别。

2. 问答表设计与做法

设计问答表（票）时，首先应根据检验目的和样品特性确定是采用定向成对法比较还是差别成对比较法。由于该方法主要是在样品两两比较时用于评价两个样品是否存在差异，故问答表应便于评价员表述样品间的差异，最好能将差异的程度尽可能准确地表达出来，同时还要尽量简洁明了。可参考表 4-29 所给的形式。

表 4-29 成对比较法问答表参考形式

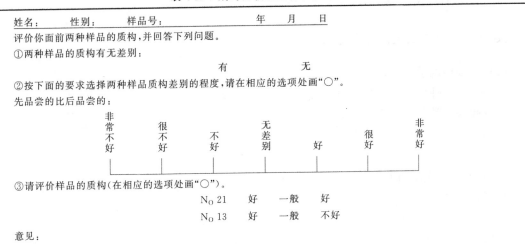

定向成对比较法用于确定两个样品在某一特定方面是否存在差异，如甜度、色彩等。对试验实施人要求：将两个样品同时呈送给评价员，要求评价员识别出某一指标感官属性程度较高的样品。样品有两种可能的呈送顺序（AB，BA），这些顺序应在评价员间随机处理，评价员先收到样品 A 或样品 B 的概率应相等；感官专业人员必须保证两个样品只在单一的、指定的感官方面有所不同。此点应特别注意，一个参数的改变会影响产品的许多其他感官特性。例如，在蛋糕生产中将糖的含量改变后，不只影响甜度，也会影响蛋糕的质地和颜色。对评价员的要求：必须准确理解感官专业人员所指的特定属性的含义，应在识别指定的感官属性方面受过训练。

差别成对比较法的使用条件：没有指定可能存在差异的方面，试验者想要确定两种样品的不同。该方法类似于三点检验或二-三点检验，但不经常采用。当产品有一个延迟效应或是供应不足以及 3 个样品同时呈送不可行时，最好采用它来代替三点检验或二-三点检验。对实施人员的要求：同时被呈送两个样品，要求回答样品是相同还是不同。差别成对比较法有 4 种可能的样品呈送顺序（AA，AB，BA，BB）。这些顺序应在评价员中交叉进行、随机处理，每种顺序出现的次数相同。对评价员的要求：只需比较两个样品，判断它们是相似还是不同。

3．结果分析与判断

和评分法相似，成对比较法在进行结果分析与判断前，首先要将问答票的评价结果按选定的标度类型转换成相应的数值。以上述问答票的评价结果为例，可按 $-3 \sim 3$（7 级）等值尺度转换成相应的数值，非常好 $=3$；很好 $=2$；好 $=1$；无差别 $=0$；不好 $=-1$；很不好 $=-2$；非常不好 $=-3$。当然，也可以用十分制或百分制等其他尺度。然后通过相应的统计分析和检验方法来判断样品间的差异性。下面结合例子来介绍这种方法的结果分析与判断。

二、成对比较法实例

实例　植物油工艺产品质量比较

（1）植物油的感官标准

① 气味　每种食用油均有其特有的气味，这是油料作物所固有的，如豆油有豆味、菜油有菜籽味等。油的气味正常与否，可以说明油料的质量、油的加工技术及保管条件等的好坏。植物油食品安全国家标准要求食用油不应有焦臭、酸败或其他异味。检验方法是将食用油加热至 50℃，用鼻子闻其挥发出来的气味，以此决定食用油的质量。

② 滋味　滋味是指通过嘴品尝得到的味感。除小磨麻油带有特有的芝麻香味外，一般食用油多无任何滋味。油脂滋味有异感，说明油料质量、加工方法、包装和保管条件等不良。新鲜度较差的食用油，可能带有不同程度的酸败味。

③ 色泽　各种食用油由于加工方法、消费习惯和标准要求的不同，其色泽有深有浅。如油料加工中，色素溶入油脂中，则油的色泽加深；如油料经蒸炒或热压生产出的油，常比冷压生产出的油色泽深。检验方法是，取少量油放在 50mL 比色管中，在白色幕前借反射光观察试样的颜色。

④ 透明度　质量好的液体状态油脂，在 20℃静置 24h 后，应呈透明状。如果油质浑浊，透明度低，说明油中水分、黏蛋白和磷脂多，加工精炼程度差；有时油脂变质后，形成的高熔点物质，也能引起油脂的浑浊，透明度低；掺了假的油脂，也有浑浊和透明

度差的现象。

⑤ 沉淀物 食用植物油在 20℃ 以下，静置 20h 以后所能下沉的物质，称为沉淀物。油脂的质量越高，沉淀物越少。沉淀物少，说明油脂加工精炼程度高，包装质量好。

各种油品具有特殊的气味、滋味，由气味、滋味可以说明油品的纯净程度或新陈程度，一般纯净无掺杂或新鲜油品，都具有自身固有的气味和滋味，无异味。如菜籽油具有辛辣味，芝麻油具有香味，大豆油具有豆腥味。反之，若油品没有其固有的气味，甚至带有酸味、苦涩味、腐臭味，说明油脂存放过久已酸败变质。若有矿物油掺混，还可以嗅到矿物油味。油脂碱炼过程水洗工艺控制不当，还会出现肥皂味等。现在大家关注的"回收油、地沟油"就有可能具有较重的辣味或其他异味。对"回收油、地沟油"现介绍一种简单的鉴别方法：由于"回收油、地沟油"混有动物油脂，在气温较低的情况容易浑浊，甚至结晶，可用透明玻璃杯，装约 50mL 油，在冰箱冷藏室放置 2～3h，观察是否浑浊或结晶，来简易判断是否是"回收油"或"地沟油"。

(2) 植物油成对比较结果分析 为了比较用不同工艺生产的 3 种 (n) 油脂的好坏，由 22 名 (m) 评价员按问答表的要求，用 -3～$+3$ 的 7 个等级对样品的各种组合进行评分。其中 11 名评价员是按 A→B、A→C、B→C 的顺序进行评判，其余 11 名是按 B→A、C→A、C→B 的顺序进行评判，分组及样品呈送是随机进行的，结果列于表 4-30 和表 4-31，请对它们进行分析。

表 4-30　第一组 11 名评价员

样品	1	2	3	4	5	6	7	8	9	10	11
(A,B)	1	1	3	1	-1	-2	1	-1	2	0	
(A,C)	2	-2	0	0	-2	-1	0	1	-1	-1	-1
(B,C)	1	-1	-3	2	1	-1	-2	-2	-1	-1	-1

表 4-31　第二组 11 名评价员

样品	1	2	3	4	5	6	7	8	9	10	11
(B,A)	-1	1	3	1	0	-1	-1	1	-1	3	0
(C,A)	2	2	2	0	2	3	0	1	1	2	1
(C,B)	1	-2	3	2	2	-1	-2	-1	-1	2	3

① 整理试验数据（表 4-32），求总分、嗜好度 $\hat{\mu}_{ij}$、平均嗜好度 $\hat{\pi}_{ij}$ 和顺序效果 δ_{ij}。

表 4-32　试验数据整理

样品	-3	-2	-1	0	1	2	3	总分	$\hat{\mu}_{ij}$	$\hat{\pi}_{ij}$
(A,B)			2	1	5		1	6	0.545	0.045
(B,A)		1	4	2	3	1	1	5	0.455	
(A,C)			3	1	1			-5	-0.455	-0.955
(C,A)		2	4	2	3	5	1	16	1.455	
(B,C)		2	5		2	1		-8	-0.727	-0.636
(C,B)	1	3		1	1	3	2	6	0.545	
合计	1	7	18	8	15	11	6			

其中，总分 $=(-2) \times 1+(-1) \times 2+0 \times 1+1 \times 5+2 \times 1+3 \times 1=6$

$$\hat{\mu}_{ij}=总分/得分个数=6 \div 11=0.545$$

$$\hat{\pi}_{ij}=\frac{1}{2}(\hat{\mu}_{ij}-\hat{\mu}_{ji})=\frac{1}{2}(0.545-0.455)=0.045$$

按照同样的方法计算其他各行的相应数据,并将计算结果列于上表。

② 求各试样的主效果 α_i

$$\alpha_A=\frac{1}{3}(\hat{\pi}_{AA}+\hat{\pi}_{AB}+\hat{\pi}_{AC})=\frac{1}{3}(0+0.045-0.955)=-0.303$$

$$\alpha_B=\frac{1}{3}(\hat{\pi}_{BA}+\hat{\pi}_{BB}+\hat{\pi}_{BC})=\frac{1}{3}(-0.045+0-0.636)=-0.227$$

$$\alpha_C=\frac{1}{3}(\hat{\pi}_{CA}+\hat{\pi}_{CB}+\hat{\pi}_{CC})=\frac{1}{3}(0.955+0.636+0)=0.530$$

③ 求平方和

总平方和　　　$Q_T=3^2 \times (1+6)+2^2 \times (7+11)+1^2 \times (18+15)=168$

主效果产生的平方和 $Q_\alpha=$ 主效果平方和 $\times$ 样品数 $\times$ 评价员数

$$=(0.303^2+0.227^2+0.530^2) \times 3 \times 22=28.0$$

平均嗜好度产生的平方和　　　$Q_\pi=\sum \hat{\pi}_{ij}^2 \times 评价员数$

$$=(0.045^2+0.955^2+0.636^2) \times 22=29.0$$

离差平方和　　　　　$Q_r=Q_\pi-Q_\alpha=29.0-28.0=1.0$

平均效果　$Q_\mu=\sum \hat{\mu}_{ij} \times 评价员数的一半$

$$=[0.545^2+0.455^2+(-0.455)^2+1.455^2+(-0.727)^2+0.545^2] \times 11$$

$$=40.2$$

顺序效果　　　　　　$Q_\delta=Q_\mu-Q_\pi=40.2-29.0=11.2$

误差平方和　　　　$Q_E=Q_T-Q_\mu=168-40.2=127.8$

④ 求自由度 f

$$f_\alpha=n-1=3-1=2$$

$$f_r=\frac{1}{2}(n-1)(n-2)=\frac{1}{2} \times (3-1) \times (3-2)=1$$

$$f_\pi=\frac{1}{2}n(n-1)=\frac{1}{2} \times 3 \times (3-1)=3$$

$$f_\delta=\frac{1}{2}n(n-1)=\frac{1}{2} \times 3 \times (3-1)=3$$

$$f_\mu=n(n-1)=3 \times (3-1)=6$$

$$f_E=n(n-1)\left(\frac{m}{2}-1\right)=3 \times (3-1) \times (11-1)=60$$

$$f_T=n(n-1)\frac{m}{2}=3 \times (3-1) \times 11=66$$

⑤ 作方差分析表　见表4-33。

表 4-33　方差分析表

方差来源	平方和 Q	自由度 f	均方和 V	F_0	F
主效果 α	28.0	2	14.0	6.57	$F(2,60,0.01)=4.98$
离差 r	1.0	1	1.0	0.47	$F(1,60,0.05)=4.0$
平均嗜好度 π	29.0	3	3.7	1.74	$F(3,60,0.05)=2.76$
顺序效果 δ	11.2	3			
平均 μ	40.2	6	2.13		
误差 E	127.8	60			
合计 T	168	66			

F_0 的计算结果表明，对显著水平 $\alpha=0.01$，主效果有显著差异，离差和顺序效果无显著差异。即 A、B、C 之间的优劣明显，用主效果图足以表示（图 4-3）。

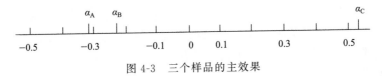

图 4-3　三个样品的主效果

⑥ 主效果差（$\alpha_i - \alpha_j$）　先求 $Y_{0.05}=q_{0.05}\sqrt{误差均方和/(评价员数×样品数)}$
其中 $q_{0.05}=3.40$（查附录，斯图登斯化范围 $n=3$，$f=60$），所以

$$Y_{0.05}=3.40\times\sqrt{\frac{2.13}{22\times3}}=0.611$$

$|\alpha_A-\alpha_B|=|-0.303+0.227|=0.076<Y_{0.05}$，故 A、B 之间无显著差异。
$|\alpha_A-\alpha_C|=|-0.303-0.530|=0.833<Y_{0.05}$，故 A、C 之间有显著差异。
$|\alpha_B-\alpha_C|=|-0.227-0.530|=0.757<Y_{0.05}$，故 B、C 之间有显著差异。
结论：对显著水平 $\alpha=0.05$，A 和 B 之间无差异，A 和 C、B 和 C 之间有显著差异。

知识点五　加权评分法

一、加权评分法概述

评分法没有考虑到食品各项指标的重要程度，从而对产品总的评定结果造成一定程度的偏差。事实上，对同一种食品，由于各项指标对其质量的影响程度不同，它们之间的关系不完全是平权的。因此，需要考虑它的权重。所谓加权评分法是考虑各项指标对质量的权重后求平均分数或总分的方法。加权评分法一般以 10 分或 100 分为满分进行评定。加权平均法比评分法更加客观、公正，因此可以对产品的质量做出更加准确的评定结果，如图 4-4。

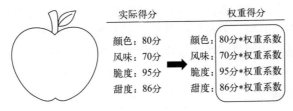

图 4-4　加权评分法示意图

1. 问答表设计与做法

(1) 权重的确定　权重是指一个因素在被评价因素中的影响和所处的地位。权重是表明各个评价指标（或者评价项目）重要性的权数，表示各个评价指标在总体中所起的不同作用。权重的确定是关系到加权评分法能否实施以及能否客观准确评价结果的关键。权重的确定一般是邀请业内人士根据被评价因素对总体评价结果影响的重要程度，采用德尔菲法进行赋权打分，经统计获得由各评价因素权重构成的权重集。德尔菲法又称为专家法，其特点在于集中专家的知识和经验，确定各指标的权重。该法主要根据专家对指标的重要性打分来定权，重要性得分越高，权数越大。

通常，要求权重集所有因素 a_i 的总和为 1，这称为归一化原则。

设权重集 A＝$\{a_1, a_2, \cdots, a_i\}$，$i＝1，2，\cdots，n$

$$\sum_{i=1}^{n} a_i = 1$$

工程技术行业采用常用的"0～4 评判法"确定每个因素的权重。一般步骤如下：

① 选择专家。这是很重要的一步，专家选得好不好将直接影响到结果的准确性。一般情况下，选本专业领域中既有实际工作经验又有较深理论修养的专家（8～10 名），并需征得专家本人的同意。

② 将权重的指标和有关资料以及统一的确定权重的规则发给选定的各位专家，请业内专家对每个因素两两进行重要性比较，根据相对重要性打分：很重要～很不重要，4～0 分；较重要～不很重要，打分 3～1 分；同样重要，打分 2 分。

③ 据此得到每个评委对各个因素所打分数表。然后统计所有人的打分，得到每个因素得分，再除以所有指标总分之和，便得到各因素的权重因子。

例如，为获得番茄的颜色、风味、口感、质地这 4 项指标对保藏后番茄感官质量影响的权重，邀请 10 位业内人士对上述 4 个因素按 0～4 评判法进行权重打分；统计 10 张表格各项因素的得分列于表 4-34。

表 4-34　番茄的权重打分统计

项目	A	B	C	D	E	F	G	H	I	J	总分
颜色	10	9	3	9	2	6	12	9	2	9	71
风味	5	4	10	5	10	6	5	6	9	8	68
口感	7	6	9	7	10	6	5	6	8	4	68
质地	2	5	2	3	2	6	2	3	5	3	33
合计	24	24	24	24	24	24	24	24	24	24	240

将各项因素所得总分除以全部因素总分之和便得权重系数：

$$X = [0.296, 0.283, 0.283, 0.138]$$

(2) 设计问答表　设计问答表前，不仅要确定样品的评价指标和每个指标的权重，还要确定样品的满分值。在检验前，要使评价员对每一个指标的评分点所代表的意义有共同的认识，样品的出示顺序可利用阿拉丁法随机排列。问答表的设计应和产品的特性及检验目的相结合。

2. 结果与分析判断

该方法的分析及判断方法比较简单，就是对各评定指标的评分进行加权处理后，求平均得分或求总分，最后根据得分情况来判断产品质量的优劣。加权处理及得分计算可按下式进行。

$$p = \sum_{i=1}^{n} a_i x_i = \sum_{i=1}^{n} \frac{m_i x_i}{f}$$

式中，p 表示总得分；a_i 表示各评价指标的权重，权重值为归一化处理后的数值；x_i 表示各评价指标得分；m_i 表示各指标的权重得分；f 表示评价指标的满分值，如采用百分制，则 $f=100$，如采用十分制，$f=10$。

评定茶叶的质量时，评定的指标如下：外形权重（20 分）、香气与滋味权重（60 分）、水色权重（10 分）、叶底权重（10 分）。评定标准为一级（91～100 分）、二级（81～90 分）、三级（71～80 分）、四级（61～70 分）、五级（51～60 分）。现有一批花茶，经评价员评价后各项指标的得分分别为：外形 83 分；香气与滋味 81 分；水色 82 分；叶底 80 分。问，该批花茶是几级茶？

解：该批花茶的总分为

$$p = \sum_{i=1}^{n} \frac{m_i x_i}{f} = \frac{20 \times 83 + 60 \times 81 + 10 \times 82 + 10 \times 80}{100} = 81.4（分）$$

根据前述的花茶等级评价标准，故该批花茶为二级茶。

二、加权评分法实例

实例 1　饼干的加权评分法

（1）产品介绍　饼干是以谷类粉（和/或豆类、薯类粉）等为主要原料，添加或不添加糖、油脂及其他原料，经调粉（或调浆）、成型、烘烤（或煎烤）等工艺制成的食品，以及熟制前或熟制后在产品之间（或表面、或内部）添加奶油、蛋白、可可、巧克力等的食品。根据加工工艺的不同分为酥性饼干、韧性饼干、发酵饼干、压缩饼干等。

（2）不同种类饼干的感官标准　不同种类饼干的感官标准见表 4-35。

表 4-35　常见种类饼干的感官标准

项目	形态	色泽	滋味与口感	组织	杂质
酥性饼干	外形完整，花纹清晰，厚薄基本均匀，不收缩，不变形，不起泡，不应有较大或较多的凹底。特殊加工品种表面或中间有可食颗粒存在	呈棕黄色或金黄色或该品种应有的色泽，色泽基本均匀，表面略带光泽，无白粉，不应有过焦、过白的现象	具有该品种应有的香味，无异味。口感酥松或松脆，不黏牙	断面结构呈多孔状，细密，无大的孔洞	无油污、无不可食用杂质
韧性饼干	外形完整，花纹清晰或无花纹，一般有针孔，厚薄基本均匀，不收缩，不变形，无裂痕，可以有均匀泡点，不应有较大或较多的凹底。特殊加工品种表面或中间允许有可食颗粒存在（如椰蓉、芝麻、白砂糖、巧克力、燕麦等）	呈棕黄色、金黄色或品种应有的色泽，色泽基本均匀，表面有洶涌，无白粉，不应有过焦、过白的现象	具有品种应有的香味，无异味，口感松脆细腻，不黏牙	断面结构有层次或呈多孔状	无油污、无不可食用杂质

项目	形态	色泽	滋味与口感	组织	杂质
发酵饼干	外形完整,厚薄大致均匀,表面一般有较均匀的泡点,无裂缝,不收缩,不变形,不应有较大或较多的凹底。特殊加工品种表面允许有工艺要求添加的原料颗粒(如果仁、芝麻、白砂糖、食盐、巧克力、椰丝、蔬菜等)	呈浅黄色、谷黄色或品种应有的色泽,饼边及泡点允许褐黄色,色泽基本均匀,表面略有汹涌,无白粉,不应有过焦的现象	咸味或甜味适中,具有发酵制品应有的香味及品种特有的香味,无异味,口感酥松或松脆,不黏牙	断面结构有层次或呈多孔状	无油污、无不可食用杂质
曲奇饼干	外形完整,花纹或波纹清楚,同一造型大小基本均匀,饼体摊散适度,无连边。特殊加工品种表面允许有可食颗粒存在(如椰蓉、白砂糖、巧克力等)	表面呈金黄色、棕黄色或品种应有的色泽,色泽基本均匀,花纹与饼体边缘允许有较深的颜色,但不应有过焦,过白的现象。花色曲奇饼干允许有添加辅料的色泽	有明显的奶香味及品种特有的香味,无异味,口感酥松或松软	断面结构呈细密的多孔状,无较大孔洞。花色曲奇饼干应具有品种添加的颗粒	无油污、无不可食用杂质

(3) 饼干的感官评分标准 饼干的品质评定包括形态鉴别、色泽鉴别、滋味与口感鉴别、组织鉴别、杂质鉴别这五个部分。现将各部分评分标准说明如下,总分100分,其中形态15分、色泽15分、滋味与口感50分、组织10分、杂质10分。饼干样品的感官品质通过加权评分法进行测定,并将评价结果记录在饼干样品的品评结果表上,并根据评分结果划分饼干样品的质量等级。饼干的评分标准如表4-36所示。

表 4-36　饼干的感官评分标准

项目	好	较好	一般	差
形态	外形很完整,花纹非常清晰,很薄很均匀,不收缩,不变形,不起泡,凹底很少	外形较完整,花纹很清晰,厚薄基本均匀,收缩和变形少,气泡少,凹底很少	外形不太完整,花纹不太清晰,厚薄不太均匀,收缩变形多,起泡多,凹底多	外形不完整,花纹不清晰,厚薄不均匀,收缩和变形多,起泡非常多,凹底非常多
色泽	呈棕黄色或金黄色或应有色泽,色泽非常均匀,有光泽,无白粉,无过焦,过白现象	较好的棕黄色或金黄色或应有色泽,色泽基本均匀,光泽不明显,有非常少量的白粉,有很少过焦、过白现象	棕黄色或金黄色或应有色泽不明显,色泽不太均匀,光泽感差,有少量白粉、过白现象	棕黄色或金黄色或应有色泽很差,色泽不均匀,光泽感很差,有大量白粉,有大量过焦、过白现象
滋味与口感	香味强,无异味。口感松脆,不黏牙	香味较强,有轻微异味。口感较松脆,不黏牙	香味弱,有异味,口感不太松脆,有点黏牙	香味很弱,有很大异味,口感不松脆
组织	断面结构呈多孔状,细密,无孔洞	断面结构呈多孔状,较细密,孔洞小	断面结构呈多孔状,不细密,有大的孔洞	断面结构无多孔状
杂质	无油污、无不可食异物	有少量油污,有少量不可食异物	有较多油污、有较多不可食异物	油污和不可食异物非常多

饼干的质量等级评定标准见表 4-37。

表 4-37　饼干样品的质量等级评定标准

质量等级	分数
优	90～100
良	75～89
合格	60～74
差	＜60

(4) 饼干的感官评价结果表　饼干的感官评价结果表见表 4-38。

表 4-38　饼干样品的评价结果表

样品编号					
评价项目	形态	色泽	滋味与口感	组织	杂质
评价分数					
总分					
品质评价 （差、合格、良、优）					

实例 2　海绵蛋糕的加权评分法

(1) 蛋糕产品介绍　蛋糕是以鸡蛋、糖、面粉和油脂等为主要原料，通过机械搅拌作用和膨松剂的化学作用而制得的松软可口的烘焙制品。蛋糕的种类有很多，根据材料和做法的不同，比较常见的可以分为以下几类：海绵蛋糕、戚风蛋糕、天使蛋糕、重油蛋糕、奶酪蛋糕、慕斯蛋糕。

海绵蛋糕是一种乳沫类蛋糕，主体是鸡蛋、糖搅打出来的泡沫和面粉结合而成的网状结构。因为海绵蛋糕的内部组织有很多圆洞，类似海绵一样，所以叫海绵蛋糕。海绵蛋糕的质量标准：表面呈金黄色，内部呈乳黄色，色泽均匀一致，糕体较轻，顶部平坦或略微凸起，组织细密均匀，无大气孔，柔软而有弹性，内无生心，口感不黏不干，轻微湿润，蛋味、甜味相对适中。

(2) 感官评价内容及评分标准　海绵蛋糕的感官评价包括蛋糕外观的感官评价和蛋糕内质感官评价。海绵蛋糕外观感官评价主要是对比容、外表形状、表皮、均匀程度等方面进行鉴别。海绵蛋糕内质感官评价主要是对颗粒、心部结构、内部色泽、香气、口感等方面进行鉴别，将评价结果记录在蛋糕样品的品评结果表上，总分为 100 分，其中比容鉴别占 15 分，外表形状鉴别占 10 分，表皮鉴别占 5 分，均匀程度鉴别占 5 分，颗粒鉴别占 15 分，心部结构鉴别占 5 分，内部色泽占 10 分，香气占 15 分，口感占 20 分。并根据评分结果划分海绵蛋糕样品的质量等级。海绵蛋糕感官评分标准见表 4-39 和表 4-40，蛋糕样品的质量尺度见表 4-41。

表 4-39　蛋糕比容评分标准

比容/(mL/g)	评分	比容/(mL/g)	评分	比容/(mL/g)	评分	比容/(mL/g)	评分
2.5	3	2.7	4	2.9	5	3.1	6
2.6	4	2.8	5	3.0	6	3.2	7

续表

比容/(mL/g)	评分	比容/(mL/g)	评分	比容/(mL/g)	评分	比容/(mL/g)	评分
3.3	7	4.0	11	4.7	14	5.4	12
3.4	8	4.1	11	4.8	15	5.5	12
3.5	8	4.2	12	4.9	14	5.6	11
3.6	9	4.3	12	5.0	14	5.7	11
3.7	9	4.4	13	5.1	13	5.8	10
3.8	10	4.5	13	5.2	13	5.9	9
3.9	10	4.6	14	5.3	12	6.0	9

注：蛋糕比容=蛋糕体积（mL）/蛋糕质量（g）。

表 4-40 蛋糕其他指标的评分标准

指标	评分标准	评分
外表形状	饱满,挺立,正常隆起,不开裂	10
	饱满,挺立,比正常隆起稍低或稍高,不开裂	8～9
	平坦微有收缩变形,挺立度尚可或比正常隆起稍高	6～7
	稍有凹陷和稍有收缩变形或开裂较大	4～5
	中等凹陷或中等收缩变形或开裂很大	2～3
	有明显凹陷或者严重收缩变形	0～1
表皮	有光泽,细腻,无褶皱	5
	无光泽,细腻,无褶皱	4
	无光泽,比较粗糙,稍有褶皱	3
	颜色发暗,粗糙,稍有褶皱	2
	颜色发暗,粗糙,褶皱明显	1
	颜色暗黑,非常粗糙,褶皱明显	0
均匀程度	均匀,无斑点,无孔洞	5
	均匀,无斑点,无明显孔洞	4
	基本均匀,无斑点,无明显孔洞	3
	基本均匀,对称度稍差,有孔洞	2
	均匀度差,但基本成型	1
	均匀度差,无对称度	0
颗粒	颗粒细小且均匀	14～15
	颗粒较小,均匀度尚可	12～13
	颗粒较小,有少量孔洞	10～11
	颗粒较粗,有少量孔洞	7～9
	颗粒粗糙,有孔洞	4～6
	颗粒粗糙,孔洞很多	0～3
心部结构	孔泡细密、均匀,孔壁薄	5
	孔泡细密、均匀,孔壁稍厚	4
	孔泡基本细密、略有不均匀,孔壁稍厚	3

指标	评分标准	评分
心部结构	孔泡稍粗、基本均匀,孔壁稍厚	2
	孔泡粗细不均匀较明显,孔壁稍厚,或孔泡很粗	1
	孔泡粗细明显不均匀或致密,孔壁厚	0
内部色泽	色泽均匀	10
	色泽基本均匀	8~9
	有轻微色差,不明显	6~7
	有一定色差	4~5
	有明显色差	2~3
	有明显色差,且发暗	0~1
香气	焙烤香纯正,甜香怡人	14~15
	焙烤香基本纯正,有甜香	12~13
	有焙烤香,甜香味比较淡	10~11
	焙烤香不明显,有轻微异味	7~9
	焙烤香不明显,有异味	4~6
	无焙烤香,异味严重	0~3
口感	绵软、细腻	19~20
	尚绵软、略有坚实或粗糙感	17~18
	绵软但略有坚韧感	14~16
	绵软性稍差,坚实、坚韧、粗糙感较明显或柔软而略有松散发干感或有黏牙感	11~13
	绵软性差,有明显坚实、坚韧、粗糙感或柔软而松散发干感较明显	7~10
	柔软但很松散发干	3~6

表 4-41 蛋糕样品的质量尺度

质量等级	分数
优	90~100
良	75~89
合格	60~74
差	<60

（3）蛋糕的感官评价问答表 蛋糕样品的评价问答表见表 4-42。

表 4-42 蛋糕样品的评价问答表

样品编号				
外观评价项目	比容	外表形状	表皮	均匀程度
评价价数				
内质评价项目	颗粒	心部结构	内部色泽	香气	口感
评价分数				
总分				

实例 3　面包的加权评分法

（1）产品介绍　面包以小麦粉、酵母、食盐、水为主要原料，加入适量辅料，经搅拌面团、发酵、整型、醒发、烘烤或油炸等工艺制成的松软多孔的食品，以及烤制成熟前或后在面包坯表面或内部添加奶油、人造黄油、蛋白、可可、果酱等制品。按面包产品的物理性质和食用口感分为软式面包、硬式面包、起酥面包、调理面包和其他面包五类，其中调理面包又分为热加工和冷加工两类。软式面包为组织松软、气孔均匀的面包。硬式面包为表皮硬脆、有裂纹，内部组织柔软的面包。起酥面包为层次清晰、口感酥松的面包。调理面包为烤制成熟前或后在面包坯表面或内部添加奶油、人造黄油、蛋白、可可、果酱等的面包，不包括加入新鲜水果、蔬菜以及肉制品。

（2）不同种类面包的感官标准　不同种类面包的感官评价标准见表 4-43。

表 4-43　不同种类面包的感官要求

项目	软式面包	硬式面包	起酥面包	调理面包	其他面包
形态	完整，丰满，无黑泡或明显焦斑，形状应与品种造型相符	表皮有裂口，完整，丰满，无黑泡或明显焦斑，形状应与品种造型相符	丰满，多层，无黑泡或明显焦斑，光洁，形状应与品种造型相符	完整，丰满，无黑泡或明显焦斑，形状应与品种造型相符	符合产品应有的形态
色泽	金黄色、淡棕色或棕灰色，色泽均匀、正常				
组织	细腻，有弹性，气孔均匀，纹理清晰，呈海绵状，切片后不断裂	紧密，有弹性	弹性，多孔，纹理清晰，层次分明	细腻，有弹性，气孔均匀，纹理清晰，呈海绵状	符合产品应有的组织
滋味口感	具有发酵和烘烤后的面包香味，松软适口，无异味	耐咀嚼，无异味	表皮酥脆，内质松软，口感酥香，无异味	具有品种应有的滋味与口感，无异味	符合产品应有的滋味与口感，无异味
杂质	正常视力无可见的外来异物				

（3）面包的感官评价标准和评价结果表　把面包的感官品质分为外部和内部两个部分来评定，外部评价占 30%，包括体积、表皮颜色、外表式样、焙烤均匀程度、表皮质地等五个部分。内部评价占 70%，包括颗粒和气孔、内部颜色、香味、滋味、组织结构等五个部分。对面包的感官品质通过加权评分法进行测定，并将评价结果记录在面包样品的评价问答表上，总分为 100 分。内外两部分各细则评分的办法说明如表 4-44 所示，并根据评分结果划分面包样品的质量等级，面包样品的质量等级评价标准如表 4-45 所示。评价问答表见表 4-46。

表 4-44　面包的评价标准和细则

评价项目		评分细则(扣分事项)	评分
外观评价	体积	1. 太大；2. 太小	10
	表皮颜色	1. 不均匀；2. 太浅；3. 有皱纹；4. 太深；5. 有斑点；6. 有条纹；7. 无光泽	8
	外表式样	1. 中间低；2. 一边低；3. 两边低；4. 不对称；5. 顶部过于平坦；6. 收缩变形	5
	焙烤均匀程度	1. 四周颜色太浅；2. 四周颜色太深；3. 底部颜色太浅；4. 有斑点	4
	表皮质地	1. 太厚；2. 粗糙；3. 太硬；4. 太脆；5. 其他	3
外观得分			30

评价项目		评分细则(扣分事项)	评分
内质评价	颗粒和气孔	1. 粗糙;2. 气孔大;3. 壁厚;4. 不均匀;5. 孔洞多	15
	内部颜色	1. 色泽不白;2. 太深;3. 无光泽	10
	香味	1. 酸味大;2. 陈腐味;3. 生面味;4. 香味不足;5. 怪味	10
	滋味	1. 口味平淡;2. 太咸;3. 太甜;4. 太酸;5. 发黏	20
	组织结构	1. 粗糙;2. 太紧;3. 太松;4. 破碎;5. 气孔多;6. 孔洞大;7. 弹性差	15
		内部得分	70
		总得分	100

表 4-45 面包样品的质量等级评定标准

质量等级	分数
优	90～100
良	75～89
合格	60～74
差	<60

表 4-46 面包样品的评价问答表

样品编号					
外观评价项目	体积	表皮颜色	外表式样	焙烤均匀程度	表皮质地
评价价数					
内质评价项目	颗粒和气孔	内部颜色	香味	滋味	组织结构
评价分数					
总分					
品质评价 (差、合格、良、优)					

拓展阅读

模糊数学法简介

鉴定食品质量好坏,除了要检验该食品的物理指标、化学指标、微生物指标外,食品感官指标(色、香、味、形态等)的高低也十分重要,特别是作为商品性质的食品。感官质量评价的方法从简单的文字描述发展到对样品各指标进行综合评分计算,这就使人们对食品的感觉由粗略的估计发展到较为精密的数值计算,从而使食品感官质量的好坏有了一个较为科学的比较依据。对于食品感官指标的综合评分,历来是采用传统的"加权评分法"(简称"权法")。20 世纪 60 年代产生了"模糊数学",80 年代中期,我国学者将模糊数学应用于评价食品感官质量,由此产生了一种新的"模糊数学综合评判法"。此法有计算方便且在评分离散度大时能排除感情因素等优点,因而在食品感官鉴定中应用日趋增多,而且有部分取代"加权评分法"的趋势。对于这两种方法的利弊,科研人员目前尚有不同看法,因而在实际应用时未能有统一的结论。

思考题

1. 什么是排序检验法？简单说明其优点。
2. 排序检验法的用途有哪些？
3. 排序检验法的技术有哪些要点？
4. 分类试验法的概念及特点分别是什么？
5. 如何分析分类试验的结果？
6. 评分法有什么特点？适用范围是什么？
7. 评分法操作的注意事项是什么？
8. 什么是成对比较法？成对比较法有几种分类？
9. 成对比较法的注意事项有哪些？
10. 加权评分法中各权重是如何分配的？

技能训练一　两种干红葡萄酒评分

【目的】

1. 学习运用评分法对一种或多种产品的一个或多个感官指标的强度进行区别。

2. 结合干红葡萄酒的感官质量标准，掌握评分法对干红葡萄酒进行质量感官鉴别的基本原理和实验方法。

【原理】

评分法是按预先设定的评价标准，对试样的品质特征或嗜好程度以数字标度进行评价，然后换算成得分的一种方法。所使用的数字标度可以是等距标度或比率标度，所得评分结果属于绝对性判断，增加评价员人数，可以克服评分粗糙的现象。

评分实验时，首先应确定所使用的标度类型，其次要使评价员对每个评分点所代表的意义有共同的认识。样品随机排列，评价员以自身尺度为基准，对产品进行评价。评价结果按选定的标度类型转换为相应的数值，然后通过相应的统计方法和检验方法来判断样品间的差异性。

【样品及器材】

干红葡萄酒：两个品种。红酒品评杯。每人一个盛水杯和一个吐液杯。

【步骤】

1. 评价前由主持者宣布干红葡萄酒的感官指标和计分方法，使每个评价员掌握统一的评价标准和计分方法，并讲解评酒要求，见表 4-47。

表 4-47　干红葡萄酒感官指标

项目		要求
外观	色泽	紫红、深红、宝石红、红微带棕色、棕红色
	澄清程度	澄清，有光泽，无明显悬浮物（使用软木塞封口的酒允许有少量软木渣，装瓶超过1年的葡萄酒允许有少量沉淀）
香气与滋味	香气	具有纯正、优雅、怡悦、和谐的果香和酒香，陈酿型的葡萄酒还应具有陈酿香气或橡木香
	滋味	具有纯正、优雅、爽怡的口味和悦人的果香味，酒体丰满

2. 葡萄酒样品以随机数编号，注入品酒杯中，分发给评价员，每次不超过 5 个样品。

3. 评价员独立品评并做好记录，打分标准见表 4-48，数据记录见表 4-49。

表 4-48　记分方式

项目	评分标准
色泽	1. 符合感官指标要求得 20 分 2. 较要求色泽略浅或略深,酌情扣 1~4 分 3. 颜色完全不符合感官指标要求,扣 6 分
澄清程度	1. 符合感官指标要求得 10 分 2. 凡有浑浊、沉淀、带异味,有悬浮物等酌情扣 1~4 分 3. 有恶性沉淀或悬浮物,扣 6 分
香气	1. 符合感官指标要求得 10 分 2. 凡香气不足、香气欠纯正,带有异香等酌情扣 1~4 分 3. 香气不协调且邪杂气重,扣 6 分
滋味	1. 符合感官指标要求得 10 分 2. 口味欠爽怡,果香味欠佳,有辛辣感、酒体单薄等酌情扣 1~4 分 3. 酒体不协调、辛辣感强且杂味重,扣 6 分

表 4-49　葡萄酒品评记分

评价员：　　　　　　评价日期：　　　年　　　月　　　日

编号	×××	×××	×××	×××	×××
色泽					
澄清程度					
香气					
滋味					
合计					
评语					

【结果与分析】

1. 用方差分析法分析样品间差异。

2. 用方差分析法分析评价员之间的差异。

技能训练二　苏打饼干的排序

【目的】

1. 学会使用排序法对食品进行感官分析。

2. 运用排序法对饼干进行偏爱程度的检验。

【原理】

排序实验是比较数个样品，按指定特性的强度或嗜好程度对样品进行排序的检验方法。

按其形式可以分为：

① 按某种特性（如甜度、黏度）的强度递增顺序；

② 按质量顺序（如竞争食品的比较）；

③ 赫道尼科顺序（如喜欢/不喜欢）。

该法只排出样品的次序，不评价样品间差异的大小。

具体来讲，就是以均衡随机的顺序将样品呈送给评价员，要求评价员就指定指标将样品进行排序，计算序列和，然后利用 Friedman 法等对数据进行统计分析。

排序实验的优点在于可以同时比较两个以上的样品，但是对于样品品种较多或样品之间差别很小时，就难以进行。通常在样品需要为下一步的实验预筛或预分类的时候，可应用此方法。排序实验中的评判情况取决于鉴定者的感官分辨能力和有关食品方面的性质。

【样品及器材】

预备足够量的碟、样品托盘，提供 5 种同类型饼干样品。

【步骤】

1. 实验分组

每 10 人一组，每组选出一个小组长，轮流进入实验区。

2. 样品编号

备样员给每个样品编出三位数的代码，每个样品给出 3 个编码，作为 3 次重复检验之用。随机数码取自随机数表。编码实例及供样顺序方案见表 4-50 和表 4-51。

表 4-50　样品编码

样品名称：	日期：　年　月　日		
样品	重复检验编号		
	1	2	3
A	463	973	434
B	995	607	227
C	067	635	247
D	695	654	490
E	681	695	343

表 4-51　供样顺序

检验员	供样顺序	第 1 次检验时号码顺序
1	CAEDB	067 463 681 695 995
2	ACBED	463 067 995 681 695
3	EABDC	681 463 995 695 067
4	BAEDC	995 463 681 695 067
5	EDCAB	681 695 067 463 995
6	DEACB	695 681 463 067 995
7	DCABE	695 067 463 995 681
8	ABDEC	463 995 695 681 067
9	CDBAE	067 695 995 463 681
10	EBACD	681 995 463 067 695

在做第 2 次重复检验时，供样顺序不变，样品编码改用上表中第二次检验编码，其余类推。检验员每人都有一张单独的登记表，见表 4-52。

表 4-52　登记表

样品名称：　检验日期：　　年　　月　　日
检验员：
检验内容：

请仔细品评您面前的 5 个饼干样品，并根据它们的入口酥化程度、甜脆性、香气、综合口感以及外形、颜色等综合指标给它们排序，最好的排在左边第 1 位，以此类推，最差的排在右边最后一位，将样品编号填入对应横线上。

样品排序　（最好）1　　　2　　　3　　　4　　　5（最差）

样品编号　　＿＿＿＿　＿＿＿＿　＿＿＿＿　＿＿＿＿　＿＿＿＿

【结果与分析】

1. 以小组为单位，统计检验结果。
2. 用 Friedman 检验法和 Page 检验对 5 个样品之间是否有差异做出判断。
3. 用多重比较分组法和 Kramer 法对样品进行分组。
4. 每人分析自己检验结果的重复性。

技能训练三　茶叶评定

【目的】

1. 通过感官评价，采用加权评分法，分析红茶、绿茶的等级。
2. 学会辨别茶叶的香气和滋味。

【原理】

不同茶叶冲泡前的形态和冲泡后茶汤的色泽、滋味都是不同的，通过茶叶的感官评定，学习不同茶叶的差别，掌握区分差别的方法。

【样品及器材】

红茶、绿茶，茶杯。

【步骤】

评定茶叶的质量时，以外形权重 20 分、香气权重 10 分、滋味权重 50 分、汤色权重 10 分、叶底权重 10 分作为评定的指标。评定标准为一级 91～100 分、二级 81～90 分、三级 71～80 分、四级 61～70 分、五级 51～60 分，见表 4-53。

表 4-53　茶叶感官评价标准和权重

项目	标准	权重
外观	色泽均匀带油光	20
	条索越紧结越好	
	芽尖多者表示茶身心细嫩者多，掺杂物少	
汤色	透明，少量沉淀	10
香气	各种茶的香气愈明显愈好，香气留香愈久者愈佳，若有焦味、霉味、烟味甚至油等异味者为下品	10
滋味	茶汤入口，茶味圆滑干润，醇厚者为佳，反之苦涩味重、味淡者为下品。茶汤入口，有青草味、陈茶味或其他杂味者为下品	50

续表

项目	标准	权重
叶底（茶渣）	展开速度稍慢者为佳，因为老茶叶的条索的揉捻度较松，自然展开速度较快。新制茶叶的叶底颜色鲜明澄清； 陈茶茶叶的叶底则呈黄褐色或暗褐色。 幼嫩鲜叶的叶底形状完整，老旧叶的叶底则多断碎。 春茶一般比夏茶厚，表示茶质丰富	10

【结果与分析】

结果填入表 4-54。

表 4-54　茶叶感官评分及等级评定

评分项目	外观	汤色	香气	滋味	叶底（茶渣）	总分	茶叶等级
红茶							
权重得分							
绿茶							
权重得分							

项目五
分析或描述试验

👁 知识目标

1. 了解简单描述试验和定量描述试验的方法特点。
2. 掌握问答表的设计方法。
3. 熟悉描述食品品质特性的专有名词。

💡 能力目标

1. 掌握简单描述试验和定量描述试验的分析方法。
2. 能够利用 QDA 图描述食品的感官特性。

🎯 素养目标

1. 培养理论联系实际的能力。
2. 培养科学地思考问题，严谨的思维。

　　分析或描述试验是由一组合格的感官评价人员对产品提供定性、定量描述的感官检验方法。它是一种全面的感官评价方法，当评价食品的时候要考虑所有能被感知的感觉——视觉、听觉、嗅觉、触觉等。其是根据感官所能感知到的食品的各项感官特征，用专业术语形成对产品的客观描述。分析或描述试验可用于一个或多个样品，以便同时定性和定量地表示一个或多个感官指标。例如，外观、嗅闻的气味特征、口中的风味特征（味觉、嗅觉及口腔的冷、热、收敛等知觉和余味）、组织特性和几何特性等。因此该试验对评价员的要求比较高，要求评价员除了具备描述食品品质特性和次序的能力外，还要求具备描述食品品质特性专有名词的定义与其在食品中的实质含义的能力，以及对食品的总体印象、总体风味强度和总体差异的分析能力。分析或描述试验的评价员一般都是该领域的技术专家，或是该领域的优选评价员，并且具有较高的文学造诣，对语言的含义有正确的理解和恰当使用的能力。

　　分析或描述试验是感官科学家经常使用的工具。根据这些感官方法，感官科学家能够获得关于产品完整的感官描述，从而帮助他们鉴定产品基本成分和生产过程的变化，以及决定哪个感官特征比较重要或者可以接受。当要获得一个产品的详细感官特征或者要对产品进行比较的时候，分析或描述试验通常是非常有用的。通过分析或描述试验可以得到产品外观、风味、口感和质地等方面详细的信息，总的来说，该研究方法可应用在以下几个方面：确定新产品的开发；确定产品质量控制标准；给消费者试验确定需要进行评价的产品感官特性，帮助设计问卷，并有助于试验结果的解释；对贮存期间的产品进行跟踪评价，有助于产品货架期和包装材料的研究；测定某些感官性质的强度在短时间内的变化情况；将通过分析或描述试验获得的产品性质和用仪器测定得到的化学、物理性质进行比较。分析或描述试验的有效性和可靠性取决于：第一，恰当选择词汇，一定做到对风味、质地、外观等感官特性产生的原理有全面的理解，正确选择进行描述的词汇；第二，对感官评价人员进行全面且系统的培训，使评价人员对所用描述性词汇的理解和应用是一致的；第三，合理使用参照词汇表，保证试验的一致性。

知识点一　简单描述试验法

一、简单描述试验法概述

1. 方法特点

要求评价员对构成食品的特征的某个指标或者各个指标进行定性描述，尽量完整地描述出样品品质的检验方法称为简单描述试验，具体还可分为风味描述和质地描述法。简单描述试验可用于识别或描述某一特殊样品或许多样品的特殊指标，或将感觉到的特性指标建立一个序列。其常用于质量控制、产品在贮存期的变化或描述已经确定的差异检验，也可用于培训评价员。描述的方式通常有自由式描述和界定式描述。前者由评价员自由选择自己认为合适的词汇，对样品的特性进行描述；后者则是首先提供指标检查表，或是评价某类产品时的一组专用术语，由评价员选用其中合适的指标或术语对产品的特性进行描述。对不同产品的定性描述包括以下几方面：

① 外观特征：颜色（色调、浓度、均匀度、深度）；表面质地（光泽、光滑度/粗糙度）；大小和形状（尺寸和几何特征）；颗粒间的相互作用（黏性、结块、松散）。

② 芳香特征：嗅觉（芳香、果味、花香味、臭味）；鼻腔感觉（清凉、辛辣）。

③ 风味特征：嗅觉（香草味、果味、花香味、巧克力味、腐臭味）；味觉（咸、甜、酸、苦）；口腔感觉（热、凉、辣、涩）。

④ 口感质地特征：机械属性（产品对压力的反应，包括硬度、黏度、变形、破裂）；几何属性（大小、形状和产品中颗粒的位置，包括沙砾的、粒状的、薄片的、纤维的）；脂肪/湿润属性（脂肪、油或水的存在、释放和吸收，包括油滑的、多脂的、多汁的、潮湿的）。

⑤ 皮肤感觉特征：机械参数，产品对应力的反应（稠度、易于扩散、滑溜、密度）；几何参数，例如，使用后产品中或皮肤上粒子的大小、形状和定向（沙粒质的、泡沫状、片状的）；脂肪/水分参数，例如，脂肪、油和水的存在和吸收（油脂状的、油状的、干燥、潮湿）；外观参数，在产品使用期间视觉的变化（表面光滑、发白、耸起）。

描述试验对评价员的要求较高，他们一般都是该领域的技术专家，或是该领域的优选评价员，并且具有较高的文学造诣，对语言的含义有正确的理解和恰当使用的能力。欲使感官评价人员能够用精确的语言对风味进行描述，经过一定的训练是非常必要的。训练的目的就是要使所有的感官评价人员都能使用相同的概念，并且能够与其他人进行准确的交流，采用约定成俗的科学语言，即所谓"行话"，把这种概念清楚地表达出来。而普通消费者用来描述感官特性的语言，大多采用日常用语或大众用语，并且带有较多的感情色彩，因而总是不太精确和特定。它们之间的区别见表 5-1，表中的用语还十分有限，不能限定评价员使用更丰富的语言去描述样品，仅可作为一种参考。

表 5-1 质地感官评定用术语和大众用语对比表

质地类别	主用语	副用语	大众用语
机械性用语	硬度		软、韧、硬
	凝结度	脆度	易碎、嘎巴脆、酥脆
		咀嚼度	嫩、劲嚼、难嚼
		胶黏度	酥松、糊状、胶黏
	黏度		稀、稠
	弹性		酥软、弹
	黏着性		胶黏
几何性用语	物质大小形状		沙状、黏状、块状等
	物质结构特征		纤维状、空胞状、晶状
其他用语	水分含量		干、湿润、潮湿、水样
	脂肪含量	油状脂状	油性、油腻性

组织特性及质地特性，包括机械特性——硬度、凝结度、黏度、弹性和黏着性五个基本特性，以及脆度、固体食物咀嚼度、半固体食物胶黏度三个从属特性。几何特性包括产品颗粒、形态及方向物性，有平滑感、层状感、丝状感、粗粒感等，以及油、水含量感，如油感、湿润感等。因此，对于大多数种类的分析或描述试验，在培训阶段要求评价小组成员对特定产品类项建立自己的"术语"。这种行为要参考评价员的喜好和经验，对于同一特征，个体差异或文化背景对形成的概念具有重要影响。

在训练分析或描述试验评价小组成员时，为评价小组提供尽可能多的标准参照物，有助于形成具有普遍适用性意义的概念。首先，用于分析或描述试验的标准术语应该有统一的标准或指向。如风味描述，所有的感官评价人员都能使用相同的概念（确切描述风味的词语），并且能以此与其他评价员进行准确的交流。描述分析要求使用精确的而且具有特定概念的，并经过仔细筛选的科学语言，清楚地把评价（感受）表达出来。其次，选择的术语应当能反映对象的特征。选择的术语（描述词）应能表示出样品之间可感知的差异，能区别出不同的样品来。但选择术语（描述词）来描述产品的感官特征时，必须在头脑中保留描述词的一些适当特征。评价员应该注意培养这种意识，并在工作中进行验证、检查。每个被选择的术语对于整个系统来说，是必需的，不多余的。术语之间没有相关性。同时使用的术语在含义上很少或没有重叠，应该是"正交"的。在某些情况下，有些属于在某种产品中具有相关性，而在另一类产品中就没有。在训练期间，应该有意识地帮助评价小组成员建立去除术语相关性能力。

以下是一些常见术语的解释：

① 硬度：与使产品达到变形、穿透或碎裂所需力有关的机械质地特性。在口中，它是通过牙齿间（固体）或舌头与上腭间（半固体）对产品的挤压而感知的。与不同程度硬度相关的形容词主要有：柔软的（低度），例如奶油、奶酪；结实的（中度），例如橄榄；硬的（高度），例如硬糖块。

② 碎裂性：与内聚性、硬度和粉碎产品所需力量有关的机械质地特性。可通过在门齿

间（前门牙）或手指间的快速挤压来评价。与不同程度碎裂性相关的形容词主要有：易碎的（低度），例如玉米脆皮松饼蛋糕；易裂的（中度），例如苹果、生胡萝卜；脆的（高度），例如松脆花生薄片糖、薄脆饼；松脆的（高度），例如炸马铃薯片、玉米片；有脆壳的（高度），例如新鲜法式面包的外皮。

③ 咀嚼性：与咀嚼固体产品至可被吞咽所需的能量有关的机械质地特性。与不同程度咀嚼性相关的形容词主要有：嫩的（低度），例如嫩豌豆；有嚼劲的（中度），例如果汁软糖（糖果类）；韧的（高度），例如老牛肉、腊肉皮。

④ 胶黏性：与嫩的产品的内聚性有关的机械质地特性。它与在口中将产品分开至可吞咽状态所需的力量有关。与不同程度胶黏性相关的形容词主要有：酥脆的（低度），例如黄油饼干；粉质的、粉状的（中度），例如某种马铃薯、煮熟的干豆；糊状的（中度），例如栗子泥、面糊；胶黏的（高度），例如煮过火的燕麦片、食用明胶。

⑤ 黏度：与阻止流动性有关的机械质地特性。它与将勺中液体吸到舌头上或将它铺开所需力量有关。与不同程度黏度相关的形容词主要有：流动的（低度），例如水；稀的（中度），例如橄榄油；滑的（中度），例如鲜奶油、厚奶油；黏（稠）的（超高度），例如甜炼乳、蜂蜜。

⑥ 弹性：在解除形变压力后，与变形产品恢复至原形的程度及速度有关的机械质地特性。与不同程度弹性相关的形容词主要有：可塑的（无弹性），例如植物黄油；可变形的（中度），例如棉花糖；弹性的（高度），例如熟鱿鱼、蛤肉、口香糖。

⑦ 黏附性：与移除附着在口腔或一个基底上的物料所需力量相关的机械质地特性。与不同程度黏附性相关的形容词主要有：发黏的（低度），例如棉花糖；有黏性的（中度），例如花生酱；黏的、胶质的（高度），例如水果冰淇淋等食品焦糖装饰料、煮过头的米饭。

⑧ 粒度：与感知到的产品中颗粒的大小、形状和数量有关的几何质地特性。与不同程度粒度相关的形容词主要有：平滑的（无粒度），例如糖粉；细粒的（低度），例如某种梨；粒状的（中度），例如粗粒面粉；粗粒的（高度），例如煮熟的燕麦粥。

⑨ 构型：与感知到的产品中颗粒形状和排列有关的几何质地特性。与不同程度构型相关的形容词主要有：纤维状的（沿同一方向排列的长粒子），例如芹菜；囊包状的（呈球形或卵形的粒子），例如橙子；结晶状的（立体状的多角形粒子），例如砂糖。

⑩ 湿润性：描述感知到的产品吸收或释放水分的表面质地特性。与不同程度水分相关的形容词主要有：干的（不含水分），例如奶油硬饼干；潮湿的（中度），例如苹果；湿的（高度），例如荸荠、牡蛎；嫩的（高度），例如生肉；多汁的（高度），例如橙子；水感的（感觉像水一样），例如西瓜。

⑪ 脂质感：与感知到的产品表面或产品中的脂肪数量或种类有关的质地特性。与不同程度脂质感相关的形容词主要有：有油的，被油脂浸泡或有油

> **思考**：白酒品评历史悠久，它的描述性语言有哪些？

脂滴出的感觉，例如法式调味色拉；油腻的，浸出脂肪的感觉，例如腊肉、油炸马铃薯片；肥的，产品中脂肪含量很高的感觉，例如猪油、牛脂。

其他特殊的产品也会有其特有的描述性语言，如酒类、黄油、茶叶等。

2．问答表设计与做法

简单描述试验通常用于对已知特征有差异的性状进行描写。此方法也可以用于培训评价

员。试验组织者要准确地选取样品的感官特性指标并确定适合的描述术语，制定指标检查表，选择非常了解产品特性、受过专门训练的评价员和专家组成 5 名或 5 名以上的评价小组进行品评试验，根据指标中所列术语进行评价。

在进行问答表设计时，首先应了解该产品的整体特征，或该产品对人的感官属性有重要作用或者贡献的某些特征，将这些感官属性特征列入评价表中，让评价员逐项进行品评，并用适当的词汇予以表达，或者用某一种标度进行评价。简单描述试验问答示例见表 5-2 和表 5-3。

表 5-2　简单描述试验问答示例（一）

姓名：_____　日期：_____　组：_____
请评价盘中的两块黄油,它们的风味、色泽、组织结构如何？有哪些特征？请尽量详尽地描述。
样品 1：
样品 2：

表 5-3　简单描述试验问答示例（二）

姓名：_____　日期：_____　组：_____
请用下列的词汇表评价盘中的两块黄油，并把您认为适当的特征词汇归入应属的样品中（即根据词汇表，分别描述两块黄油的特征）。
风味：一般、正好、焦味、苦味、酸味、咸味、油脂味、不新鲜味、油腻味、金属味、蜡质感、霉臭味、腐败味、鱼腥味、不洁味、陈腐味、滑腻感、风味变坏、涩味。
色泽：一般、深、苍白、暗淡、油斑、盐斑、白斑、褪色、斑纹、波动(色泽有变幻)、有杂色。
组织结构：一般、黏性、油腻、厚重、薄弱、易碎、断面粗糙、裂缝、不规则、粉状感、有孔、油脂析出、有流散现象。
样品 1：
样品 2：

3. 结果分析与判断

这种方法可以应用于一个或多个样品。在操作过程中样品出示的顺序可以不同，通常将第一个样品作为对照。每个评价员在品评样品时要独立进行，记录中要写清每个样品的特征。所有感官评价人员完成全部检验后，在组长的主持下进行公开必要的讨论，然后得出综合的试验结果。为了避免试验结果不一致或者重复性不好，可以加强对感官评价人员的培训，并要求每个评价人员都使用相同的评价标准和评价方法。综合结论描述的依据是某描绘词汇出现频率的多寡，一般要求言简意赅、字斟句酌，以力求符合实际。该方法的结果通常不需要进行统计分析。

这种方法的不足之处是，品评小组的意见可能被小组当中某些人所左右，而其他人员的意见不被重视或得不到体现。

二、简单描述试验法实例

实例 1　玉冰烧型米酒品评实例

（1）产品介绍　玉冰烧型米酒，原产于广东珠江三角洲地区，有五百多年的历史。它是以大米为原料，以米饭、黄豆、酒饼叶所制成的小曲饼作糖化发酵剂，通过半固体发酵和全式蒸馏方式制成白酒，再经陈化的猪脊肥肉浸泡，精心勾兑而成的低度白酒。该酒的特点是豉香突出、醇和甘爽，其代表产品为豉味玉冰烧、石湾特醇米酒、九江双蒸米酒等。

（2）玉冰烧型米酒评分标准　玉冰烧型米酒评分标准见表 5-4。

表 5-4　玉冰烧型米酒评分标准

项目	标准	最高分	扣分
色泽	色清透明、晶亮	10	
	色清透明，有微黄感		1～2
	色清、微浑浊、有悬浮物		3分以上
香气	豉香独特、协调、浓陈、柔和、有幽雅感、杯底留香长	25	
	豉香纯正、沉实、杯底留香尚长、无异香		1～2
	豉香略淡薄、放香欠长、杯底留香短、无异杂味		4～7
口味	入口醇和，绵甜细腻，酒体丰满，余口甘爽，滋味协调，苦不留口	50	
	入口醇净，绵甜甘爽，略微涩		2～6
	入口醇甜，微涩，苦味不留口。尚爽净，后苦短		5～9
	入口尚醇甜，有微涩、苦，或有杂味		8～13
风格	具有该酒的典型风格，色香味协调	15	
	色香味尚协调，风格尚典型者		1～2
	风格典型性不足，色香味欠协调		2分以上

（3）玉冰烧型米酒评分表　玉冰烧型米酒评分表见表 5-5。

表 5-5　玉冰烧型米酒评分表

样品名称：＿＿＿＿＿＿＿＿＿　评价员姓名：＿＿＿＿＿＿＿　检验日期：＿＿＿年＿＿月＿＿＿日

编号	得分	评价项目				评语	备注
		色泽 10%	香气 25%	口味 50%	风格 15%		
1							
2							
3							
4							
5							
6							

实例 2　早餐盒品评实例

（1）产品介绍　由某公司生产的即食早餐盒，是面食、荤食和调味品的混合物，用开水或温牛乳冲调，焖放数分钟后即可食用。该产品已在市场上获得广泛认同。

（2）评价目的　由本公司开发的早餐盒欲投放市场，试问有无竞争力。

（3）评价项目和强度标准 即食早餐盒品评项目与强度标准见表 5-6。

表 5-6 即食早餐盒评定项目与强度标准

项目	强度标准	项目	强度标准
颜色	1（弱）………9（强）	混杂味	1（弱）………9（强）
主要风味	1（弱）………9（强）	细腻味	1（弱）………9（强）
咸味	1（弱）………9（强）	油味	1（弱）………9（强）
洋葱味	1（弱）………9（强）	粉粒状感	1（弱）………9（强）
鱼腥味	1（弱）………9（强）	多汁性	1（弱）………9（强）
甜味	1（弱）………9（强）	拌匀度	1（弱）………9（强）

（4）即食早餐盒评价表 即食早餐盒评价表见表 5-7。

表 5-7 即食早餐盒评定记录

样品名称：＿＿＿＿＿＿＿＿＿＿ 评价员姓名：＿＿＿＿＿＿ 检验日期：＿＿＿＿年＿＿月＿＿日

序号	样品号	评价项目												
		主要风味	颜色	咸味	洋葱味	鱼腥味	甜味	混杂味	细腻味	油味	粉粒状感	多汁性	拌匀度	综合评价
1	（对照样品）													
2														
3														
4														
5														

实例 3 葡萄酒品评实例

（1）品评方法

① 外观分析 外观分析是品尝葡萄酒的第一步。它包括以下几方面分析内容。

a. 液面观察：将酒杯立于腰带的高度，低头垂直观察葡萄酒的液面，其液面情况，必须呈完整、洁净、光亮的圆盘状。

b. 酒体观察：观察完液面后，应将酒杯举至双眼高度，观察其酒体，其包括颜色、透明度以及有无悬浮物和沉淀物。然后将酒杯倾斜观察，从液面边缘至中心呈现的不同色调状况。葡萄酒的颜色，严格地讲，应包括颜色的深浅和色调。这两个指标有助于我们判断葡萄酒的醇厚度、酒龄和成熟状况等，从而对葡萄酒得出一定的概念和评价。葡萄酒的颜色与其味感具有一定的协调性，我们观察到葡萄酒具有什么样的颜色和色调，其就应具有相应的口感特征，葡萄酒若没有这种协调性，该葡萄酒就不是成功的葡萄酒。

c. 酒柱状况：将酒杯倾斜或摇动酒杯，使葡萄酒均匀分布在杯壁上静止后仔细观察，内壁上形成的酒柱情况，包括密度、粗细、下降速度等。

d. 流动性：摇动葡萄酒，正面观察葡萄酒的流动速度快慢、黏稠情况。

e. 起泡状况：静置葡萄酒外观分析，若出现气泡则表明其 CO_2 含量过高，酒有二次发酵可能。对于起泡葡萄酒就必须仔细观察其气泡状况：气泡大小、数量和更新速度等。葡萄酒的气泡与啤酒不同，葡萄酒的小气泡并不相互结合，它们消失的速度很快，它们形成的泡沫消失后，内壁仍然形成一圈"泡环"，不断产生的小气泡保证了"泡环"的持久性。泡环的持续时间决定于起泡葡萄酒的年龄，长期陈酿的起泡酒泡沫很少。

② 香气分析　分析葡萄酒的香气，分三步进行（三次鼻嗅）。

a. 一次闻香：端起酒杯在静止状态下慢慢地将鼻孔接近液面闻香，闻酒杯中的气体来分析葡萄酒的香气。一次闻香所感觉到的是葡萄酒中挥发性最强的物质，通过一次闻香可对同一轮不同葡萄酒的香气有一个大致区分印象，但其不能作为评价葡萄酒香气质量的主要依据。

b. 二次闻香：摇动酒杯，使葡萄酒呈圆周运动，促使挥发性较弱的物质释放，进行二次闻香。随着葡萄酒圆周运动的进行，使葡萄酒杯内壁湿润，壁上充满挥发性物质，杯中香气最为浓郁。

c. 三次闻香：强烈摇动杯中葡萄酒使其剧烈转动进行第三次闻香。主要目的是鉴别香气中的缺陷（异味）。有必要时可用左手掌盖住杯口，上下猛烈摇动后，使葡萄酒中异味物质如乙酸乙酯、氧化气味、霉味、SO_2、硫化氢等气味充分释放出来。

进行以上三次闻香时，应注意间隔时间（每次闻香都应记录好所感觉到的气味和种类：一类、二类和三类香气）、持续性，努力鉴别香气的浓度、调子和质量，将那些持续交替出现的香气分离出来。

③ 葡萄酒品评感官术语

气味特征：葡萄酒的气味特征与口味相比更难以形容，评酒员必须全力以赴集中精力才能辨别出不同气味的强度、调子和质量差异。只有仔细地品评，并具备一定的葡萄酒背景知识和较高的嗅觉灵敏度，评酒者才能辨别出葡萄酒的香味。诸如特殊花香的香味，特殊水果香味，特殊木材香味，以及醇、醛、香料和其它芳香类物质的香味。

a. 用于描述葡萄酒香气强度的术语有以下几种：香气不足，有香气，平淡，浓郁，馥郁，完整，衰老，未成熟，柔和等。

b. 香气的怡悦程度是所有质量的基础，形容怡悦程度的术语有：

优雅：葡萄酒的香气令人舒适和谐。优雅的陈年葡萄酒以浓郁舒适和谐的醇香为特征，而新葡萄酒的优雅香气则以花香和水果香为基础，可用花香和果香来形容。

别致：葡萄酒香气不仅怡悦而且具有馥郁、罕见、性格等质量特征，即具有个性和风格。两者区别：优雅的葡萄酒如果不具备独特的风格，就不能用别致形容，因其缺乏个性，不能给人以深刻印象。

绵长：主要形容其香持久的葡萄酒。

粗糙：用于形容不具风格，具不良气味（如带生青味，泥土味）的葡萄酒。

c. 香气纯正、纯净：表示其香气质量良好，无任何异味，也可用明快、完好来形容。与纯正相反的则为模糊，不清爽。

甜味特征：甜味是酒中糖、酒精、甘油等引起的甜味感，葡萄酒的柔软性同其甜味的物质在酒中比例有关，比例高则柔软性明显，口味醇厚。但口味醇厚，并不是由于酒中富含糖和甘油，而是上口的感觉醇厚而圆润，这是由甜味引起的令人舒适、和谐的总体印象。若酒中糖分过高，则会有甜得发腻的感觉。

a. 肥硕：也是由甜味引起。肥硕的葡萄酒充满口腔，具有体积，既醇厚又柔软，它是优质葡萄酒的基本特征。

b. 酒度：酒精是葡萄酒基本组成成分，它可以加强酒中所有的味感，增加酒的厚实感，常用醇浓性表示由酒精引起的热感及令人舒适的苛性感，它同时补充葡萄酒本身味感并与其它质量特性相融合。我们按照由低到高顺序给出与酒度相关的词汇：淡寡、淡弱、淡薄、瘦薄、热感、灼热燥辣、醇厚等。

固定酸味特征： 由于葡萄酒中酸味物质种类及含量不同，使其呈现出不同的酸味特征。形容这类酸味的术语可分为下列三类。

形容酸度过强引起的直接感觉（酸味），常用词汇有：微酸、酸涩、尖酸。

形容酸度过低引起的酸味，常用词汇有：柔弱、乏味、平淡等。

形容由于酸味引起与其它味感的不平衡，常用词汇有：消瘦、味短、瘦弱、生硬、粗涩等。

a. 与挥发酸相关：挥发酸引起的味感主要是由醋酸引起，其具有辣感，相关术语常有刺鼻、酸败等。

b. 与酚类物质相关：酚类物质在葡萄酒中主要显示出苦味和涩味感觉，它构成红葡萄酒的结构和骨架，同时对酒的颜色、香气有不同程度的影响，其感官术语有具皮渣味、果梗味、涩味、浸渍味、木味、单宁味、具结构感等。

c. 与葡萄酒酒体（结构感）相关：葡萄酒的酒体是其口感综合反应的结果，它在口感中反映出一种立体效果，同时也反映出葡萄酒各组分间的平衡比例恰当。相关术语有：柔软、口味协调、酒质肥硕、圆滑、酒体娇嫩、柔润如丝绸等。

绵软是优质红葡萄酒所必备的特性之一，是组成葡萄酒诸组分协调性好的结果，负有盛名的优质葡萄酒，通常入口绵软，而且具与众不同的特点。

酒质肥硕也是优质葡萄酒所追求的特性之一，其相关术语还有丰满的、有骨架的、味重的等。

d. 与葡萄酒的氧化还原相关：葡萄酒的氧化作用是影响葡萄酒风味的一个重要因素（酚类和醛类物质）。氧化与葡萄酒的陈酿是两个概念：葡萄酒所含氧化底物对氧化作用十分敏感。特别是新酒，即使与空气短时间接触，也会造成某种程度上氧化损失，从而导致它含有煮熟味、葡萄干味，即所谓破败葡萄酒味；长期与空气接触，葡萄酒将严重氧化（即马德拉化），具有哈喇味。乙醛味为氧化气味的典型特征。短期与氧作用，由于醛的还原，在补加适量 SO_2 情况下，氧化味可明显减弱；过度的氧化醛及衍生物由于氧化为酮类物质，这一过程则不可逆转。

白葡萄酒的氧化，主要表现在色泽加重、果香的丧失、具明显乙醛味、口感酸败、具煮熟味。

红葡萄酒则由于酚类物质的氧化，色泽逐渐变暗逐渐变为棕褐色，香气出现明显氧化单宁气味，口感淡薄，氧化过度则具一股腐烂味。

异味： 这里所称异味是与葡萄酒正常气味相异，影响正常饮用的味道的总称。产生异味来源于原料、生产工艺过程、贮藏等各个方面，葡萄酒成熟过程中的任何疏忽大意，都可给葡萄酒带来各种各样异味。

（2）葡萄酒的品评标准　葡萄酒品评标准见表 5-8。

表 5-8　中国葡萄酒品评标准

项目	评语	葡萄酒
色泽	澄清、透明、有光泽,具有本品应有的色泽,悦目协调	20
	澄清透明,具有本品应有的色泽	18～19
	澄清、无夹杂物,与本品色泽不符	15～17
	微浑浊、失光或人工着色	15 分以下

续表

项目	评语	葡萄酒
香气	果香、酒香浓馥幽郁,协调悦人	28～30
	果香、酒香良好,尚怡悦	25～27
	果香与酒香较小,但无异香	22～24
	香气不足,或不悦人,或有异香	18～21
	香气不良,使人厌恶	18分以下
口味	酒体丰满,有新鲜感,醇厚、协调、舒服、爽口、酸甜适口,柔细轻快,回味绵延	38～40
	酒质柔顺,柔和爽口,酸甜适当	34～37
	酒体协调,纯正无杂	30～33
	略酸,较甜腻,绝干带甜,欠浓郁	25～29
	酸、涩、苦、平淡、有异味	25分以下
风格	典型完美,风格独特,优雅无缺	10
	典型明确,风格良好	9
	有典型性,不够优雅	7～8
	失去本品典型性	7分以下

(3) 葡萄酒品鉴表　葡萄酒品鉴表见表5-9。

表5-9　葡萄酒品鉴表

品鉴人:＿＿＿＿＿＿＿＿　手机:＿＿＿＿＿＿＿＿　品鉴日期:＿＿＿＿＿＿＿＿

序号	样品号	评价项目				
		色泽	香气	口味	风格	总分
1						
2						
3						

实例4　方便面品评实例

(1) 产品介绍　方便面是以小麦粉、荞麦粉、绿豆粉、米粉等为主要原料,添加食盐或面质改良剂,加适量水调制、压延、成型、汽蒸,经油炸或干燥处理,达到一定熟度的方便食品。方便面是随着现代社会和工业的高度发展、人们紧张工作和生活的需要而产生和发展起来的。方便面食用时只需用开水冲泡或者煮3～5min,加入调味料即可成为不同风味的面食。方便面具有品种多、味道好、食用方便、快速的特点,故广受消费者欢迎。

(2) 感官评价内容和评分标准　方便面样品的感官评价内容包括外观评价和口感评价。

外观评价是在明亮的环境下评价方便面面饼的色泽、表观状态、形状和气味,并评分。外观评价的内容包括方便面样品的色泽、表观状态、形状、气味。

口感评价是用沸水浸泡面饼3min,取用适量面条让评价员对其各个特性进行评价并评分。口感评价的内容包括方便面样品的复水性、光滑性、软硬度、韧性、黏性、耐泡性。

色泽：面饼的颜色和亮度。

表观状态：面饼表面光滑程度、起泡、分层情况。

形状：面饼的外形和花纹。

气味：面饼是否有异味。

复水性：面条到达特定烹调时间的复水情况。判断方式：3.0~6.5min针对复水性进行品评，如果面身已无硬心、无不均匀口感、无黏牙状况，则表明已复水，但如果面身不黏牙、呈现均匀且较硬的口感并不代表没有复水。

光滑性：在品尝面条时口腔器官所感受到的面条的光滑程度。

软硬度：用牙咬断一根面条所需力的大小。

韧性：面条在咀嚼时，咬劲和弹性的大小。

黏性：在咀嚼过程中，面条黏牙程度。

耐泡性：面条复水完成一段时间后保持良好感官和食用特点的能力。

根据方便面的感官评价评分标准对方便面样品的多个感官属性通过9点标度法进行评分，将方便面样品的评价结果填在方便面样品的感官评分表中。方便面的感官评价评分标准如表5-10。

表 5-10 方便面的感官评价评分标准

感官特性	评价标度		
	低	中	高
	1~3	4~6	7~9
色泽	有焦、生现象,亮度差	颜色不均匀,亮度一般	颜色标准、均匀、光亮
表观状态	起泡分层严重	有起泡或分层	表面结构细密、光滑
形状	外形不整齐,大小不一致,花纹不均匀	外形稍不整齐,大小稍不一致,花纹稍不均匀	外形整齐,大小一致,花纹均匀
气味	面香味不足,有霉味、哈喇味或其他异味	面香味稍淡,稍有霉味、哈喇味或稍有其他异味	气味正常,具有宜人的面香味,无霉味、哈喇味及异味
复水性	复水差	复水一般	复水好
光滑性	很不光滑	不光滑	适度光滑
软硬度	太软或太硬	较软或较硬	适中无硬心
韧性	咬劲差、弹性不足	咬劲和弹性一般	咬劲合适、弹性适中
黏性	不爽口、发黏或夹生	较爽口、稍黏牙或稍夹生	咀嚼爽口、不黏牙、无夹生
耐泡性	不耐泡	耐泡性较差	耐泡性适中

（3）方便面的感官评分表 方便面的感官评分表见表5-11。

表 5-11 方便面样品的感官评分表

感官特性	1	2	3	4
色泽				
表观状态				
形状				

感官特性	1	2	3	4
气味				
复水性				
光滑性				
软硬度				
韧性				
黏性				
耐泡性				
综合评价				

实例5　月饼的品评实例

（1）产品知识　月饼是久负盛名的传统小吃，按地方风味特色分类：

广式月饼：以广东地区制作工艺和风味特色为代表的，使用小麦粉、转化糖浆、植物油、碱水等制成饼皮，经包馅、成型、刷蛋、烘烤等工艺加工而成的口感柔软的月饼。

京式月饼：以北京地区制作工艺和风味特色为代表的，配料上重油、轻糖，使用提浆工艺制作糖浆皮面团，或糖、水、油、面粉制成松酥皮面团，经包馅、成型、烘烤等工艺加工而成的口味纯甜、纯咸，口感松酥或绵软，香味浓郁的月饼。

苏式月饼：以苏州地区制作工艺和风味特色为代表的，使用小麦粉、饴糖、油、水等制皮，小麦粉、油制酥，经制酥皮、包馅、成型、烘烤等工艺加工而成的口感松酥的月饼。

其他：以其他地区制作工艺和风味特色为代表的月饼。

（2）不同种类月饼的感官要求　不同种类的月饼的感官要求如表5-12～表5-14所示。

表5-12　广式月饼的感官要求

项目		要求
形态		外形饱满,表面微凸,轮廓分明,品名花纹清晰,无明显凹缩、爆裂、摊塌和漏馅现象
色泽		饼皮棕黄或棕红,色泽均匀,腰部呈乳黄或黄色,底部棕黄不焦,无污染
口感、气味		饼皮松软,具有该品种应有的风味,无异味
组织	蓉沙类	饼皮厚薄均匀,馅料细腻无僵粒,无夹生,椰蓉类馅芯色泽淡黄、油润
	果仁类	饼皮厚薄均匀,果仁大小适中,拌和均匀,无夹生
	水果类	饼皮厚薄均匀,馅芯有该品种应有的色泽,拌和均匀,无夹生
	蔬菜类	饼皮厚薄均匀,馅芯有该品种应有的色泽,无色素斑点,拌和均匀,无夹生
	肉与肉制品类	饼皮厚薄均匀,肉与肉制品大小适中,拌和均匀,无夹生
	水产制品类	饼皮厚薄均匀,水产制品大小适中,拌和均匀,无夹生
	蛋黄类	饼皮厚薄均匀,蛋黄居中,无夹生
	其他类	无夹生
其他		无正常视力可见的外来杂质

表 5-13 京式月饼的感官要求

项目	要求
形态	外形整齐,花纹清晰,无破裂、漏馅、凹缩、塌斜现象,有该品种应有的形态
色泽	表面光润,有该品种应有的色泽且颜色均匀、无杂色
口感、气味	有该品种应有的风味,无异味
组织	皮馅厚薄均匀,无脱壳,无大空隙,无夹生,有该品种应有的组织
其他	无正常视力可见的外来杂质

表 5-14 苏式月饼的感官要求

项目		要求
形态		外形圆整,面底平整,略呈扁鼓形;底部收口居中不漏底,无僵缩、漏酥、塌斜、跑糖、漏馅现象,无大片碎皮;品名戳记清晰
色泽		饼面浅黄或浅棕黄,腰部乳黄泛白,饼底棕黄不焦,不沾染杂色,无污染现象
口感、气味		酥皮爽口,具有该品种应有的风味,无异味
组织	蓉沙类	酥层分明,皮馅厚薄均匀,馅软油润,无夹生、僵粒
	果仁类	酥层分明,皮馅厚薄均匀,馅松不韧,果仁粒形分明、分布均匀,无夹生、大空隙
	肉与肉制品类	酥层分明,皮馅厚薄均匀,肉与肉制品分布均匀,无夹生、大空隙
	其他类	酥层分明,皮馅厚薄均匀,无空心,无夹生
其他		无正常视力可见的外来杂质

(3) 月饼的品评问答表 月饼的品评结果表见表 5-15 和表 5-16。

表 5-15 月饼外观品评结果表

	样品编号		
	项目	性质的强度/水平	备注
外观	颜色		淡 1;深 10
	颜色的均匀性		不均匀 1;均匀 10
	光泽		无光泽 1;有光泽 10
	月饼的完整性		不完整 1;完整 10
	整体形状的规则性		不规则 1;规则 10
	饼上图案的完整可辨性		不可辨 1;完整可辨 10
	饼皮厚度		很薄 1;很厚 10
	馅料均匀度		不均匀 1;均匀 10
气味	麦香、月饼独特甜香、不同种类独特香气(如枣香)		没有 1;很浓 10
风味	甜味、咸味(部分产品)、饼皮麦香、馅料风味、果仁味		没有 1;很高 10

	样品编号		
	项目	性质的强度/水平	备注
质地	饼皮松软度		坚硬 1;松软 10
	饼皮黏度		很低 1;很高 10
	饼皮细腻度		粗糙 1;细腻 10
	饼皮湿度		干燥 1;湿润 10
	馅料松软度		坚硬 1;松软 10
	馅料黏度		很低 1;很高 10
	馅料细腻度		粗糙 1;细腻 10
	馅料湿度		干燥 1;湿润 10
	整体硬度		硬 1;软 10

表 5-16　月饼品评结果汇总表

样品编号	
总体外观:	
总体气味:	
总体风味:	
总体质地:	

知识点二　定量描述和感官剖面检验法

一、定量描述和感官剖面检验法概述

1. 方法特点

评价员对构成样品感官特征的各个指标强度进行完整、准确评价的检验方法称为定量描述和感官剖面检验法。这种检验是从简单描述试验所确定的术语词汇中选择词汇，描述样品整个感官印象的定量分析。这种方法可单独或结合用于品评气味、风味、外观和质地。这种方法是用一种特定的可以复现的方式表述和评价食品的感官特性，并估计这些特性的强度，然后用食品的感官剖面图表达食品的整体感官特性印象。

该法是 20 世纪 70 年代发展起来的，其特点是数据不是通过一致性讨论而产生的，是用非线性结构的标度来描述评估特性的强度。在试验时，评价人员需要通过一致性，确定一个标准化的词汇来描述样品中的感官差异，但在定量分析时，评价人员却是自由地按照自己的评分方式进行评分。评价小组领导者不是一个活跃的参与者，同时使用非线性结构的标度来描述评估特性的强度，通常称为 QDA 图或者蜘蛛网图，并利用该图的形态变化定量描述试样的品质变化。其优点包括：可对感官特征作数量化描述；可对多种制品作同期对比；可在评定专家未出席的情况下进行评定；可建立容量大、功能齐全的数据库；可在人数较少情况下进行评定。

QDA 技术已经广泛应用于食品的感官评价，尤其对质量控制、质量分析、确定产品之间差异性质、新产品开发研制、产品品质的改良等最为有效，并且可提供与仪器检验数据对比的感官数据，提供产品特征的持久记录。

定量描述和感官剖面检验法一般需要 10～12 名感官评价人员参加试验，感官评价人员要具备能够识别试验样品的感官性质差别的能力。在正式的试验前，感官评价人员要进行培训，首先是建立描述词汇，可召集所有的感官评价人员对样品进行观察，然后每个人去描述产品，尽量用他们常用的熟悉的词汇，由小组组长将这些词汇写在大家都能看见的黑板上，然后大家分组进行讨论，修订刚才形成的词汇，并给出每个词汇的定义。这个活动每次进行一个小时左右，需要重复 7～10 次，最后形成一份大家都认可的描述词汇表。在建立描述词汇的过程中，感官评价小组的组长不会去评论小组成员的发言，也不会用自己的观点去影响小组成员，他只起到一个组织的作用，但是小组组长可以决定什么时候开始正式试验，即感官评价小组组长可以确定感官评价小组是否具有对产品感官评价的能力和水平。感官培训结束后，要形成一份大家都认可的描述词汇表，而且要求每个感官评价人员都能够真正理解和表达其定义。描述词汇表就在进行正式试验的时候使用，要求每个感官评价人员对产品的每项性质（每个词汇）进行评分。

定量描述和感官剖面检验法依照检验方法的不同可分为一致方法和独立方法两大类型。一致方法的含义是，在检验中所有的评价员（包括评价小组组长）都是一个集体的一部分，目的是获得一个评价小组赞同的综合结论，使对被评价的产品风味特点达到一致的认识。如果不能达到一致，可以引用参比样来帮助达到一致。因此有时必须经过一次或多次讨论，最后由评价小组负责人报告和说明结果。独立方法的含义是小组组织者一般不参加评价，评价小组意见不需要一致。由评价员先在小组内讨论产品的风味，然后由每个评价员单独工作，记录对食品感觉的评价成绩，最后由评价小组组织者汇总和分析这些单一结果，用统计的平均值，作为评价的结果。不管是用一致方法还是独立方法建立产品风味剖面，在正式小组成立之前，需有一个熟悉情况的阶段。此间召开一次或多次信息会议，以检验被研究的样品，介绍类似产品以便建立比较的办法。评价员和一致方法的评价小组负责人应该做以下几项工作：①制定记录样品的特性目录；②确定参比样（纯化合物或具有独特性质的天然产品）；③规定描述特性的词汇；④建立描述和检验样品的最好方法。

定量描述和感官剖面检验法的检验内容通常有：

（1）特性特征的鉴定　用叙词或相关的术语描述感觉到的特性特征。

（2）感觉顺序的确定　即记录显示和觉察到的各特性特征所出现的顺序。

（3）强度评价　每种特性特征所显示的强度。特性特征的强度可用多种标度来评估。评分尺度的选择特别重要，足够宽，包括参数强度的所有范围，同时又方便描述样品间的微小差异；所有评价员需经过完整的训练，以便在整个试验中对所有样品均以相似的方式使用评分尺度。定量描述试验中常使用的评分标度包括：①分类标度：用有限的系列文字、数字来表示，各类别间具有相同的间隔，常用的是 0～9 分类标度；②线性标度：采用一条长为 15cm 的直线，评价员根据识别情况在直线上作出标记，优点是在定量分析时更为准确，但主要缺点是评价员对样品的分析很难达到一致。

（4）余味和滞留度的测定　样品被吞下（或吐出）后，出现的与原来不同的特性特征，称为余味；样品已被吞下（或吐出）后，继续感觉到的特性特征，称为滞留。某些情况下，可能要求评价员鉴别余味，并测定其强度，或者测定滞留度的强度和持续时间。

（5）综合印象的评估　综合印象是对产品的总体评估，考虑到特性特征的适应性、强度、相一致的背景风味和风味的混合等。通常用三点标度评估，即以低、中、高表示。在一致方法中评价小组赞同一个综合印象。在独立方法中，每个评价员分别评估综合印象，然后计算平均值。当有数个样品进行比较时，可利用综合印象的评价结果得出样品间的差别大小和方向；也可以利用各特性特征的评价结果，用一个适宜的方法（如评分分析法）进行分析，以确定样品之间差别的性质和大小。

(6) 强度变化的评估　评价员在接触到样品时所感受到的刺激到脱离样品后存在的刺激的感觉强度的变化，例如食品中的甜味、苦味的变化等。有时可能要求以表格或图的形式表现从接触样品刺激到脱离样品刺激的感觉强度变化。检验的结果可以表格或图的形式报告，也可利用各特性特征的评定结果，做样品间适宜的差异分析（如评分法解析）。

定量描述和感官剖面检验法的一致方法的检验步骤是评价员先单独工作，按感性认识记录特性特征、感觉顺序、强度、余味和滞留度，然后进行综合印象评估。当评价员完成剖面描述后，就开始讨论，由评价小组组织者收集各自的结果，讨论到小组意见达到一致为止。为了达到意见一致，可推荐参比样或者评价小组要多次开会。讨论结束后，由评价小组负责人做出包括所有成员意见的结果报告，报告的表达形式可以是表格，也可以是图。独立方法的检验步骤是，当评价小组对规定特性特征的认识达到一致后，评价员就可单独工作并记录感觉顺序，用同一标度去测定每种特性强度、余味或滞留度以及综合印象。分析结果时，由评价小组组织者收集、汇总评价员的评价结果，并计算出各特性特征的强度（或喜好）平均值，用表或图表示。若有数个样品进行比较时，可利用综合印象的结果得出样品间的差别大小及方向。也可自用各特性特征的评价结果，用一个适宜的分析方法分析结果（如评分法的分析方法），确定样品之间差别的性质。

在定量描述和感官剖面检验法中，领导者只作为一个推动者来指导必要的讨论，并且提供评价小组所需要的物资，如参比标准和产品样品等，领导者不参与最终的产品评价。在试验中，若干个评价人员单独进行产品的评价。试验中使用直线图形线性标度，在适当位置，评价小组用固定词语标示，然后通过方差分析得到结论数据。试验需要重复评价工作，以对单个评价员和整个评价小组的一致性进行检验。也可考虑评价人员是否可以区别出产品，是否需要更多的训练。定量描述和感官剖面检验法的数据必须被看成是相对量，而不是绝对量。

试验设计实施人员的前期工作包括在训练期间，为了形成准确的概念，评价人员将面对许多可能类型的产品（取决于研究目的），形成一套用于描述产品差异的术语，还要确定参比标准和词语定义以及决定每个特征的评价顺序。后期，要进行一系列的试验性评价，在此阶段有可能根据需要进行评价员的表现评估。为了使团队长期稳定地工作，需要对评价人员进行一定的筛选，可利用类项中的实际产品，进行正常气味和品尝感知的筛选。评价人员要求有较强的语言表达能力。如果有可能，评价人员应当组成一个委员会以便于长期顺利地开展工作。

2. 问答表设计与做法

定量描述和感官剖面检验法属于说明食品质和量兼用的方法。其多用于判断两种产品之间是否存在差异和差异存在的方面，以及差异的大小、产品质量控制、质量分析、新产品开发和产品品质改良等方面。

因此，在进行描述评定的时候，无论是哪一类产品都会有几个问题要追索，包括：

① 一个产品的什么品质在配方改变的时候会发生变化？
② 工艺条件改变的时候，产品品质可能会发生什么样的变化？
③ 这种产品在贮藏过程中会有什么变化？
④ 在不同地域生产的同类产品之间会有什么区别？

根据这些问题的提出，定量描述和感官剖面检验法的实施通常要经过三个过程。

① 决定要评价的产品的品质是什么。

② 组织一个评价小组，开展必要的培训和预备检验，使评价人员熟悉和习惯将要用于该项检验的尺度标准和有关术语。

③ 评价这种有区别的产品，在被检验的品质方面有多大程度的差异。

对于评价员感到生疏的产品，培训和预备检验非常重要。评价人员（包括组织者）通过培训和预备检验，可以明确哪些特性特征是该产品的主要品质，只有这样才能说得上被检产品应该如何确定尺度标准和强度划分。有经验的评定专家或者生产技术专家，能够根据产品的主要用途和商品开发生产的主要特征，提出参考意见，缩减预备检验的项目，使培训针对性更强，使之迅速接近可行的检验项目数。因此，广泛征集同行指导是十分必要和不可或缺的。评价小组的工作概括起来有如下几方面：

① 讨论可能会遇到的商品品种，将其列入表中；

② 根据经验或者猜测，注明最主要的品种，可能有2个或3个；

③ 提出2个不同的样品，经过评价人员的观察和品尝，开展一次自由讨论，记录对食品组成、香味、口感、色泽、外感、组织、质构等方面的意见；

④ 将这些讨论意见整理归类；

⑤ 按照该产品的主要用途，整理出主要贡献特征的名称，这些特征的数量最好不要超过12项；

⑥ 确定感官评价性状的尺度和强度等的范围，在评价人员之间统一各性状强弱的程度；

⑦ 提出一份预备检验用的描述性状检测表，将以上有关的品质内容分别按照9级制（或其他级制）打印在表上；

⑧ 进行预备检验；

⑨ 总结预备检验，在此基础上，提出评定小组的统一意见；

⑩ 进行产品的正式检验。

3.结果分析与判断

定量描述法不同于简单描述法的最大特点是利用统计法数据进行分析。统计分析的方法，随对样品特性特征强度评价的方法而定。特性特征强度可用几种标度来评估：

① 数字标度法：用数字评估。

0＝不存在，1＝刚好可识别或阈值，2＝弱，3＝中等，4＝强，5＝很强。

② 标度点评估法：用标度点"○"评估。

弱　　○○○○○○○　　强

在每个标度的两端写上相应的叙词，其中间级数或点数根据特性特征改变，在标度点"○"上写出的1~7数值，符合该点的强度。

③ 直线评估法：用直线评估。

例如，在100mm长的直线上，距每个末端大约10mm处，写上叙词。评价员在线上作一个记号表明强度，然后测量评价员作的记号与线左端之间的距离（mm），表示强度数值。

④ 感官评价员在单独的品评室对样品进行评价，试验结束后，将标尺上的刻度转化为数值输入计算机，经过统计分析后得出平均值。定量描述和感官剖面检验的时候一般还附有一个图，常有扇形图、棒形图、圆形图和蜘蛛网形图（QDA图）等。

二、定量描述和感官剖面检验法实例

实例 1　调味番茄酱的风味剖面检验

（1）调味番茄酱的风味剖面检验表　调味番茄酱的风味剖面检验表见表 5-17。

表 5-17　调味番茄酱的风味剖面检验表

样品：调味番茄酱　　　　　　　　　　　　　　　　　检验日期：＿＿＿＿年＿＿月＿＿日

特性特征(感觉顺序)		强度(数字评估)	特性特征(感觉顺序)		强度(数字评估)
风味	番茄	4	风味	胡椒	1
	肉桂	1		余味	无
	丁香	3		滞留度	相当长
	甜度	2		综合印象	2

（2）调味番茄酱的风味剖面检验图式　调味番茄酱的风味剖面检验见图 5-1。

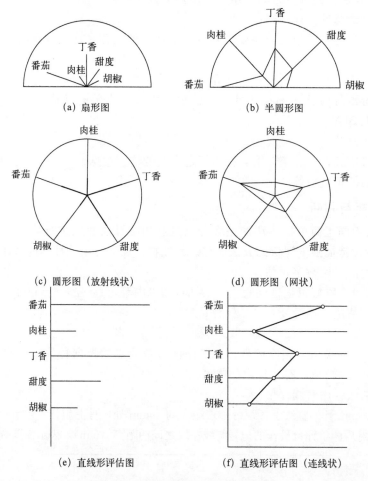

（a）扇形图　　　　　　　　　　（b）半圆形图

（c）圆形图（放射线状）　　　　　（d）圆形图（网状）

（e）直线形评估图　　　　　　　（f）直线形评估图（连线状）

图 5-1　调味番茄酱风味剖面检验图

线的长度表示每种特性强度；顺时针方向或上下方向表示特性感觉的顺序

（引自徐树来等．食品感官分析与实验化教程）

实例 2　西式火腿感官剖面检验

西式火腿感官剖面检验表见表 5-18。

表 5-18　西式火腿感官剖面检验表

姓名：_____　日期：_____　样品：西式火腿

请评价样品的各个特性特征，并把相应的强度（或喜好）方格用铅笔涂满。

特性特征		强←-------------→弱
		7　6　5　4　3　2　1　0
外观	肉色	□　□　■　□　□　□　□　□
	肉香味	□　□　□　□　□　■　□　□
风味	咸味	□　□　■　□　□　□　□　□
	胡椒	□　□　□　□　■　□　□　□
余味		□　□　□　□　□　□　■　□
滞留度		□　□　□　■　□　□　□　□
		好　　　　　　　　　不好
综合印象		□　□　□　■　□　□　□　□

实例 3　萝卜泡菜的 QDA 报告

（1）萝卜泡菜的 QDA 报告表格　萝卜泡菜的 QDA 报告表格见表 5-19。

表 5-19　萝卜泡菜的 QDA 报告表格

样品：萝卜泡菜（样品 1 2 3）　　　　检验日期：_____年_____月_____日

特性特征	标度（0～7）		
	样品 1	样品 2	样品 3
酸腐味	3.5	4	5
生萝卜气味	5	3.5	2
生萝卜味道	4.8	3.5	2
酸味	3.2	4	6
馊气味	2.8	4.3	5.2
馊味道	2.5	4	5
筋道	4.5	4	5
柔嫩	3.2	4	3
脆性	4.5	3.8	3.6

（2）萝卜泡菜的 QDA 报告图式　萝卜泡菜的 QDA 图（蜘蛛网形图）见图 5-2。

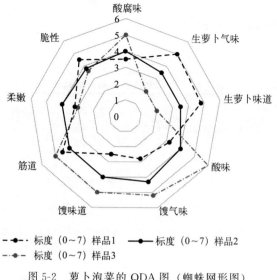

图 5-2　萝卜泡菜的 QDA 图（蜘蛛网形图）

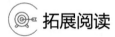 拓展阅读

啜食技术

　　啜食技术是食品评价专业人员常使用的专门技术，即通过吸气使香气和空气一起流过后鼻部被压入嗅味区域的方法，该方法不需吞咽食物，但能达到相同效果。由于难度高，一般人需要长时间的学习方可掌握。

　　这种方法常用于咖啡、茶叶以及酒的评价中，通常先嗅后尝，并且采用红光照明以减少其他感觉对嗅觉的干扰。

　　品茗专家和咖啡品尝专家使用匙把样品送入口内并用力吸气，使液体杂乱地吸向咽壁（就像吞咽时一样）。气体成分通过鼻后部到达嗅味区。吞咽变得不必要，样品可以被吐出。品酒专家随着酒被送入张开的口中，轻轻地吸气进行咀嚼。酒香比茶香和咖啡香具有更多挥发成分，因此品酒专家的啜食技术更应谨慎。

 思考题

1. 什么是分析或描述试验？
2. 分析或描述试验对评价员有哪些能力的要求？
3. 分析或描述试验可以应用到哪些方面？
4. 简单描述试验的方法特点有哪些？
5. 自由式描述和界定式描述有哪些区别？
6. 对产品的定性描述包括哪些方面？
7. 什么是定量描述和感官剖面检验法？
8. 定量描述和感官剖面检验法检验的内容包括哪些？
9. 定量描述和感官剖面检验法结果强度的评价方法包括哪些？
10. 什么是 QDA 图或蜘蛛网图？

技能训练一 广式腊肠感官剖面分析

【目的】

1. 熟悉风味剖面法的评价过程，练习用可再现的方式描述和评估广式腊肠的风味。

2. 学习利用可识别的味觉和嗅觉特征，以及不能单独识别特性的复合体，组织合适的语言再现广式腊肠的风味。

【原理】

要求评价员尽量完整地对形成样品感官特征的各个指标，按感觉出现的先后顺序进行品评，从简单描述试验所确定的词汇中选择词汇，描述样品整个感官印象。报告结果以表格（数字标度）或图（线条标度）表示。

【样品及器材】

广式腊肠，以随机数码编号；漱口用纯净水，盛水杯，吐液杯等。

【步骤】

① 全体评价员集中，用广式腊肠样品作预备品评，讨论其特性特征和感觉顺序，确定6～10个感觉词汇描述该类产品的特性特征，供品评样品时选用，见表5-20。

表5-20 描述词的问答表

样品:广式腊肠	时间:＿＿年＿月＿日		
姓名:			
指导语:请使用你认为适宜的词,对产品的下列特性进行描述。			
感官剖面	品尝前	品尝中	品尝后
外观(眼睛看到的)			
气味(鼻子闻到的)			
风味(通过味蕾感觉到的和对印象中其他食品比较产生的感觉等)			
质地(通过嘴唇、舌头、口腔、喉咙等器官感觉到的)			

② 讨论感觉出现的顺序作为品评样品时的参考，然后进行一个综合印象评估。

③ 分组进入感官品评室，分发样品，进行独立品评。用预备品评时出现的词汇对各个样品进行评估和定量描述，允许根据不同样品的特性特征出现差异时选用新的词汇进行描述和定量。

【结果与分析】

1. 以小组为单位，分析评价员之间的差异。

2. 得出本小组的平均分值，以表或图表示。必要时全组讨论得出各个样品的综合评价。

技能训练二 酸乳的描述性训练

【目的】

熟悉描述性评价过程，练习用可描述性方式描述和评估产品的风味。

【原理】

向评价员介绍试验样品的特性，简单介绍该样品的生产、工艺过程和主要原料，使大家对该样品有一个大概的了解。然后提供一个典型样品让大家品尝，在老师引导下，选定 8～10 个能表达出该类产品的特征名词，并确定强度等级范围。通过品尝后，统一大家的认识，在完成上述工作后，分组进行独立感官检验。

【样品及器材】

提供 5 种同类酸乳样品。漱口或饮用的纯净水。足够量的碟、匙、样品托盘等。

【步骤】

① 实验分组，每组 10 人，轮流进入感官分析实验区。

② 样品编号：备样员给每个样品编出三位数的代码，每个样品给 3 个编号，作为 3 次重复检验之用，随机数码取自随机数表（表 5-21）。

表 5-21　样品编码

样品	重复检验编号		
	1	2	3
A	463	973	434
B	995	607	227
C	067	635	247
D	695	654	490
E	681	695	343

③ 排定每组实验员的顺序及供样组别和编号，见表 5-22。

表 5-22　供样顺序

检验员	供样顺序	第 1 次检验时号码顺序
1	CAEDB	067 463 681 695 995
2	ACBED	463 067 995 681 695
3	EABDC	681 463 995 695 067
4	BAEDC	995 463 681 695 067
5	EDCAB	681 695 067 463 995
6	DEACB	695 681 463 067 995
7	DCABE	695 067 463 995 681
8	ABDEC	463 995 695 681 067
9	CDBAE	067 695 995 463 681
10	EBACD	681 995 463 067 695

在做第 2 次重复检验时，供样顺序不变，样品编码改用上表中第二次检验用码，其余类推。检验员每人都有一张单独的登记表。

④ 分发描述性检验记录表，见表 5-23。

表 5-23　描述性检验记录表

样品名称:酸乳	检验员:
样品编号: 1 色泽 2 甜度 3 酸度 4 甜酸比率(太酸) 5 奶香气 6 稠度 7 细腻感 8 不良风味(列出)	检验日期:　　　年　　　月　　　日 (弱)1 2 3 4 5 6 7 8 9(强)

【结果与分析】

1. 每个组长将小组 10 名检验员的记录表汇总后，解除编号密码，统计出每个样品的评定结果。

2. 用统计法分别进行误差分析，评价检验员的重复性、样品间的差异。

3. 讨论协调后，得出每个样品的总体评估。

食品感官检验技术的应用

1. 掌握市场调查的特点和基本方法。
2. 熟悉消费者试验的特点，消费者实验的基本方法。
3. 熟悉感官评价在产品质量控制应用的特点和基本方法。
4. 熟悉感官检验技术在新产品开发过程中的应用。

◉ 能力目标

1. 学会消费者感官检验方法，能够开展消费者试验。
2. 学会市场调查的方法，能够开展市场调查。
3. 学会感官评价的基本方法，能够运用感官评价进行产品质量控制。

◉ 素养目标

1. 树立食品人应有的质量意识、责任担当。
2. 培养精益求精、团队合作的意识。

民以食为天，食以"味"为先。随着生活水平的提高，人们对美好生活的追求越高，对食品品质的要求也越来越高。食品风味的评判最终都是以人的感官为主要指标进行的，因此对食品感官评价也提出了更高的要求。食品感官检验是包含一系列精确测定人对食品反应的技术。感官检验所提供的有效信息能够大大降低食品生产和销售过程中的风险，因此感官检验应用越来越广泛。目前，感官检验技术在消费者试验、市场调查、质量控制、新产品开发、食品掺伪检验等方面都有广泛的应用。

知识点一　开展消费者试验

一、消费行为研究

消费者试验的目的是通过在消费者中进行试验，实现对产品进行质量控制、配方优化、质量提高等，并有利于进行新产品的开发、新产品市场潜力预测、产品种类调查等。因此，对于食品生产研发而言，通过对消费者的消费行为研究，来指导产品设计开发是一项重要的工作。

> 思考：购买商品时，你更注重"价格"还是"质量"？

消费者的购买行为由多种因素共同决定，消费者在同类商品的二次购买行为中，若在质量、价格与同类产品无明显差别的情况下，食品的口味特征对消费者购买行为有直接影响。因此，这就体现出消费者感官试验的重要性。

二、消费者感官检验与产品概念检验

新产品或已上市的产品能在激烈的市场竞争中得以保持市场份额的一个策略，就是通过食品感官的测试，确定消费者对产品特性的感受。测试中常常采用盲标的消费者感官检验。盲标的消费者检验是指在隐藏商标的条件下，研究消费者对产品实际特性的感知，洞察消费者的行为，发现产品感官特性的检验技术。产品概念检验是市场研发人员通过向消费者展示产品的概念，内容与初期的广告策划有些相似，了解消费者对产品感官性质、吸引力等的评价。

> **思考：**现代科技的发展，消费者可以从哪些渠道获得产品信息呢？

消费者感官检验与市场研究中的产品概念检验有一些重要的区别，差异内容列于表 6-1。在两个检验中，都是由消费者评价产品，在试验进行后对他们的意见进行评述。然而，对于产品及其概念性质，不同的消费者所给出的信息量是不同的。

表 6-1　感官检验与产品概念检验区别

项目	感官检验	产品概念检验
指导部门	感官评价部门	市场研究部门
信息的最终使用方向	研究与发展	市场
产品商标	概念中隐含程度最小	全概念的提出
参与者的选择	产品类项的使用者	对概念的积极反应者

三、消费者感官检验类型

消费者感官检验主要应用在以下几方面：

①一种新产品进入市场前，预测消费者对新产品的接受程度；②对原有产品进行改良后，调查消费者对产品改变的认知和接受度，产品的改变包括产品主要成分、工艺过程或包装情况发生变化等；③需要从同性质的多份研发产品中选择出最具有竞争力的产品；④有目的地监督，了解消费者对一个产品的评价，可接受性是否优于其他产品。

消费者感官检验根据试验场地一般分为三种类型：实验室检验、商场检验和家庭使用检验。表 6-2 总结了每种检验地点的优势和劣势。检验地点根据研究目标、可用预算以及优缺点进行合理选择。对于任何一种形式的消费者检验，评价人员的数量与类型是需要重点考虑的。

表 6-2　不同检验地点的优势和劣势

检验地点	优势	劣势
实验室检验	①相对较高的响应速度； ②条件可控； ③及时(电脑化)反馈； ④低成本； ⑤每名消费者都能够评估几个产品	①不能代表自然环境； ②可能忽略重要属性； ③设置问题的数量有限； ④调查对象不一定代表全体人群

检验地点	优势	劣势
商场检验	①大量的调查对象； ②调查对象来自一般人群； ③每名消费者能评价几个产品； ④更好地控制如何对产品进行检验	①不具代表性的环境； ②可控性低于实验室检验； ③重要属性可能被忽略； ④设置问题的数量有限
家庭使用检验	①相对较多的调查对象； ②基于产品实际条件的检验； ③能够在重复使用的条件下检验产品； ④能够获得购买产品的真实意图	①零回报与缺失回应更多； ②对产品应用过程没有控制； ③耗费时间； ④反馈缓慢； ⑤产品数量少； ⑥一般成本较高

四、消费者感官检验常用的方法

消费者感官检验的主要目的是评价当前消费者或潜在消费者对一种产品或一种产品某种特征的感受，广泛应用于食品产品维护、新产品开发、市场潜力评估、产品分类研究和广告定位支持等领域。消费者试验采用的方法主要是定性法和定量法。定量法一般包括接受性检验和偏爱性检验两大类，又称消费者测试或情感检验。

1. 定性法

定性情感检验是测定消费者对产品感官性质主观反应的方法，此类方法能揭示潜在的消费者需求、消费行为和产品使用趋势，评估消费者对某种产品概念和产品模型的最初反应，研究消费者使用的描述词汇等。定性研究包括多种方法：集中品评小组、深入的一对一面谈及焦点访谈小组等。

2. 定量法

情感检验用于检验消费者对产品的偏爱性或接受性。偏爱某种程度上意味着产品的层次等级，但并不一定反映消费者对产品的喜爱程度，而接受性检验能够明确给出消费者对产品喜爱水平的量级。按照试验任务，定量情感检验可以分成两大类，见表6-3。

表6-3　定量情感检验的分类

任务	检验种类	关注问题	常用方法
选择	偏爱性检验	你喜欢哪个样品？ 你更喜欢哪个样品？ 你觉得产品的甜度如何？	成对偏爱性检验 排序偏爱性检验 标度偏爱性检验
分级	接受性检验	你对产品的可接受性有多大？ 你对产品的喜爱程度如何？	快感标度检验 接受性检验

偏爱检验中，消费者评价小组成员可以从多个其他产品中挑选出一个产品。在接受性检验中，消费者评价小组可以在一个标度上评估他们对产品的喜爱程度，并不需要与另外一个产品进行比较，在单一产品中就可以进行接受性检验。

（1）偏爱性检验　偏爱性检验是使用成对检验与排序检验，适用于确定两种或两种以上产品在特定属性上是否存在差异。

偏爱性检验的目的是确定消费者对两种（成对偏爱检验）或两种以上产品（排序偏爱检验）的偏爱度是否存在显著性差异。偏爱性检验为一种产品是否比另一种产品更受到偏爱提供了证据。这在改进产品配方或考察竞争对手的表现时都可以提供帮助。但是，很难精准地符合目标，可能比判定是否存在显著性差异更为恰当。

① 成对偏爱检验

a. 基本方法：评价员比较两个样品，品尝后指出更喜欢哪个样品的方法就是成对偏爱检验。通常在进行成对偏爱检验时要求评价员给出明确肯定的回答。但有时为了获得某些信息，也可使用无偏爱的回答选项。在进行成对偏爱检验时只要求评价员回答一个问题，就是记录样品整体的感官反应，不单独评价产品的单个感官质量特性。

b. 成对偏爱检验评价单：在成对偏爱检验中，评价员会收到两个 3 位随机数字编码的样品，这两个样品被同时呈送给评价员，要求评价员指出更偏爱哪个样品。为了简化数据的统计分析，通常要求评价员评价后必须做出选择，但有时为了获得更多信息也会允许有无偏爱的选择出现。两种情况下的评价单设计是不同的。

如果允许在成对偏爱检验中出现"无偏爱"的回答，结果分析时可以采用 3 种方法处理：第一，忽略"无偏爱"的回答人数。这样会减少有效评估人员的数量，并因此降低检验的效能。同时应当记录"没有偏爱"回答的数目。第二，把无偏爱的选择在两个样品之间平均分配。第三，将选无偏爱选项的评价员按比例分配到相应的样品中。

c. 结果的统计分析：统计出被多数评价员偏爱的样品的评价员数量，然后与成对比较检验法检验临界值表中数据比较，如果实际评价员的数量大于或等于表中对应的显著性水平下的数值，则表明两个样品被偏爱的程度有显著性差异。

② 排序偏爱检验

a. 基本方法：评价员得到一系列随机编码的样品，要求评价员按摆放顺序评价样品并按照偏爱或喜欢的下降或上升顺序，对这些产品进行排序。排序偏爱检验只能测出对样品喜爱的排序，不能评价样品间差异的大小。

检验前由感官评价组织者根据检验的目的选择检验的方法，制订实验的具体方案；明确需要排序的感官特性；指出排列的顺序是由弱到强还是由强到弱；明确样品的处理方法及保存方法；指明品尝时应注意的事项；指明对评价员的要求及培训方法，要使评价员对需要评价的指标和要求有一致的理解。

检验时，评价员以事先确定好的顺序评价编码样品，初步确定样品的顺序，然后整理比较，再做出进一步的调整，最后确定整个系列的强弱顺序。不同样品一般不允许排同一次序。

b. 数据统计分析：试验结束后收集每位评价员的评分表，通过样品编码进行解码，按表格统计每位评价员对样品的排序结果。排序偏爱检验法得到的结果可以用 Friedman 检验和 Page 检验对样品之间喜好程度进行显著性检验。

（2）接受性检验　接受性检验主要用于检验消费者对产品的接受程度，既可检验新产品的市场反应，也可以通过这种方法比较不同公司产品的接受程度。

a. 接受性检验的方法：进行食品的接受性检验时，通常采用 9 点快感标度来对产品的喜好程度进行评价。对于儿童评价员可以使用儿童快感标度（适宜儿童的笑脸或是面部表情的图片）。

　　b. 数据分析：在进一步分析数据之前，首先将快感标度换算成数值，根据每个标度的回答数量，分别计算样品得分。然后进行统计分析，分析方法采用 t 检验或方差分析。

　　接受性检验中采用的方差分析与评分法中的方差分析方法相同。先计算出每个样品的得分，然后计算样品平方和及误差平方和，最后计算出方差 F 值。

知识点二　组织市场调查

一、市场调查的目的和要求

　　市场调查的目的主要有两方面：一是了解市场走向、预测产品形式，即市场动向调查；二是了解试销产品的影响和消费者意见，即市场接受程度调查。两者都是以消费者为试验对象，所不同的是前者多是针对流行于市场的产品，后者多是针对企业研制开发的新产品。

　　市场调查应用于企业全过程。在产品规划初期，为了制定企业产品整体策略，进行市场调查需要了解以下内容：产品市场定位，目标消费群体，目标区域分布，产品市场容量和需求大小。在整个产品销售周期，都必须重视消费者意向研究，包括购买心理、动机、行为、态度、习惯以及客户满意度调查等。市场调查不仅是了解消费者是否喜欢某种产品，更重要的是要了解其喜欢的原因或不喜欢的理由，从而为开发新产品或改进产品品质提供依据。

二、市场调查的对象和场所

　　市场调查的对象应该包括所有的消费者。但是，每次市场调查都应根据产品的特点，选择特定的人群作为调查对象。例如，老年食品应以老年人为主；大众性食品应按照收入水平、男女比例、南北方地理位置等均衡设计调查。例如，收入方面可选低等、中等、高等收入家庭成员各 1/3。营销系统人员的意见尤其是一线销售人员也起到很重要的作用。市场调查的人数每次应不少于 400 人，最好控制在 1500～3000 人，人员的选择以随机抽样方式为基本方法，也可选用整群抽样法和分等按比例抽样法，否则可能影响结果的可信度。

　　市场调查的场所通常是在调查对象的家中，或人群集中且休闲的地方进行。复杂的环境条件对调查过程和结果的影响是市场调查组织所应该考虑的重要内容之一。

三、市场调查的方法

　　市场调查中使用的方法主要包括：电话调查、现场调查、邮寄调查、网上调查等。其中现场调查又分为：面谈、小组座谈会、街头调查、入户调查等。其中现场调查由于可以直面消费者，是相对比较重要的调查方式。面谈调查的主要步骤：组织者统一制作答题纸，把要进行调查的内容写在答题纸上；调查员登门调查时，可以将答题纸交给调查对象，并要求他们根据调查要求直接填写意见或看法；也可以由调查人员根据答题要求与调查对象进行面对面问答或自由问答，并将答案记录在答题纸上。

调查中常常采用排序试验、选择试验、成对比较试验等方法，并将结果进行相应的统计分析，从而分析出可信的结果。

知识点三 进行质量控制

一、感官质量控制的目的

食品质量的优劣最直接地表现在食品的感官性状上，是食品质量最敏感的部分。在食品的质量标准和安全标准中，第一项内容一般都是感官指标，通过这些指标可以直接对食品的感官性状做出判断。感官评价能直接发现食品感官性状在宏观上出现的异常现象，而且当食品感官性状发生微观变化时也能很敏锐地察觉到。例如，食品中混有杂质、异物，发生霉变、沉淀等不良变化时，人们能够直观地将其鉴别出来并做出相应的决策和处理，而不需要再进行其他的化学检验分析。将感官分析有效地应用于食品质量控制过程中，可以在生产过程中获得现场信息资料，便于及时采取对应措施，将可能出现的危害避免或最小化。

二、感官质量控制的应用

1．感官检验在产品质量控制中的主要作用

（1）原材料及成品的质量控制 原材料的质量控制以防止不符合质量要求的原材料进入生产环节，成品的质量控制以防止不符合质量要求的产品进入商品流通领域。

（2）工序检验 生产过程中的工序检验，以预防产生不合格品，防止不合格品进入下一工序。上下工序间通过感官检验可以快速剔除不合格品，有利于生产的连贯性。

（3）贮藏检验 贮藏检验研究产品在贮藏过程中的变化规律，以确定产品的保存期和保质期。

（4）流通商品检验 对流通领域的商品按照产品质量标准进行抽样检验，其中感官检验对于辨别假冒伪劣商品更为快速、准确。

（5）食品企业产品生产过程中的质量控制 食品企业产品在生产过程中，从原辅料、半成品至成品均应设定相应感官特性的标准，来辅助企业控制产品质量。感官评价与质量控制工作结合能显著提高生产水平。

2．产品质量控制过程中影响感官评价的因素

（1）评价员的能力 如果没有丰富经验的感官评价员，所得出的结果可能不可靠，而使用专家级，不能确保人数而且成本较高。因此，企业培训一批优秀的评价人员对于保证产品感官品质质量的一致性是必不可少的。

（2）感官评价标准 感官标准的确定是质量控制的关键步骤，包括感官属性标准、评价方法标准、标准强度和参照物标准等，只有建立完善的标准体系，才能让分析有据可依。

（3）感官指标规范 感官指标规范的作用是确定产品是否可以接受。感官规范对各种指标的强度都有一个规定范围，如果经过感官评价小组评价后，产品指标在这个范围内，表示可以接受，否则表示不可以接受。感官评价指标规范包括收集典型产品作为标准样品、产品

的评估、判断产品的可变感官特征和变化范围，根据消费者对产品变化的反馈意见制定最终的规范。

三、感官质量控制的方法

在质量控制过程中，可以选用多种感官评价方法。方法的选择以能够衡量出样品同参照标准样品之间的差别为原则。但差别检验和情感检验不在一般的例行质量评价中使用。试验方法根据试验目的和产品的性质而定。如果产品发生变化的指标仅限于 5～10 个，则可采用描述分析方法，而如果发生变化的指标难确定，但广泛意义的指标（如外观、风味、质地等）可以反映产品质量时，则可对产品质量进行打分。

知识点四　帮助新产品开发

新产品开发一般有两个方向，一个是对原有产品的改进，如原料的替换、成本的降低等；另一个是开发全新的、符合消费者喜好的产品。

新产品的开发包括若干阶段，一个新产品从设想构思到商品化生产，基本上要经过如下阶段：设想、研制、评价、消费者抽样检查、货架寿命研究、包装、生产、试销、商品化。实际工作中应根据具体情况灵活运用。可以调整前后进行的顺序，也可以几个阶段结合进行，甚至可以省略其中某个阶段。但无论如何，目的只有一个，那就是开发出适合于消费者、企业和社会的新产品。

一、设想构思阶段

设想构思阶段是第一阶段，它可以包括企业内部的管理人员、技术人员或普通工人的突发奇想，以及竭尽全力的猜想，也可以包括特殊客户的要求和一般消费者的建议及市场动向调查等。为了确保设想的合理性，需要动员各方面的力量，从技术、费用和市场角度，经过若干月甚至若干年的可行性评价后才能做出最后决定。

二、研制和评价阶段

现代新产品的开发不仅要求味美、色适、口感好、货架期长，同时还要求具有营养性和功能性，因此这是一个极其重要的阶段。同时，研制开发过程中，产品质量的变化必须由感官检验来进行，只有不断地发现问题，才能不断改正，研制出适宜的产品。因此，新产品的研制必须与感官检验同时进行，以确定开发中的产品在不同阶段的可接受性。

新产品开发过程中，通常需要两个评价小组，一个是经过若干训练或有经验的评价小组，对各个开发阶段的产品进行评价（差异识别或描述）；另一个评价小组由小部分消费者组成，以帮助开发出受消费者欢迎的产品。

三、消费者抽样调查阶段

消费者抽样调查即新产品的市场调查。可以采用家庭检验，了解目标消费者对该产品的想法、是否购买、价格估计、经常消费的概率等信息。一旦发现该产品不太受欢迎，继续开发下去只会失败，但通过抽样调查往往会得到改进产品的建议，这些将增加产品在市场上成功的希望。

四、货架寿命和包装阶段

食品必须具备一定的货架寿命才能成为商品。食品的货架寿命除与本身加工质量有关外，还与包装有着不可分割的关系。包装除了具有吸引性和方便性外，还具有保护食品、维持原味、抗撕裂等作用。

五、生产和试销阶段

在产品开发工作进行到一定程度后，就应建立一条生产线。如果新产品已进入销售阶段，那么等到试销成功再安排规模化生产并不是明智之举。许多企业往往在小规模的试销期间就生产销售实验的产品。试销是大型企业为了打入全国市场，为避免惨重失败而设计的。大多数中小型企业的产品在当地销售，一般不进行试销。试销方法也与感官检验方法有关联。

六、商品化阶段

商品化是决定一种新产品成功或失败的最后一步。新产品进入什么市场、怎样进入市场有着深奥的学问。这涉及很多市场营销方面的策略，其中广告就是重要的手段之一。

知识点五　感官检验在食品掺伪检验中的应用

在日常生活中，应用感官检验手段来评价食品及食品原料的质量优劣是简单易行的有效方法。本知识点将对日常生活中常见的主要食品及食品原料的感官检验的方法及特点进行相应介绍，并对常见食品及食品原料的感官检验实施方法进行举例说明。

一、畜禽肉及肉制品的感官鉴别检验

对畜禽肉进行感官鉴别时，一般按照如下顺序进行：首先是看其外观、色泽、组织状态，特别应注意肉表面和切口处的颜色与光泽，有无色泽灰暗，是否存在淤血、水肿、囊肿和污染等情况。其次是嗅肉品的气味，不仅要了解肉表面的气味，还应感知其切开时和蒸煮后的气味，注意是否有腥臭味。最后用手指按压、触摸，以感知其弹性和黏度，结合脂肪以及试煮后肉汤的情况，才能对畜禽肉进行综合性的感官鉴别。

> 思考：米猪肉是一种什么样的肉？是什么原因引起的？

1. 猪肉的感官鉴别检验

（1）鲜猪肉

① 外观鉴别

良质鲜猪肉：表面有一层微干或微湿的外膜，呈淡红色，有光泽，切断面稍湿、不黏手，肉汁透明。

次质鲜猪肉：表面有一层风干或潮湿的外膜，呈暗灰色，无光泽，切断面的色泽比新鲜的猪肉暗，有黏性，肉汁浑浊。

劣质猪肉：表面外膜极度干燥或黏手，呈灰色或淡绿色，发黏并有霉变现象，切断面也呈暗灰或淡绿色，很黏，肉汁严重浑浊。

② 气味鉴别

良质鲜猪肉：具有鲜猪肉正常的气味。

次质鲜猪肉：在肉的表层能嗅到轻微的氨味、酸味或酸霉味，但在肉的深层却没有这些气味。

劣质猪肉：腐败变质的肉，不论在肉的表层还是深层均有腐臭气味。

③ 弹性鉴别

良质鲜猪肉：新鲜猪肉质地紧密且富有弹性，用手指按压凹陷后会立即恢复原状。

次质鲜猪肉：肉质比新鲜肉柔软、弹性小，用手指按压凹陷后不能完全复原。

劣质猪肉：腐败变质的肉由于自身被分解严重，组织失去原有的弹性而出现不同程度的腐烂，用手指按压后凹陷，不但不能复原，有时手指还可以把肉戳破。

④ 脂肪鉴别

良质鲜猪肉：脂肪呈白色，具有光泽，有时呈肌肉红色，柔软而富于弹性。

次质鲜猪肉：脂肪呈灰色，无光泽，容易黏手，有时略带油脂酸败味和哈喇味。

劣质猪肉：脂肪表面污秽有黏液，霉变呈淡绿色，脂肪组织很软，具有油脂酸败味。

⑤ 肉汤鉴别

良质鲜猪肉：肉汤透明、芳香，汤表面聚集大量油滴，油脂的气味和滋味鲜美。

次质鲜猪肉：肉汤浑浊，汤表面油滴较少，没有鲜香的滋味，常略有轻微的油脂酸败和霉变的气味及味道。

劣质猪肉：肉汤极浑浊，汤内漂浮着如絮状的烂肉片，汤表面几乎无油滴，具有浓厚的油脂酸败味或显著的腐败臭味。

（2）冻猪肉

① 色泽鉴别

良质冻猪肉（解冻后）：肌肉色红、均匀，具有光泽，脂肪洁白，无霉点。

次质冻猪肉（解冻后）：肌肉红色稍暗，缺乏光泽，脂肪微黄，可有少量霉点。

劣质冻猪肉（解冻后）：肌肉色泽暗红，无光泽，脂肪呈污黄或灰绿色，有霉斑或霉点。

② 气味鉴别

良质冻猪肉（解冻后）：无臭味，无异味。

次质冻猪肉（解冻后）：稍有氨味或酸味。

劣质冻猪肉（解冻后）：具有严重的氨味、酸味或臭味。

③ 组织形态鉴别

良质冻猪肉（解冻后）：肉质紧密，有坚实感。

次质冻猪肉（解冻后）：肉质软化或松弛。

劣质冻猪肉（解冻后）：肉质松弛。

④ 黏度鉴别

良质冻猪肉（解冻后）：外表及切面微湿润，不黏手。

次质冻猪肉（解冻后）：外表湿润，微黏手，切面有渗出液，但不黏手。

劣质冻猪肉（解冻后）：外表湿润，黏手，切面有渗出液亦黏手。

2. 牛肉的感官鉴别检验

（1）鲜牛肉

① 色泽鉴别

良质鲜牛肉：肌肉有光泽，红色均匀，脂肪洁白或淡黄色。

次质鲜牛肉：肌肉色稍暗，用刀切开截面尚有光泽，脂肪缺乏光泽。

② 气味鉴别

良质鲜牛肉：具有牛肉的正常气味。

次质鲜牛肉：牛肉稍有氨味或酸味。

③ 黏度鉴别

良质鲜牛肉：外表微干或有风干的膜，不黏手。

次质鲜牛肉：外表干燥或黏手，用刀切开的截面上有湿润现象。

④ 弹性鉴别

良质鲜牛肉：用手指按压后的凹陷能完全恢复。

次质鲜牛肉：用手指按压后的凹陷恢复慢，而且不能完全恢复至原状。

⑤ 煮沸后的肉汤鉴别

良质鲜牛肉：肉汤透明澄清，脂肪团聚于肉汤表面，具有牛肉汤特有的香味和鲜味。

次质鲜牛肉：肉汤稍有浑浊，脂肪呈小滴状浮于肉汤表面，香味差或无鲜味。

（2）冻牛肉

① 色泽鉴别

良质冻牛肉（解冻后）：肌肉色红均匀，有光泽，脂肪白色或微黄色。

次质冻牛肉（解冻后）：肌肉色稍暗，肉与脂肪缺乏光泽，但切面尚有光泽。

② 气味鉴别

良质冻牛肉（解冻后）：具有牛肉的正常气味。

次质冻牛肉（解冻后）：稍有氨味或酸味。

③ 黏度鉴别

良质冻牛肉（解冻后）：肌肉外表微干或有风干的膜，或外表湿润，但不黏手。

次质冻牛肉（解冻后）：外表干燥或轻微黏手，切面湿润黏手。

④ 组织状态鉴别

良质冻牛肉（解冻后）：肌肉结构紧密，手触有坚实感，肌纤维的韧性强。

次质冻牛肉（解冻后）：肌肉组织松弛，肌纤维有韧性。

⑤ 煮沸后的肉汤鉴别

良质冻牛肉（解冻后）：肉汤澄清透明，脂肪团聚于表面，具有鲜牛肉汤固有的香味和鲜味。

次质冻牛肉（解冻后）：肉汤稍有浑浊，脂肪呈小滴浮于表面，香味和鲜味较差。

3．羊肉的感官鉴别检验

（1）鲜羊肉

① 色泽鉴别

良质鲜羊肉：肌肉有光泽，红色均匀，脂肪洁白或淡黄色。

次质鲜羊肉：肌肉色稍暗淡，用刀切开的截面尚有光泽，脂肪缺乏光泽。

② 气味鉴别

良质鲜羊肉：有明显的羊肉膻味。

次质鲜羊肉：羊肉稍有氨味或酸味。

③ 弹性鉴别

良质鲜羊肉：用手指按压后的凹陷能立即恢复原状。

次质鲜羊肉：用手指按压后凹陷恢复慢，而且不能完全恢复到原状。

④ 黏度鉴别

良质鲜羊肉：外表微干或有风干的膜，不黏手。

次质鲜羊肉：外表干燥或黏手，用刀切开的截面有湿润现象。

⑤ 煮沸的肉汤鉴别

良质鲜羊肉：肉汤透明澄清，脂肪团聚于肉汤表面，具有羊肉汤特有的香味和鲜味。

> 思考：猪肉、牛肉、羊肉，哪种肉的脂肪含量最高？

次质鲜羊肉：肉汤稍有浑浊，脂肪呈小滴状浮于肉汤表面，香味差或无鲜味。

（2）冻羊肉

① 色泽鉴别

良质冻羊肉（解冻后）：肌肉颜色鲜艳，有光泽，脂肪呈白色。

次质冻羊肉（解冻后）：肉色稍暗，肉与脂肪缺乏光泽，但切面尚有光泽，脂肪稍微发黄。

劣质冻羊肉（解冻后）：肉色发暗，肉与脂肪均无光泽，切面亦无光泽，脂肪微黄或淡污黄色。

② 黏度鉴别

良质冻羊肉（解冻后）：外表微干或有风干膜或湿润，但不黏手。

次质冻羊肉（解冻后）：外表干燥或轻度黏手，切面湿润。

劣质冻羊肉（解冻后）：外表极度干燥或黏手，切面湿润发黏。

③ 组织状态鉴别

良质冻羊肉（解冻后）：肌肉结构紧密，有坚实感，肌纤维韧性强。

次质冻羊肉（解冻后）：肌肉组织松弛，但肌纤维尚有韧性。

劣质冻羊肉（解冻后）：肌肉组织软化、松弛，肌纤维无韧性。

④ 气味鉴别

良质冻羊肉（解冻后）：具有羊肉正常的气味（如膻味等），无异味。

次质冻羊肉（解冻后）：稍有氨味或酸味。

劣质冻羊肉（解冻后）：有氨味、酸味或腐臭味。

⑤ 肉汤鉴别

良质冻羊肉（解冻后）：澄清透明，脂肪团聚于表面，具有鲜羊肉汤固有的香味或鲜味。

次质冻羊肉（解冻后）：稍有浑浊，脂肪呈小滴浮于表面，香味、鲜味均差。

劣质冻羊肉（解冻后）：浑浊，脂肪很少浮于表面，有污灰色絮状物悬浮，有异味甚至臭味。

4. 鸡肉的感官鉴别检验

（1）鲜鸡肉

① 眼球鉴别

良质鲜鸡肉：眼球饱满。

次质鲜鸡肉：眼球皱缩凹陷，晶状体稍显浑浊。

劣质鲜鸡肉：眼球干缩凹陷，晶状体浑浊。

② 色泽鉴别

良质鲜鸡肉：皮肤有光泽，因品种不同可呈淡黄、淡红和灰白等颜色，肌肉切面具有光泽。

次质鲜鸡肉：皮肤色泽转暗，但肌肉切面有光泽。

劣质鲜鸡肉：体表无光泽，头颈部常带有暗褐色。

③ 气味鉴别

良质鲜鸡肉：具有鲜鸡肉的正常气味。

次质鲜鸡肉：仅在腹腔内可嗅到轻度不快味，无其他异味。

劣质鲜鸡肉：体表和腹腔均有不快味甚至臭味。

④ 黏度鉴别

良质鲜鸡肉：外表微干或微湿润，不黏手。

次质鲜鸡肉：外表干燥或黏手，新切面湿润。

劣质鲜鸡肉：外表干燥或黏手腻滑，新切面发黏。

⑤ 弹性鉴别

良质鲜鸡肉：指压后的凹陷能立即恢复。

次质鲜鸡肉：指压后的凹陷恢复较慢，而且不完全恢复。

劣质鲜鸡肉：指压后的凹陷不能恢复，而且留有明显的痕迹。

⑥ 肉汤鉴别

良质鲜鸡肉：肉汤澄清透明，脂肪团聚于表面，具有香味。

次质鲜鸡肉：肉汤稍有浑浊，脂肪呈小滴浮于表面，香味差或无褐色。

劣质鲜鸡肉：肉汤浑浊，有白色或黄色絮状物，脂肪浮于表面者很少，甚至能嗅到腥臭味。

（2）冻鸡肉

① 眼球鉴别

良质冻鸡肉（解冻后）：眼球饱满或平坦。

次质冻鸡肉（解冻后）：眼球皱缩凹陷，晶状体稍有浑浊。

劣质冻鸡肉（解冻后）：眼球干缩凹陷，晶状体浑浊。

② 色泽鉴别

良质冻鸡肉（解冻后）：皮肤有光泽，因品种不同而呈黄、浅黄、淡红、灰白等色，肌肉切面有光泽。

次质冻鸡肉（解冻后）：皮肤色泽转暗，但肌肉切面有光泽。

劣质冻鸡肉（解冻后）：体表无光泽，颜色暗淡，头颈部有暗褐色。

③ 黏度鉴别

良质冻鸡肉（解冻后）：外表微湿润，不黏手。

次质冻鸡肉（解冻后）：外表干燥或黏手，切面湿润。

劣质冻鸡肉（解冻后）：外表干燥或黏腻，新切面湿润、黏手。

④ 弹性鉴别

良质冻鸡肉（解冻后）：指压后的凹陷能完全恢复。

次质冻鸡肉（解冻后）：指压后的凹陷恢复慢，而且肌肉发软，凹陷不能完全恢复。

劣质冻鸡肉（解冻后）：肌肉软、散，指压后凹陷不但不能恢复，而且容易将鸡肉用指头戳破。

⑤ 气味鉴别

良质冻鸡肉（解冻后）：具有鸡肉的正常气味。

次质冻鸡肉（解冻后）：仅腹腔内能嗅到轻度不快味，无其他异味。

劣质冻鸡肉（解冻后）：体表及腹腔内均有不快气味。

⑥ 肉汤鉴别

良质冻鸡肉（解冻后）：煮沸后的肉汤透明，澄清，脂肪团聚于表面，具备特有的香味。

次质冻鸡肉（解冻后）：煮沸后的肉汤稍有浑浊，油珠呈小滴浮于表面，香味差或无鲜味。

劣质冻鸡肉（解冻后）：肉汤浑浊，有白色到黄色的絮状物悬浮，表面几乎无油滴悬浮，气味不佳。

5. 板鸭的感官鉴别检验

（1）外观鉴别

良质板鸭：体表光洁，呈白或乳白色。腹腔内壁干燥、有盐霜，肌肉切面呈玫瑰红色。

次质板鸭：体表呈淡红或淡黄色，有少量的油脂渗出。腹腔潮湿有霉点，肌肉切面呈暗红色。

劣质板鸭：体表发红或深黄色，有大量油脂渗出。腹腔潮湿发黏，有霉斑，肌肉切面带灰白、淡红或淡绿色。

（2）组织状态鉴别

良质板鸭：切面致密结实，有光泽。

次质板鸭：切面疏松，无光泽。

劣质板鸭：切面松散，发黏。

（3）气味鉴别

良质板鸭：具有板鸭特有的风味。

次质板鸭：皮下和腹部脂肪带有哈喇味，腹腔有霉味或腥气。

劣质板鸭：有严重的哈喇味和腐败的酸气，骨髓周围更为明显。

（4）肉汤鉴别

良质板鸭：汤面有大片的团聚脂肪，汤极鲜美芳香。

次质板鸭：鲜味较差，有轻度的哈喇味。

劣质板鸭：有腐败的臭味和严重的哈喇味、涩味。

6. 火腿的感官鉴别检验

（1）色泽鉴别

良质火腿：肌肉切面为深玫瑰色、桃红色或暗红色，脂肪呈白色、淡黄色或淡红色，具有光泽。

次质火腿：肌肉切面呈暗红色或深玫瑰红色，脂肪切面呈白色或淡黄色，光泽较差。

劣质火腿：肌肉切面呈酱色，上有斑点，脂肪切面呈黄色或黄褐色，无光泽。

（2）组织状态鉴别

良质火腿：结实而致密，具有弹性，指压凹陷能立即恢复，基本上不留痕迹，切面平整、光洁。

次质火腿：肉质较致密，略软，尚有弹性，指压凹陷恢复较慢，切面平整，光泽较差。

劣质火腿：组织状态疏松稀软，甚至呈黏糊状，尤以骨髓及骨周围组织更加明显。

（3）气味鉴别

良质火腿：具有正常火腿所特有的香气。

次质火腿：稍有酱味、花椒味、豆豉味，无明显的哈喇味，可有微弱酸味。

劣质火腿：具有腐败臭味或严重的酸败味及哈喇味。

（4）火腿等级标准

① 特级火腿：腿皮整齐，腿爪细，腿心肌肉丰满，腿上油头小，腿形整洁美观。

② 一级火腿：全腿整洁美观，油头较小，无虫蛀和鼠咬伤痕。

③ 二级火腿：腿爪粗，皮稍厚，味稍咸，腿形整齐。

④ 三级火腿：腿爪粗，加工粗糙，腿形不整齐，稍有破伤、虫蛀伤痕，并有异味。

⑤ 四级火腿：脚粗皮厚，骨头外露，腿形不整齐，稍有伤痕、虫蛀和异味。

二、蛋及蛋制品的感官鉴别检验

鲜蛋的感官鉴别分为蛋壳鉴别和打开鉴别。蛋壳鉴别包括眼看、手摸、耳听、鼻嗅等方法，也可借助于灯光透视进行鉴别。打开鉴别是将鲜蛋打开，观察其内容物的颜色、稠度、性状、有无血液、胚胎是否发育、有无异味和臭味等。蛋制品的感官鉴别指标主要有色泽、外观形态、气味和滋味等。同时应注意杂质、异味、霉变、生虫和包装等情况，以及是否具有蛋品本身固有的气味或滋味。

1. 鲜蛋的感官鉴别检验

（1）蛋壳鉴别

① 眼看鉴别

良质鲜蛋：蛋壳清洁、完整、无光泽，壳上有一层白霜，色泽鲜明。

次质鲜蛋：一类次质鲜蛋的蛋壳有裂纹，有硌窝儿现象，蛋壳破损、蛋清外溢或壳外有轻度霉斑等。二类次质鲜蛋的蛋壳发暗，壳表破碎且破口较大，蛋清大部分流出。

劣质鲜蛋：蛋壳表面的粉霜脱落，壳色油亮，呈乌灰色或暗黑色，有油样浸出，有较多或较大的霉斑。

> 思考：草鸡蛋是不是更加有营养呢？

② 手摸鉴别

良质鲜蛋：蛋壳粗糙，质量适当。

次质鲜蛋：一类次质鲜蛋的蛋壳有裂纹、硌窝儿或破损，手摸有光滑感。二类次质鲜蛋的蛋壳破碎、蛋清流出。手掂质量轻，蛋拿在手掌上翻转时总是一面向下（贴壳蛋）。

劣质鲜蛋：手摸有光滑感，掂量时过轻或过重。

③ 耳听鉴别

良质鲜蛋：蛋与蛋相互碰击声音清脆，手握蛋摇动无声。

次质鲜蛋：蛋与蛋碰击发出哑声（裂纹蛋），手摇动时内容物有流动感。

劣质鲜蛋：蛋与蛋相互碰击发出嘎嘎声（孵化蛋）、空空声（水花蛋），手握蛋摇动时内容物有晃荡声。

④ 鼻嗅鉴别

良质鲜蛋：有轻微的生石灰味。

次质鲜蛋：有轻微的生石灰味或轻度霉味。

劣质鲜蛋：有霉味、酸味、臭味等不良气味。

（2）鲜蛋的灯光透视鉴别

良质鲜蛋：气室直径小于 11mm，整个蛋呈微红色，蛋黄略见阴影或无阴影，而且位于中央，不移动，蛋壳无裂纹。

次质鲜蛋：一类次质鲜蛋的蛋壳有裂纹，蛋黄部呈现鲜红色小血圈。二类次质鲜蛋透视时可见蛋黄上呈现血环，环中及边缘呈现少许血丝，蛋黄透光度增强而蛋黄周围有阴影，气室大于 11mm，蛋壳某一部位呈绿色或黑色，蛋黄部完整，散如云状，蛋壳膜内壁有霉点，蛋内有活动的阴影。

劣质鲜蛋：透视时黄、白混杂不清，呈均匀灰黄色，蛋全部或大部分不透光，呈灰黑色，蛋壳及内部均有黑色或粉红色斑点，蛋壳某一部分呈黑色且占蛋黄面积的 1/2 以上，有圆形黑影（胚胎）。

（3）鲜蛋打开鉴别

① 颜色鉴别

良质鲜蛋：蛋黄、蛋清色泽分明，无异常颜色。

次质鲜蛋：一类次质鲜蛋的颜色正常，蛋黄有圆形或网状血红色，蛋清颜色发绿，其他部分正常。二类次质鲜蛋的蛋黄颜色变浅，色泽分布不均匀，有较大的环状或网状血红色，蛋壳内壁有黄中带黑的黏痕或霉点，蛋清与蛋黄混杂。

劣质鲜蛋：蛋内液态流体呈灰黄色、灰绿色或暗黄色，内杂有黑色霉斑。

② 性状鉴别

良质鲜蛋：蛋黄呈圆形凸起而完整，并带有韧性，蛋清浓厚、稀稠分明，系带粗白而有韧性，并紧贴蛋黄的两端。

次质鲜蛋：一类次质鲜蛋的性状正常或蛋黄呈红色的小血圈或网状血丝。二类次质鲜蛋的蛋黄扩大、扁平，蛋黄膜增厚发白，蛋黄中呈现大血环，环中或周围可见少许血丝，蛋清变得稀薄，蛋壳内壁有蛋黄的粘连痕迹，蛋清与蛋黄相混杂，但无异味。

劣质鲜蛋：蛋清和蛋黄全部变得稀薄浑浊，蛋膜和蛋液中都有霉斑或蛋清呈胶冻样霉变，胚胎形成长大。

③ 气味鉴别

良质鲜蛋：具有鲜蛋的正常气味，无异味。

次质鲜蛋：具有鲜蛋的正常气味，无异味。

劣质鲜蛋：有臭味、霉变味或其他不良气味。

2．皮蛋的感官鉴别检验

（1）外观鉴别

良质皮蛋：外表泥状包料完整、无霉斑，包料去掉后蛋壳亦完整无损，去掉包料后用手抛起约 30cm 高自然落于手中有弹性感，摇晃时无动荡声。

次质皮蛋：外观无明显变化或裂纹，推动试验弹性差。

劣质皮蛋：包料破损不全或发霉，剥去包料后，蛋壳有斑点或破、漏现象，有的内容物已被污染，摇晃后有水荡声或感觉轻飘。

（2）灯光透照鉴别

良质皮蛋：呈玳瑁色，蛋内容物凝固不动。

次质皮蛋：蛋内容物凝固不动，或有部分蛋清呈水样，或气室较大。

劣质皮蛋：蛋内容物不凝固，呈水样，气室很大。

(3) 打开鉴别

① 组织状态鉴别

良质皮蛋：整个蛋凝固、不粘壳、清洁而有弹性，呈半透明的棕黄色，有松花样纹理。将蛋纵剖可见蛋黄呈浅褐色或浅黄色，中心较稀。

次质皮蛋：内容物或凝固不完全，或少量液化贴壳，或僵硬收缩，蛋清色泽暗淡，蛋黄呈墨绿色。

劣质皮蛋：蛋清黏滑，蛋黄呈灰色糊状，严重者大部分或全部液化呈黑色。

② 气味与滋味鉴别

良质皮蛋：芳香，无辛辣气。

次质皮蛋：有辛辣气味或橡皮样味道。

劣质皮蛋：有刺鼻恶臭味或有霉味。

3. 咸蛋的感官鉴别检验

(1) 外观鉴别

良质咸蛋：包料完整无损，剥掉包料后或直接用盐水腌制的可见蛋壳亦完整无损，无裂纹或霉斑，摇动时有轻度水荡漾感觉。

次质咸蛋：外观无显著变化或有轻微裂纹。

劣质咸蛋：隐约可见内容物呈黑色水样，蛋壳破损或有霉斑。

(2) 灯光透视鉴别

良质咸蛋：蛋黄凝结、呈橙黄色且靠近蛋壳，蛋清呈白色水样透明。

次质咸蛋：蛋清尚清晰透明，蛋黄凝结呈现黑色。

劣质咸蛋：蛋清浑浊，蛋黄变黑，转动蛋时蛋黄黏滞，蛋质量更低劣者，蛋清蛋黄都发黑或全部溶解成水样。

(3) 打开鉴别

良质咸蛋：生蛋打开可见蛋清稀薄透明，蛋黄呈红色或淡红色，浓缩黏度增强，但不硬，煮熟后打开，可见蛋清白嫩，蛋黄口味有细沙感，富于油脂，品尝则有咸蛋固有的香味。

次质咸蛋：生蛋打开后蛋清清晰或为白色水样，蛋黄发黑黏固，略有异味，煮熟后打开蛋清略带灰色，蛋黄变黑，有轻度的异味。

劣质咸蛋：生蛋打开后蛋清浑浊，蛋黄已大部分溶化，蛋清蛋黄全部呈黑色，有恶臭味，煮熟后打开，蛋清灰暗或黄色，蛋黄变黑或散成糊状，严重者全部呈黑色，有臭味。

三、乳及乳制品的感官鉴别检验

感官鉴别乳和乳制品，主要指的是眼观其色泽和组织状态、嗅其气味和尝其滋味，应做到三者并重，缺一不可。对于乳而言，应注意其色泽是否正常、质地是否均匀细腻、滋味是否纯正以及乳香味如何，同时应留意杂质、沉淀、异味等情况，以便做出综合性的评价。对于乳制品而言，除注意上述鉴别内容外，有针对性地观察了解诸如酸乳有无乳清分离、乳粉有无结块、奶酪切面有无水珠和霉斑等情况，对于感官鉴别也有重要意义。必要时可以将乳制品冲调后进行感官鉴别。

1. 鲜乳的感官鉴别检验

(1) 色泽鉴别

良质鲜乳：为乳白色或稍带微黄色。

次质鲜乳：色泽较良质鲜乳差，白色中稍带青色。

劣质鲜乳：呈浅粉色或显著的黄绿色，或是色泽灰暗。

(2) 组织状态鉴别

良质鲜乳：呈均匀的流体，无沉淀、凝块和机械杂质，无黏稠和浓厚现象。

次质鲜乳：呈均匀的流体，无凝块，但可见少量微小的颗粒，脂肪聚黏表层呈液化状态。

劣质鲜乳：呈稠而不匀的溶液状，有乳凝结成的致密凝块或絮状物。

(3) 气味鉴别

良质鲜乳：具有乳特有的乳香味，无其他任何异味。

次质鲜乳：乳中固有的香味稍淡或有异味。

劣质鲜乳：有明显的异味，如酸臭味、牛粪味、金属味、鱼腥味、汽油味等。

(4) 滋味鉴别

良质鲜乳：具有鲜乳独具的纯香味，滋味可口而稍甜，无其他任何异常滋味。

> 思考：鲜乳和乳粉，哪个补钙效果更好？

次质鲜乳：有微酸味（表明乳已开始酸败），或有其他轻微的异味。

劣质鲜乳：有酸味、咸味、苦味等。

2. 乳粉的感官鉴别检验

(1) 色泽鉴别

良质乳粉：色泽均匀一致，呈淡黄色，脱脂乳粉为白色，有光泽。

次质乳粉：色泽呈浅白色或色泽灰暗，无光泽。

劣质乳粉：色泽灰暗或呈褐色。

(2) 组织状态鉴别

良质乳粉：粉粒大小均匀，手感疏松，无结块，无杂质。

次质乳粉：有松散的结块或少量硬颗粒、焦粉粒、小黑点等。

劣质乳粉：有焦硬的、不易散开的结块，有肉眼可见的杂质或异物。

(3) 气味鉴别

良质乳粉：具有消毒牛乳纯正的乳香味，无其他异味。

次质乳粉：乳香味平淡或有轻微异味。

劣质乳粉：有陈腐味、发霉味、脂肪哈喇味等。

(4) 滋味鉴别

良质乳粉：有纯正的乳香滋味，加糖乳粉有适口的甜味，无任何其他异味。

次质乳粉：滋味平淡或有轻度异味，加糖乳粉甜度过大。

劣质乳粉：有苦涩或其他较重异味。

164

3. 酸牛乳的感官鉴别检验

(1) 色泽鉴别

良质酸牛乳：色泽均匀一致，呈乳白色或稍带微黄色。

次质酸牛乳：色泽不匀，呈微黄色或浅灰色。

劣质酸牛乳：色泽灰暗或出现其他异常颜色。

(2) 组织状态鉴别

良质酸牛乳：凝乳均匀细腻，无气泡，允许有少量黄色脂膜和少量乳清。

次质酸牛乳：凝乳不均匀也不结实，有乳清析出。

劣质酸牛乳：凝乳不良，有气泡，乳清析出严重或乳清分离，瓶口及酸牛乳表面均有霉斑。

(3) 气味鉴别

良质酸牛乳：有清香、纯正的酸牛乳味。

次质酸牛乳：酸牛乳香气平淡或有轻微异味。

劣质酸牛乳：有腐败味、霉变味、酒精发酵及其他不良气味。

(4) 滋味鉴别

良质酸牛乳：有纯正的酸牛乳味，酸甜适口。

次质酸牛乳：酸味过度或有其他不良滋味。

劣质酸牛乳：有苦味、涩味或其他不良滋味。

4. 奶油的感官鉴别检验

(1) 色泽鉴别

良质奶油：呈均匀一致的淡黄色，有光泽。

次质奶油：色泽较差且不均匀，呈白色或着色过度，无光泽。

劣质奶油：色泽不匀，表面有霉斑，甚至深部发生霉变，外表面浸水。

(2) 组织状态鉴别

良质奶油：组织均匀紧密，稠度、弹性和延展性适宜，切面无水珠，边缘与中心部位均匀一致。

次质奶油：组织状态不均匀，有少量孔隙，切面有水珠渗出，水珠白浊而略黏。有食盐结晶（加盐奶油）。

劣质奶油：组织不均匀，黏软、发腻、粘刀或脆硬疏松且无延展性，切面有大水珠，呈白浊色，有较大的孔隙及风干现象。

(3) 气味鉴别

良质奶油：具有奶油固有的纯正香味，无其他异味。

次质奶油：香气平淡、无味或微有异味。

劣质奶油：有明显的异味，如鱼腥味、酸败味、霉变味、椰子味等。

(4) 滋味鉴别

良质奶油：具有奶油独具的纯正滋味，无任何其他异味；加盐奶油有咸味；酸奶油有纯正的乳酸味。

次质奶油：奶油滋味不纯正或平淡，有轻微的异味。

劣质奶油：有明显的不愉快味道，如苦味、肥皂味、金属味等。

（5）外包装鉴别

良质奶油：包装完整、清洁、美观。

次质奶油：外包装可见油斑污迹，内包装纸有油渗出。

劣质奶油：不整齐、不完整或有破损现象。

四、粮油类的感官鉴别检验

1. 粮食类的感官鉴别检验

感官鉴别谷类质量的优劣时，一般依据色泽、外观、气味、滋味等项目进行综合评价。

眼睛观察可感知谷类颗粒的饱满程度，是否完整均匀，质地的紧密与疏松程度，以及其本身固有的正常色泽，并且可以看到有无霉变、虫蛀、杂物、结块等异常现象。鼻嗅、口尝及手握则能够体会到谷物的气味和滋味是否正常，有无异臭异味，含水量是否超标。其中，注重观察其外观与色泽在对谷类作感官鉴别时有着尤其重要的意义。

（1）稻谷的感官鉴别检验

① 色泽鉴别

良质稻谷：外壳呈黄色、浅黄色或金黄色，色泽鲜艳一致，具有光泽，无黄粒米。

次质稻谷：色泽灰暗无光泽，黄粒米超过2%。

劣质稻谷：色泽变暗或外壳呈褐色、黑色，肉眼可见霉菌菌丝，有大量黄粒米或褐色米粒。

> **思考：** 籼米和粳米各有什么特点？你能分清楚吗？

② 外观鉴别

良质稻谷：颗粒饱满、完整、大小均匀，无虫害及霉变，无杂质。

次质稻谷：有未成熟颗粒，少量虫蚀粒、生芽粒及病斑粒等，大小不均，有杂质。

劣质稻谷：有大量虫蚀粒、生芽粒、霉变颗粒，有结团、结块现象。

③ 气味鉴别

良质稻谷：具有纯正的稻香味，无其他任何异味。

次质稻谷：稻香味微弱，稍有异味。

劣质稻谷：有霉味、酸臭味、腐败味等不良气味。

（2）小麦的感官鉴别检验

① 色泽鉴别

良质小麦：去壳后小麦皮色呈白色、黄白色、金黄色、红色、深红色、红褐色，有光泽。

次质小麦：色泽变暗，无光泽。

劣质小麦：色泽灰暗或呈灰白色，胚芽发红、带红斑、无光泽。

② 外观鉴别

良质小麦：颗粒饱满、完整、大小均匀，组织紧密，无害虫和杂质。

次质小麦：颗粒饱满度差，有少量破损粒、生芽粒、虫蚀粒，有杂质。

劣质小麦：严重虫蚀，生芽，发霉结块，有大量赤霉病粒（被赤霉菌感染，麦粒皱缩、呆白，胚芽发红或带红斑，或有明显的粉红色霉状物），质地疏松。

③ 气味鉴别

良质小麦：具有小麦正常的气味，无任何其他异味。

次质小麦：微有异味。

劣质小麦：有霉味、酸臭味或其他不良气味。

④ 滋味鉴别

良质小麦：味佳微甜，无异味。

次质小麦：乏味或微有异味。

劣质小麦：有苦味、酸味或其他不良滋味。

（3）面粉的感官鉴别检验

① 色泽鉴别

良质面粉：色泽呈白色或微黄色，不发暗，无杂质的颜色。

次质面粉：色泽暗淡。

劣质面粉：色泽呈灰白或深黄色，发暗，色泽不均。

② 组织状态鉴别

良质面粉：呈细粉末状，不含杂质，手指捻捏时无粗粒感，无虫子和结块，置于手中紧捏后放开不成团。

次质面粉：手捏时有粗粒感，生虫或有杂质。

劣质面粉：面粉吸潮后霉变，有结块或手捏成团。

> **思考：**高筋面粉、低筋面粉、中筋面粉如何选择？使用中有哪些区别呢？

③ 气味鉴别

良质面粉：具有面粉的正常气味，无其他异味。

次质面粉：微有异味。

劣质面粉：有霉臭味、酸味、煤油味以及其他异味。

④ 滋味鉴别

良质面粉：味道可口，淡而微甜，没有发酸、刺喉、发苦、发甜以及外来滋味，咀嚼时没有沙声。

次质面粉：淡而乏味，微有异味，咀嚼时有沙声。

劣质面粉：有苦味、酸味、发甜或其他异味，有刺喉感。

（4）玉米的感官鉴别检验

① 色泽鉴别

良质玉米：具有各种玉米的正常颜色，色泽鲜艳，有光泽。

次质玉米：颜色发暗，无光泽。

劣质玉米：颜色灰暗，无光泽，胚部有黄色或绿色、黑色的菌丝。

② 外观鉴别

良质玉米：颗粒饱满完整，均匀一致，质地紧密，无杂质。

次质玉米：颗粒饱满度差，有破损粒、生芽粒、虫蚀粒、未熟粒等，有杂质。

劣质玉米：有大量生芽粒、虫蚀粒，或发霉变质、质地疏松。

③ 气味鉴别

良质玉米：具有玉米固有的气味，无任何其他异味。

次质玉米：微有异味。

劣质玉米：有霉味、腐败变质味或其他不良气味。

④ 滋味鉴别

良质玉米：具有玉米的固有滋味，微甜。

次质玉米：微有异味。

劣质玉米：有酸味、苦味、辛辣味等不良滋味。

2. 植物油脂的感官鉴别检验

食用植物油的感官鉴别要点主要包括气味、色泽、滋味、透明度和沉淀物等方面。每种食用油均有其特有的气味，油的气味正常与否，可以说明油料的质量、油的加工技术及保管条件等的好坏。各种食用油由于加工方法、消费习惯和标准要求的不同，其色泽有深有浅。质量好的液体状态油脂，应呈透明状，如果油质浑浊，透明度低，说明油中水分多、黏蛋白和磷脂多，加工精炼程度差，掺了假的油脂。油脂的质量越高，沉淀物越少，说明油脂加工精炼程度高，包装质量好。除小磨香油带有特有的芝麻香味外，一般食用油多无任何滋味，油脂滋味有异感，说明油料质量、加工方法、包装和保管条件等不良。

（1）大豆油的感官鉴别检验

① 色泽鉴别

良质大豆油：呈黄色至橙黄色。

次质大豆油：呈棕色至棕褐色。

② 透明度鉴别

良质大豆油：完全清晰透明。

次质大豆油：稍浑浊，有少量悬浮物。

③ 水分含量鉴别

良质大豆油：水分不超过 0.2%。

次质大豆油：水分超过 0.2%。

④ 杂质和沉淀鉴别

良质大豆油：可以有微量沉淀物，其杂质含量不超过 0.2%，磷脂含量不超标。

次质大豆油：有悬浮物及沉淀物，其杂质含量超过 0.2%，磷脂含量超过标准。

⑤ 气味鉴别

良质大豆油：具有大豆油固有的气味。

次质大豆油：大豆油固有的气味平淡，微有异味，如青草等味。

⑥ 滋味鉴别

良质大豆油：具有大豆固有的滋味，无异味。

次质大豆油：滋味平淡或稍有异味。

> 思考：冬天会上冻的植物油，一定是地沟油吗？

（2）花生油的感官鉴别检验

① 色泽鉴别

良质花生油：一般呈淡黄色至棕黄色。

次质花生油：呈棕黄色至棕色。

劣质花生油：呈棕红色至棕褐色，并且油色暗淡，在日光照射下有蓝色荧光。

② 透明度鉴别

良质花生油：清晰透明。

次质花生油：微浑浊，有少量悬浮物。

劣质花生油：油液浑浊。

③ 水分含量鉴别

良质花生油：水分含量不超过 0.2%。

次质花生油：水分含量超过 0.2%。

④ 杂质和沉淀物鉴别

良质花生油：有微量沉淀物，杂质含量不超过 0.1%，加热至 280℃时，油色不变深。

劣质花生油：有大量悬浮物及沉淀物，加热至 280℃时，油色变黑，并有大量沉淀析出。

⑤ 气味鉴别

良质花生油：具有花生油固有的香味（未经蒸炒直接榨取的油香味较淡），无任何异味。

次质花生油：花生油固有的香气平淡，微有异味，如青豆味、青草味等。

劣质花生油：有霉味、焦味、哈喇味等不良气味。

⑥ 滋味鉴别

良质花生油：具有花生油固有的滋味，无任何异味。

次质花生油：花生油固有的滋味平淡，微有异味。

劣质花生油：具有苦味、酸味、辛辣味以及其他刺激性或不良滋味。

（3）菜籽油的感官鉴别检验

① 色泽鉴别

良质菜籽油：呈黄色至棕色。

次质菜籽油：呈棕红色至棕褐色。

劣质菜籽油：呈褐色。

② 透明度鉴别

良质菜籽油：清澈透明。

次质菜籽油：微浑浊，有微量悬浮物。

劣质菜籽油：液体极浑浊。

③ 水分含量鉴别

良质菜籽油：水分（体积分数）不超过 0.2%。

次质菜籽油：水分（体积分数）超过 0.2%。

④ 杂质和沉淀物鉴别

良质菜籽油：无沉淀物或有微量沉淀物，杂质含量不超过 0.2%，加热至 280℃油色不变。

次质菜籽油：有沉淀物及悬浮物，其杂质含量超过 0.1%，加热至 280℃油色变深且有沉淀物析出。

劣质菜籽油：有大量的悬浮物及沉淀物，加热至 280℃时油色变黑，并有多量沉淀析出。

⑤ 气味鉴别

良质菜籽油：具有菜籽油固有的气味。

次质菜籽油：菜籽油固有的气味平淡或微有异味。

劣质菜籽油：有霉味、焦味、干草味或哈喇味等不良气味。

⑥ 滋味鉴别

良质菜籽油：具有菜籽油特有的辛辣滋味，无任何异味。

次质菜籽油：菜籽油滋味平淡或略有异味。

劣质菜籽油：有苦味、焦味、酸味等不良滋味。

（4）芝麻油的感官鉴别检验

① 色泽鉴别

良质芝麻油：呈棕红色至棕褐色。

次质芝麻油：色泽较浅（掺有其他油脂）或偏深。

劣质芝麻油：呈褐色或黑褐色。

② 透明度鉴别

良质芝麻油：清澈透明。

次质芝麻油：有少量悬浮物，略浑浊。

劣质芝麻油：油液浑浊。

③ 水分含量鉴别

良质芝麻油：水分（体积分数）不超过 0.2%。

次质芝麻油：水分（体积分数）超过 0.2%。

④ 杂质和沉淀物鉴别

良质芝麻油：有微量沉淀物，其杂质含量不超过 0.2%，将油加热到 280℃时，油色无变化且无沉淀物析出。

次质芝麻油：有较少量沉淀物及悬浮物，其杂质含量超过 0.2%，将油加热到 280℃时，油色变深，有沉淀物析出。

劣质芝麻油：有大量的悬浮物及沉淀物存在，油被加热到 280℃时，油色变黑且有较多沉淀物析出。

⑤ 气味鉴别

良质芝麻油：具有芝麻油特有的浓郁香味，无任何异味。

次质芝麻油：芝麻油特有的香味平淡，稍有异味。

劣质芝麻油：除芝麻油微弱的香气外，还有霉味、焦味、油脂酸败味等不良气味。

⑥ 滋味鉴别

良质芝麻油：具有芝麻固有的滋味，口感滑爽，无任何异味。

次质芝麻油：具有芝麻固有的滋味，但是显得淡薄，微有异味。

劣质芝麻油：有较浓重的苦味、焦味、酸味、刺激性辛辣味等不良滋味。

3. 常见植物油脂掺假检验方法

（1）掺假芝麻油的鉴别　近年来，市场上的掺假芝麻油是个比较严重的问题。掺假的物质主要有三大类：水、淀粉和低于芝麻油价格的植物油脂。感官鉴别掺假芝麻油的方法如下：

① 看色泽　不同的植物油，有不同的色泽，可倒点油在手心上或白纸上观察，大磨芝麻油淡黄色，小磨芝麻油红褐色。目前集市上出售的芝麻油，掺入多是毛麻籽油、菜籽油等，掺入毛麻籽油后的油色发黑，掺入菜籽油后的油色呈棕黄色。

② 闻气味　每种植物油都具有本身种子的气味，如芝麻油有芝麻香味，大豆油有豆腥味，菜籽油有菜籽味等。如果芝麻油中掺入了某一种植物油，则芝麻油的香气消失，只有掺入油的气味。

③ 看亮度　在阳光下观察油质，纯质芝麻油澄清透明，没有杂质。掺假的芝麻油油液浑浊，杂质明显。

④ 看泡沫　将油倒入透明的白色玻璃瓶内，用力摇晃，如果不起泡沫或有少量泡沫，并能很快消失的，说明是真芝麻油；如果泡沫多，呈白色，消失慢，说明油中掺入了花生油；如果泡沫呈黑色，且不易消失，闻之有豆腥味的，则掺入了大豆油。

⑤ 尝滋味　纯质芝麻油，入口浓郁芳香，掺入菜籽油、大豆油、棉籽油的芝麻油，入口发涩。

(2) 掺假大豆油的鉴别　大豆油的真假鉴别，首先要知道大豆油的品质特征，大豆油的正常品质特征改变了，说明质量改变了。鉴别掺假方法如下：

① 看亮度　质量好的大豆油，质地澄清透明，无浑浊现象。如果油质浑浊，说明其中掺了假。

② 闻气味　大豆油具有豆腥味，无豆腥味的油，说明其中掺了假。

③ 看沉淀　质量好的大豆油，经过多道程序加工，其中的杂质已被分离出，瓶底不会有杂质沉淀现象，如果有沉淀物，说明大豆油粗糙或掺有淀粉类物质。

④ 试水分　将油倒入锅中少许，加热时，如果油中发出"啪啪"声，说明油中有水。亦可在废纸上滴数滴油，点火燃烧时，如果发出"啪啪"声，说明油中掺了水。

(3) 食用油中掺入棉籽油的鉴别　植物油中掺入棉籽油的感官鉴别方法是油花泡沫呈绿色或棕黄色，将油加热后抹在手心上，可嗅出棉籽油味。

(4) 食用油中掺入矿物油的鉴别

① 看色泽　食用油中掺入矿物油后，色泽比纯食用油深。

② 闻气味　用鼻子闻时，能闻到矿物油的特有气味，即使食用油中掺入的矿物油较少，也可使原食用油的气味变淡或消失。

③ 口试　掺入矿物油的食用油，入嘴有苦涩味。

(5) 食用油中掺入盐水的鉴别

① 看色泽　掺入盐水的食用油失去了纯油质的色泽，使色泽变淡。

② 看透明度　由于盐水比较明亮，掺入食用油中以后使食用油的浓度降低，油液更为淡薄明亮。

③ 口试　掺入盐水的食用油，入嘴有咸味感。

④ 热试　掺入盐水的食用油，入锅加热后，会发出"啪啪"声。

(6) 食用油中掺入米汤的鉴别　食用油中掺入米汤是较为常见的掺假方式，掺入米汤的食用油，虽然对人体无害，但能使油质变坏，不利于炒菜。

① 看色泽　不论何种植物油，掺入白色的米汤，都会使油质失去原有色泽，使油质色泽变浅，夏季观察时，油和米汤分成两层。

② 看透明度　米汤是一种淀粉质的糊状体，缺乏透明度，一旦掺入食用油中，使油的纯度降低，折射率增大，透明度变差。

③ 闻气味　每种纯质食用油都具有该油料本身的气味，如芝麻油有芝麻香味，大豆油有豆腥味。掺入米汤的食用油，气味变淡或消失。

④ 热试：掺入米汤的食用油，入锅加热后，会发出"啪啪"声。

(7) 食用油中掺入蓖麻油的鉴别　食用油中掺入蓖麻油，感官鉴别方法是将油样静置一定时间，使食用油与蓖麻油自动分离两层，食用油在上层，蓖麻油在下层。

五、调味品的感官鉴别检验

调味品的感官评定指标主要包括色泽、气味、滋味和外观形态等。其中气味和滋味在评定时具有尤其重要的意义，只要某种调味品在品质上稍有变化，就可以通过其气味和滋味微妙地表现出来，故在进行感官评价时，应该特别注意这两项指标的应用。另外，对于液态调味料还应目测其色泽是否正常，更要注意酱、酱油、食醋等表面是否有白醭或已经生蛆，对于固态调味品还应目测其外形或晶粒是否完整，所有调味品均应在感官指标上掌握不霉、不臭、不酸败、不板结、无异物、无杂质、无寄生虫的程度。

1．酱油的感官鉴别检验

（1）色泽鉴别

良质酱油：呈棕褐色或红褐色（白色酱油除外），色泽鲜艳，有光泽。

次质酱油：色泽无明显变化。

劣质酱油：色泽发乌、浑浊，灰暗而无光泽。

（2）体态鉴别

良质酱油：澄清，无霉花浮膜，无肉眼可见的悬浮物，无沉淀，浓度适中。

次质酱油：微浑浊或有少量沉淀。

劣质酱油：严重浑浊，有较多的沉淀和霉花浮膜，有蛆虫。

（3）气味鉴别

良质酱油：具有酱香或酯香等特有的芳香味，无其他不良气味。

次质酱油：具有平淡酱香味和酯香味。

劣质酱油：无酱油的芳香或香气平淡，并且有焦煳、酸败、霉变和其他令人厌恶的气味。

（4）滋味鉴别

良质酱油：味道鲜美适口而醇厚，柔和味长，咸甜适度，无异味。

次质酱油：感觉鲜美味淡，无酱香，醇味薄，略有苦、涩等异味和霉味。

2．食醋的感官鉴别检验

（1）色泽鉴别

良质食醋：呈琥珀色、棕红色或白色。

次质食醋：色泽无明显变化。

劣质食醋：色泽不正常，发乌无光泽。

（2）体态鉴别

良质食醋：液态澄清，无悬浮物和沉淀物，无霉花浮膜，无醋鳗、醋虱或醋蝇。

次质食醋：液态微浑浊或有少量沉淀，或生有少量醋鳗。

> **思考：** 中国醋的两大产地是哪里？

劣质食醋：液态浑浊，有大量沉淀，有片状白膜悬浮，有醋鳗、醋虱和醋蝇等。

（3）气味鉴别

良质食醋：具有食醋固有的气味和醋酸气味，无其他异味。

次质食醋：香气正常不变或略平淡，微有异味。

劣质食醋：失去了固有的香气，具有酸臭味、霉味或其他不良气味。

（4）滋味鉴别

良质食醋：酸味柔和，稍有甜口，无其他不良异味。

次质食醋：滋味不纯正或酸味欠柔和。

劣质食醋：具有刺激性的酸味，有涩味、霉味或其他不良异味。

3. 味精的感官鉴别检验

（1）色泽鉴别

良质味精：洁白光亮。

次质味精：色泽灰白。

劣质味精：色泽灰暗或呈黄铁锈色，无光泽。

（2）外形鉴别

良质味精：含谷氨酸钠 90% 以上的味精呈柱状晶粒，含谷氨酸钠 80%～90% 的味精呈粉末状，无杂质及霉迹。

次质味精：晶粒大小不均匀，粉末状者居多数。

劣质味精：有结块，有肉眼可见的杂质及霉迹。

（3）气味鉴别

良质味精：无任何气味。

次质味精：微有异味。

劣质味精：有异臭味，化学药品气味及其他不良气味。

（4）滋味鉴别

良质味精：味道极鲜，具有鲜咸肉的美味，略有咸味（含氯化钠的），无其他异味。

次质味精：滋味正常或微有异味。

劣质味精：有苦味、涩味、霉味及其他不良滋味。

4. 酱类的感官鉴别检验

（1）色泽鉴别

良质酱类：呈红褐色或棕红色，油润发亮，鲜艳而有光泽。

次质酱类：色泽较深或较浅。

劣质酱类：色泽灰暗，无光泽。

（2）体态鉴别

良质酱类：呈现黏稠适度，不干不稀，无霉花，无杂质。

次质酱类：过干或过稀。

劣质酱类：有霉花、杂质和蛆虫等。

（3）气味鉴别

良质酱类：具有酱香和酯香气味，无其他异味。

次质酱类：酱的固有香气不浓，平淡。

劣质酱类：有酸败味或霉味等不良气味。

（4）滋味鉴别

良质酱类：滋味鲜美，入口酥软，咸淡适口，有豆酱或面酱独特的滋味，无其他不良滋味。

次质酱类：有苦味、涩味、焦煳味、酸味及其他异味。

5．食盐的感官鉴别检验

（1）颜色鉴别

良质食盐：颜色洁白。

次质食盐：灰白色或淡黄色。

劣质食盐：暗灰色或黄褐色。

（2）外形鉴别

良质食盐：结晶整齐一致，坚硬光滑，呈透明或半透明。不结块，无反卤吸潮现象，无杂质。

次质食盐：晶粒大小不匀，光泽暗淡，有易碎的结块。

劣质食盐：有结块和反卤吸潮现象，有外来杂质。

> 思考：盐有保质期吗？

（3）气味鉴别

良质食盐：无气味。

次质食盐：无气味或夹杂轻微的异味。

劣质食盐：有异臭或其他外来异味。

（4）滋味鉴别

良质食盐：具有纯正的咸味。

次质食盐：有轻微的苦味。

劣质食盐：有苦味、涩味或其他异味。

六、酒类的感官鉴别检验

酒的感官鉴别主要从色泽、香气、口味及风格特征等方面进行。酒样注入洁净、干燥的品酒杯中（注入量为品酒杯的 1/2～2/3），在明亮处观察，记录其色泽、清亮程度、沉淀及悬浮物情况。然后用鼻进行嗅闻，记录其香气特征。检查香气的一般方法是将酒杯端在手中，离鼻子 7.6cm，进行初闻，再用左手扇风闻，鉴别酒香的芳香浓郁程度，然后将酒杯接近鼻子进行细闻，轻轻摇动酒杯，分析其香气是否纯正等。喝入少量样品（约 2mL）于口中，以味觉器官仔细品尝，记下口味特征。通过品评样品的香气、口味并综合分析，判断是否具有该产品的风格特点，并记录其典型程度。

1．白酒的感官鉴别检验

（1）色泽和外观鉴别

优级高度白酒：无色或微黄，清亮透明，无悬浮物，无沉淀。当酒的温度低于 10℃ 时，允许出现白色絮状沉淀物质或失光。10℃ 以上时应逐渐恢复正常。

一级高度白酒：无色或微黄，清亮透明，无悬浮物，无沉淀。当酒的温度低于 10℃ 时，允许出现白色絮状沉淀物质或失光。10℃ 以上时应逐渐恢复正常。

优级低度白酒：无色或微黄，清亮透明，无悬浮物，无沉淀。当酒的温度低于 10℃ 时，允许出现白色絮状沉淀物质或失光。10℃ 以上时应逐渐恢复正常。

一级低度白酒：无色或微黄，清亮透明，无悬浮物，无沉淀。当酒的温度低于 10℃ 时，允许出现白色絮状沉淀物质或失光。10℃以上时应逐渐恢复正常。

（2）香气鉴别

优级高度白酒：具有浓郁的己酸乙酯（或乙酸乙酯）为主体的复合香气。

一级高度白酒：具有己酸乙酯（或乙酸乙酯）为主体的复合香气。

优级低度白酒：具有较浓郁的己酸乙酯（或乙酸乙酯）为主体的复合香气。

一级低度白酒：具有己酸乙酯（或乙酸乙酯）为主体的复合香气。

（3）口味鉴别

优级高度白酒：酒体醇和协调，绵甜爽净，余味悠长。

一级高度白酒：酒体较醇和协调，绵甜爽净，余味较长。

优级低度白酒：酒体醇和协调，绵甜爽净，余味较长。

一级低度白酒：酒体较醇和协调，绵甜爽净。

（4）风格鉴别

优级高度白酒：具有本品典型的风格。

一级高度白酒：具有本品明显的风格。

优级低度白酒：具有本品典型的风格。

一级低度白酒：具有本品明显的风格。

2．葡萄酒的感官鉴别检验

（1）色泽和外观鉴别

良质葡萄酒：澄清、透亮、有光泽，无明显沉淀物。

次质葡萄酒：澄清、略失光、微浑浊。

劣质葡萄酒：失光、浑浊、有明显沉淀物。

（2）香气鉴别

良质葡萄酒：香气怡悦、果香浓郁。

次质葡萄酒：香气纯正、果香轻微。

劣质葡萄酒：有香气，有异味，如氧化味、硫化氢味、霉臭味等。

（3）口味鉴别

良质葡萄酒：口感纯净，优雅，甜润适口，醇美和谐，酒体丰满。

次质葡萄酒：微酸爽口、口味淡薄。

劣质葡萄酒：口味粗糙，过酸或过腻，有异味。

3．啤酒的感官鉴别检验

（1）色泽鉴别

良质啤酒：浅黄色带绿，不呈暗色，有光泽，清亮透明，无明显悬浮物。

次质啤酒：色淡黄或稍深些，透明或有光泽，有少许悬浮物或沉淀。

劣质啤酒：色泽暗而无光或失光，有明显悬浮物和沉淀物，严重者酒体浑浊。

（2）泡沫鉴别

良质啤酒：倒入杯中时起泡力强，泡沫为1/2～2/3杯高，洁白细腻，挂杯持久（4min以上）。

次质啤酒：倒入杯中泡沫升起，色较洁白，挂杯时间持续2min以上。

劣质啤酒：倒入杯中稍有泡沫且消散很快，有的根本不起泡沫，起泡者泡沫粗黄，不挂杯，似一杯冷茶水状。

（3）香气鉴别

良质啤酒：有明显的酒花香气，无生酒花味，无老化味及其他异味。

次质啤酒：有酒花香气但不明显，也没有明显的异味和怪味。

劣质啤酒：无酒花香气，有怪异气味。

（4）口味鉴别

良质啤酒：口味纯正，酒香明显，无任何异杂滋味。酒质清冽，酒体协调柔和，杀口力强，苦味细腻微弱且略显愉快，无后苦，有再饮欲。

次质啤酒：口味较纯正，无明显的异味，酒体较协调，具有一定杀口力。

> 思考：啤酒的苦味从何而来呢？

劣质啤酒：味不正，有明显的异杂味、怪味，如酸味或甜味过于浓重，有铁腥味、苦涩味或淡而无味，严重者不堪入口。

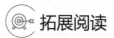

拓展阅读

正确看待食品添加剂

食品添加剂是现代食品工业生产中不可缺少的物质，正确使用食品添加剂对提高食品感官质量和营养价值、防止食品变质、延长食品保存期等具有一定意义。

1. 什么是食品添加剂？

食品添加剂是指为改善食品品质和色、香、味，以及为防腐、保鲜和加工工艺的需要而加入食品中的人工合成或天然物质。食品用香料、胶基糖果中基础剂物质、食品工业用加工助剂、营养强化剂也包括在内。在食品的加工、包装、运输以及贮藏过程中，为了保持食品的营养成分，增强食品的感官性状，适当使用一些食品添加剂是有必要的。正确合理使用食品添加剂对人体健康是无害的，但是要求使用量必须控制在最低有效量的水平，否则会影响食品的安全性，危害人体健康。

2. 食品添加剂安全性如何确定？

凡是列入我国食品安全国家标准 GB 2760 中的食品添加剂都必须按我国食品安全性毒理学评价程序进行安全性评价，经过全国食品添加剂标准化技术委员会审定，并报请卫生健康委批准。使用食品添加剂的关键在于使用量，抛开剂量谈危害，都是不科学的。任何一种食品添加剂在规定的范围和用量下使用不仅是安全的，也是必要的。

3. 食品添加剂是食品掺伪吗？

食品添加剂在安全范围内是允许添加的，它和食品掺伪不是一个概念，掺伪并不是以改善食品品质为目的，而是以增加产品额外价值为目的的，并且掺伪是一种以假乱真的行为，是被明令禁止的。

总体来说，食品添加剂的出现促进了食品工业的发展，是食品加工产业的进步，正确使用添加剂对人体健康是无害的。严禁滥用食品添加剂。

思考题

1. 消费者感官评价的应用范围有哪些？
2. 为什么要进行消费者筛选？
3. 消费者感官检验方法有哪些？
4. 感官评价应用于食品质量控制，有什么特点？
5. 如何进行新产品的开发？
6. 在食品新产品开发过程中，哪些环节可以应用到感官评价方法？
7. 为什么说感官评价是市场调查的组成部分？
8. 调查 2～3 家著名企业，总结一下他们的新产品开发战略。

技能训练　西式糕点市场调研

【目的】

1. 学会感官检验方法在产品市场调查中的应用以及市场调查问卷的设计。

2. 了解西式糕点的市场潜力和动向；培养实验设计能力、独立分析和解决问题的能力以及综合运用知识的能力。

【原理】

根据所学食品感官检验的基础理论知识，结合现有的实验条件，通过查阅相关文献资料，全面了解市售的西式糕点，设计简易可行的西式糕点市场调查实验方案，对西式糕点的市场走向和产品形式、产品感官特征、产品市场接受度等进行调查和分析，确定西式糕点的市场动向，形成调研报告。

【样品及器材】

各类调研的西式糕点、盘、托盘等。

【步骤】

① 分成 3～4 组，每组选出一名组长，拟在不同的场所进行调查。

② 根据西式糕点的性质和实验目的，每组独立设计市场调查问卷，完成后，组与组之间进行讨论，形成一份完整可行的西式糕点市场调查问卷，并准备必要的实验样品和工具。

③ 在学校或其他选定的公共场合组织调查，分发调查问卷，必要时进行产品现场品尝，详细记录相关信息，回收调查问卷（要求每组有效问卷的数量在 50 份以上）。

④ 每组统计有效的调查问卷，形成各组的市场调查报告。

⑤ 每班结合各组的调查结果，拟写一份本地西式糕点市场动向的调查报告，最后将各班的调查结果进行比较和汇总。

【结果与分析】

1. 实验结束后每组提交完整的实验设计方案，市场调查问卷，问卷的回收和统计结果，市场动向调查报告。

2. 要求报告符合规范、图表清晰，对调查结果进行详细的统计和分析。每个班对各组的实验结果进行综合，拟写一份本地西式糕点市场动向的调查报告。

项目七

现代仪器分析在食品感官检验中的应用

👁 知识目标

1. 熟悉各类鉴定和分析食品感官风味的仪器类型和原理。

2. 了解色差计、机器视觉技术、气质联用、液质联用、电子鼻、电子舌、流变仪和质构仪等在食品领域中的应用情况和研究进展。

⚡ 能力目标

1. 熟悉不同仪器的应用原理和应用范围。

2. 学会根据需要鉴定食品的感官类型来选择合适的分析仪器进行感官评价。

🎯 素养目标

1. 用辩证的思想和发展眼光看待问题，用矛盾论的观点分析科研中的问题。

2. 体会执着钻研的精神和科学发展的规律，要有国际视野，关注国际的动态，进行技术储备。

在食品成分分析、定性定量分析、安全性分析及添加剂等物质的分析方法中，最常用的是仪器分析。仪器分析是一种通过探针、传感器、放大器、分析转换器等直接或间接地利用物质各种性质（如物理、化学、生理等性质）转化成人可以感受的已知的物质组成、含量、分布或结构等信息的分析方法，也可以说仪器分析是利用各学科的基本原理和电、光、精密仪器制造等先进技术，探索物质化学特性的一种分析方法。

仪器分析是一门综合性较强的学科，随着科学技术的迅速发展，尤其是精密分析仪器的出现，使食品感官评价的研究方法不断得到改进和完善。研究者们为找出待评价样品成分和感官之间的关系或使感官评价量化，在感官评价（包括传统感官评价和基于数学方法的感官评价）完成后，会借助颜色识别仪器、风味鉴别仪器以及质地检测仪器等对样品感官因素进行验证或者测定。

知识点一　食品颜色识别仪器及应用

一、食品颜色识别研究现状

颜色能够反映出食品的安全性、成熟度和新鲜度等关键信息，并且视觉感受是人们对食品第一感觉，因此在消费者选购时起着重要的作用。目前对于食品

> **思考：** 颜色如何反映食品的成熟度和新鲜度呢？

颜色识别的方法除了感官评价外主要包括仪器分析和机器视觉技术（电子眼），其中测色仪器主要是分光光度计和色差计两大类。

二、食品颜色测定仪器

1．色差计

（1）色差计的测定原理 色差是指两个颜色在颜色知觉上的差异，包括明度差、彩度差和色相差三个方面。常用的色度空间是 CIELAB 颜色空间，它是利用 L^*、a^* 和 b^* 三个不同的坐标轴，指示颜色在几何坐标图中的位置及代号。任何颜色的色彩变化可以用 a^*、b^* 数值来表示，任何颜色的层次变化可以用 L^* 数值来表示，用 L^*、a^* 和 b^* 三个数值就可以描述自然界中的任何色彩（如图 7-1）。

（2）色差计在食品领域中的应用 食品的颜色是食品的外观指标，通过测定食品的颜色即可达到检验其质量的目的。

① 面粉：白度值高的面粉用肉眼观察色泽较困难，因此使用色差计对面粉色泽的因素进行区分，还可以精确地比较不同面粉样品之间的色差。

图 7-1　色差计示意图

② 肉类：新鲜度检验的理化和微生物学方法易受到品种、采样部位、家畜宰前状况等因素的影响，而色差计法检测肉的新鲜度速度快、操作简便、条件容易控制，能规律性地反映肉的新鲜程度。

③ 葡萄酒：根据葡萄酒的色度和色调，能够判断一瓶葡萄酒的氧化程度和质量好坏。Margaret 等采用色差计分析得出葡萄酒中的酚类物质花色素、单宁含量与色度值存在线性关系。

2．机器视觉技术

（1）机器视觉的组成与关键技术 一般来说，机器视觉系统包括照明系统、成像系统、视觉信息处理等关键组成部分。

① 照明系统：将外部光以合适的方式照射到被测目标物体以突出图像的特定特征，并抑制外部干扰，提高系统检测精度与运行效率。

② 成像系统：视觉系统中"眼"部分，采用镜头、工业相机与图像采集卡等相关设备获取被观测目标的高质量图像，并传送到专用图像处理系统进行处理。

③ 视觉信息处理：相当于"大脑"部分，对采集的图像进行处理分析，实现对特定目标的检测、分析与识别，并做出相应决策。

（2）机器视觉在食品领域中的应用

① 颜色检测：通常使用彩色 CCD 相机捕获食品图像，在检测过程中可以通过颜色比例区分不同的质量等级，例如使用 RGB 比率来辨别石榴的成熟度。

② 形状估计：任何产品都会有一个特定的形状，变形或奇形怪状的产品都会影响到其价格。例如使用横纵比、椭圆比和对称度来估计西瓜的形状，从而确定西瓜是否具有标准形状。

思考：方形西瓜价格会不会受影响？

③ 纹理检测：如果食品表面的纹理不同，计算机视觉系统对特定颜色的感知会有所不同。例如，通过香蕉果皮的纹理特征（衰老斑点）来区分香蕉的成熟度。

④ 缺陷检测：表面缺陷和损伤的检测是图像分析在食品检测中应用最广泛的一种。例如，马铃薯因其表面的特征而易于分级，包括划伤、擦伤、腐烂和长芽等，正确的分类准确率为 95% 以上。

知识点二　食品风味化学仪器及应用

一、食品风味化学研究现状

风味化合物分子的结构与功能对嗅觉及味觉至关重要。仪器检测技术为风味活性化合物的痕量检测和定量提供了可能，尤其是气相-质谱联用（GC-MS）、液相-质谱联用（LC-MS）的发明和日趋成熟的应用。更有人-机结合鉴定风味化合物的典型仪器气相色谱-嗅闻（GC-O）技术的发明，是风味化合物感官介入直接鉴定技术的里程碑。同时，随着现代工业的快速发展，完全凭借感官评价小组的感官评价方法难以满足数量大、范围广的产品品控要求，模拟人的感觉器官的传感器电子鼻和电子舌迅速发展起来。

二、食品风味鉴定仪器

1. 气相-质谱联用（GC-MS）

(1) 气质联用的原理　气质联用仪是由气相色谱和质谱 2 个部分串联而成的仪器。气相色谱在气质联用仪检测的过程中具有分离的作用，分离后的化学分子传送至质谱中进行检测。气相色谱串联质谱能够将复杂的有机化合物分离并准确进行定性定量检测。气质联用仪作为气相和质谱的合体，既具有气相对复杂化合物的分离能力，又具有质谱的高鉴别能力。

(2) 气质联用技术在食品领域中的应用

① 食品风味组成成分分析：黄晨等基于 GC-MS 和电子鼻技术分析不同烘烤度橡木对荔枝白兰地风味的影响；石娇娇等利用气质联用技术分离和检测甜面酱中的风味成分。该技术还能分析调味品、乳制品、果汁饮料及面食类食品，以了解其中滋味和香气的构成。

② 食品中农兽药残留检测：许多农药残留的检测标准都选择使用气质联用仪，例如食品安全国家标准水果蔬菜中 500 种农药及相关化学品残留量的测定；茶叶中 448 种农药及相关化学品残留量的测定；粮谷中 475 种农药及相关化学品残留量的测定等。同时，检测兽药残留使用气质联用仪已成大势所趋，例如水产品中己烯雌酚残留检测（农业部 1163 号公告）就使用该技术。

③ 食品中塑化剂残留检测：邻苯二甲酸酯类化合物，简称塑化剂，残留在人体和动物体内具有类似雌激素的作用，可干扰内分泌、影响生殖系统，对食品中的塑化剂进行准确检测尤为重要。气质联用仪对食品中塑化剂的检测效果较好，目前已运用在食品安全国家标准邻苯二甲酸酯的测定中。

2. 液相-质谱联用（LC-MS）

(1) 液质联用的原理　液质联用技术（LC-MS）是将液相色谱与质谱联用技术相结合的一种新型的检测技术。该技术同时兼备液相色谱的分离功能以及质谱的检测功能，不仅可以对食品中的特定物质进行提取和检测，还可以绘制出相应的质谱图。

（2）液质联用技术在食品领域中的应用

① 食品添加剂的检测：液质联用技术可以有效分析出食品中食品添加剂含量，帮助有关部门规范食品生产企业对食品添加剂的使用。

② 农药及兽药残留的检测：使用液质联用与气质联用技术可以完成农药及兽药残留的检测，确保农产品以及畜产品符合食用标准。

③ 对食品中微量元素含量的检测：用液质联用技术可以对食品中含有的微量元素进行检测，分析出微量元素的种类以及各种元素的含量。

④ 保健品中功效成分的检测：液质联用仪可以将保健品中的成分进行分离，并除去不必要的杂质，进而实现对成分含量较低物质的检测。

3. 气相色谱-嗅闻（GC-O）技术

（1）气相嗅闻的原理 气相色谱-嗅闻是将嗅味检测仪与分离挥发性物质的气相色谱结合的一种技

> 思考：气相嗅闻技术有没有人工环节参与？

术。将经过前处理的样品注入在检测器端连有嗅味检测仪的色谱柱中，而嗅探器或闻香师会在嗅味检测仪的出口记录他们在气流中所闻到的香味，并对香味进行定性描述。

（2）气相嗅闻技术在食品领域中的应用 气相色谱-嗅闻仪是将气相色谱的分离能力与人类鼻子的灵敏性结合起来，可对气味活性成分进行有效分析的方法。由于人鼻通常比任何物理检测器更为敏感，GC-O 在气味分析方面具有强大的检测能力。因为拥有 GC-MS 所不具有的优点，它在食品工业、化妆品行业、烟草行业等都有广泛的应用。例如，对杏子、桃子、梨中关键香气成分的鉴定及相关香精的开发；对酱油香气特征的分析及香气混合物模型的构建；豆乳和西番莲果汁的香气鉴定；黑大蒜关键香气物质的表征；脐橙果酒和脐橙蒸馏白酒的香气物质的比较等。

4. 电子鼻技术

（1）电子鼻的结构与原理 气味的成因和构成非常复杂，再加上物质本身的化学和物理性质，对气味进行系统性的检测比较难以实现，而采用传感矩阵的电子鼻系统可以模拟人类的嗅觉对气味进行感知。利用传感器矩阵作检测是根据样品与传感器产生的物理变化（如电阻量）而进行数据处理，基本检测系统由多个属同一类族的传感器构成，称为"传感器矩阵"，常用的为金属氧化物传感器与电化学传感器。由于在同一个仪器里装置多类不同的矩阵技术，使检测更能模拟人类嗅觉神经细胞，根据气味标志和利用化学计量统计学软件对不同气味进行快速评定。在建立数据库的基础上，对每一样品进行数据计算和识别，可得到样品的"气味指纹图"和"气味标记"（如图 7-2）。

图 7-2 电子鼻示意图

（2）电子鼻在食品领域中的应用

① 果蔬成熟度检测：利用电子鼻对果蔬气味进行辨识和分析，通过气味检测得到的数据信号与产品各种成熟度指标建立关系，从而能够达到在线检测生长中的水果或蔬菜所散发的气味，实现对成熟度、新鲜度的检测和判别。

② 肉品检测：电子鼻在肉品检测中是一种非常有发展前景的分析手段，它是通过对肉

类食品挥发性物质分析，达到分析检测的目的。在肉类工业中，电子鼻系统可以应用于肉品新鲜度检测、生产线上连续检测、判断发酵肉制品成熟度等诸多方面。

③ 酒类评定：电子鼻系统可根据酒类挥发的气味对其进行评定，进而对其分类与分级，在品牌的鉴定、异味检测、新产品的研发、原料检验、蒸馏酒品质鉴定、制酒过程管理的监控方面有广泛的应用前景。

④ 监控乳制品：乳制品生产中最重要的是进行牛乳的质量控制，在不同的热处理过程中，牛乳的挥发性成分分析已经成为取得牛乳信息和辨别不同种牛乳的最具有潜力的工具。

⑤ 茶叶审评：香气是决定茶叶品质的重要因子之一，历来受到茶叶研究者的重视。茶叶的香气含量低、组成复杂、易挥发、不稳定，因此对香气成分的提取比较困难，需要采取特殊的分离提取技术。而利用电子鼻技术对茶叶香气的分析，可以省去香气物质的提取过程，分析快速准确。

⑥ 香精识别：在香精生产中，香气是评定其内在质量的主要指标之一，传统方法是采用专家评定和化学分析相结合，专家评定的主观性太强，化学分析消耗时间长，并且得到的结果是一些数字化的东西，不直观。使用电子鼻构建神经网络对香精的识别准确率很高。

5. 电子舌技术

（1）电子舌的结构与原理　电子舌作为一种新型的现代化智能感官仪器，是以低选择性、非特异性和交互敏感性的多传感器阵列为基础，检测液体样品的整体特征响应信号，结合化学计量学方法对样品进行模式识别处理，从而进行定性和定量分析的检测技术（如图7-3）。

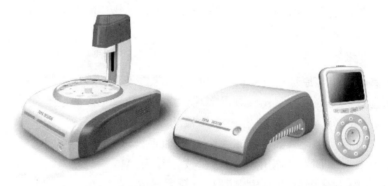

图7-3　电子舌示意图

电子舌系统主要分为三部分：传感器阵列、信息处理、模式识别。传感器阵列相当于人类的舌头，构成传感器阵列的每个传感器就相当于舌头上味蕾中的味觉细胞，具有交互敏感性，可以同时感受不同类别的化学物质。信息处理单元就相当于味觉系统中的神经感觉系统，对采集到的信号做滤波、变换以及放大等处理，并传入计算机。而模式识别单元就模拟人类的大脑，用特定的算法对被测的液体做出定性或定量的分析，整体流程模拟人脑进行分析（如图7-4）。

（2）电子舌在食品领域中的应用

① 食品的味道评价：食品的味道评价常采用感官评价法，该法受到评价员主观爱好的限制，而且检验成本随评价员的评价质量和数量的提高而增大。将电子舌应用在食品的味道评价中，作为感官评价的补充或替代，可以很好地解决上述问题。比如，Toko小组开发的

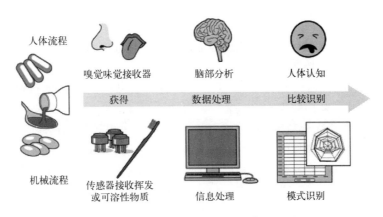

图 7-4 电子舌和电子鼻与人脑工作流程对比

味觉分析系统得到的味觉值可客观评价食品的味道组成及变化情况。Hayashi 等使用该系统测得绿茶鲜味的味觉值，根据味觉值对绿茶的鲜味按等级进行评价。

②食品的区分和鉴别：电子舌对食品进行区分和鉴别，可以应用于食品安全和品质监控，如食品原料溯源、产品质量分级、伪劣掺假鉴别和食品加工过程监测等。电子舌技术由于其获取信息的整体性和客

> 思考：电子鼻和电子舌技术可否使用在食品检测方面？

观性，广泛用于食品溯源研究中。其作为快速检测工具，能够有效地区分出酒类和茶叶产品间品质的差别，帮助实现产品的定位及配方的优化。不少研究者将电子舌应用于伪劣产品和掺假鉴别研究中，并取得了较好的鉴别效果。

知识点三 食品质地评定仪器及应用

一、食品质地特性研究现状

目前，人们对食品的要求，随着消费倾向的变化、食品工业的迅速发展而越来越高。在体现食品质地的因素中，不再仅仅是食品的卫生、营养成分，物理特性也占据了重要的地位。在食品"形"的研究方面，以研究流变仪和质构仪对食品流变学特性、拉伸、硬度、脆度等物理特性与食品质地之间的关系为多。用仪器测定指标对食品的营养风味特性进行定量表征来代替以往经常采用的感官评价法，并在此基础上，保证和提高食品的嗜好品质，成为当前食品开发和质量控制的一个重要方面。

二、食品质地分析仪器

1. 流变仪

(1) 流变仪的测定原理 流变仪是一种对各种材料的流动行为、变形行为、黏弹行为、使用性能、加工性能、结构特性、热力学特性等性质进行研究的仪器。流变仪是食品流变学研究的基本工具，主要用于测量已知流量流体产生的应变或在已知力的作用下对流体产生的阻力时流体的流变学特性。不同的测量系统可以采用旋转、蠕变、松弛和摆动等方法进行（如图 7-5）。

（2）流变仪在食品领域中的应用

① 了解食品加工的物理特性：例如，了解食品物料的流动性质以便食品厂输送管路的设计；加工面类食品时需要对面团的流变性加以控制；烹饪中的拔丝山药、糕点中的奶油裱花以把握加工对象的物理特性。

② 建立食品品质客观评价的方法：通过测试各种食品的储能模量和相位角（黏弹性）随浓度、温度的变化，从而较为准确地表达出口感。

③ 了解食品的生化变化和组织结构：通过物性往往可以较好地反映食品内部组织的状态变化，例如通过测定黏弹性的方法，能够简便了解到面团面筋的网络形成程度。

④ 改善食品的风味："筋道"感是面条的重要品质评价指标，用流变仪对其定量表达，会对产品的开发起到关键的作用。

2. 质构仪

（1）质构仪的测定原理　食品质构的仪器测量方法是通过仪器、设备获取食品的物理性质，然后根据某些分析评价方法将获取的物理信号和质构参数建立联系，从而评价食品的质构。食品质构测量仪器按测量的方式可分为专有测量仪器、通用测量仪器，专有测量仪器又可分为压入型、挤压型、剪切型、折断型、拉伸型等；按测试原理可分为力学测量仪器、声音测量仪器、光学测量仪器等；按食品的质构参数可分为硬度仪、嫩度计、黏度仪、淀粉粉力仪等（如图 7-6）。

图 7-5　流变仪示意图　　　　　图 7-6　质构仪示意图

（2）质构仪在食品领域中的应用

① 食品的质构分析：许多学者用质构仪分析食品在贮藏、保鲜、货架期等过程中的质构变化特性，从而得出影响食品质变的质构特征。例如，潘秀娟等研究认为嘎拉苹果采后较红富士苹果更易出现绵软的质地特性。

② 应用于果蔬贮藏、产品研发等过程中的工艺优化：利用质构仪检测产品品质、优化产品研发工艺，是质构仪在食品品质测定方面的发展趋势。例如，丁长河等用质构方法将传统的酵头馒头与工业化生产的馒头相比较，发现传统工艺制作的产品咀嚼性和凝聚性比较高，但是弹性上无太大差别。

③ 与感官评定具有相关性：质构仪测定结果与感官评定结果之间的相关性研究在谷物类、乳制品、肉及肉制品、海产品、果蔬、凝胶、休闲食品等各个领域均有报道，二者具有

较高的相关性。

④ 食品物性特征与生理生化机制方面的研究：果实、鲜肉等食品的质地变化与其生理指标之间有很大的关联性。例如，胡亚云等研究认为葡萄表皮硬度越大，提取的花青素越多。

思考：面团和饼干分别使用哪种质地检测仪器进行分析？

3. 粉质仪

（1）粉质仪的测定原理 粉质仪是分析面团揉混特性的专门仪器，常用于测定小麦粉的吸水量和揉混面团时的稳定性。粉质仪是根据揉混面团时所受阻力的原理设计的，测定小麦粉加水后面团形成和发展过程中"力"的变化行为，反映面团形成和发展过程中的特性变化（如图 7-7）。

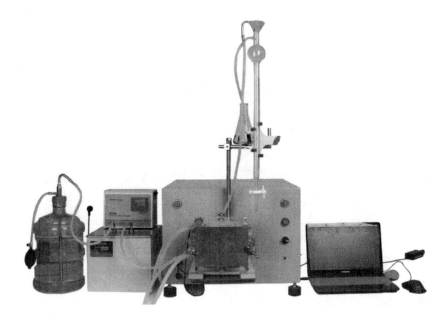

图 7-7 粉质仪示意图

将定量的小麦粉置于揉面钵中，用滴定管滴加水，在定温下开机揉成面团，根据揉制面团过程中动力消耗情况，仪器自动绘出一条特性曲线，即粉质曲线。它反映揉制面团过程中，混合搅拌刀所受到的综合阻力随搅拌时间的变化规律，可作为分析面团内在品质的依据。粉质曲线表征了面团的耐搅拌特性，可提供量化指标评价被测试小麦粉的质量。粉质仪的主要指标是从加水量及记录的揉和性能粉质曲线计算小麦粉吸水量及面团的形成时间、稳定时间、弱化度等特征，用以评价面团强度。例如，小麦粉的吸水率高，制作面包时的加水量大，不仅能提高单位质量小麦粉的面包出品率，而且能做出疏松柔软、存放时间较长的优质面包；弱化度越大，面筋越弱，面团越易流变，操作性能差。

（2）粉质仪在食品领域中的应用 粉质仪是进行面粉粉质特性测试的重要仪器，在面粉生产及相关检验中应用十分广泛。粉质仪的主要功能是测定小麦粉吸水量、形成时间、稳定时间、弱化度等参数，主要应用于小麦面粉加工、食品加工、农业育种、质检机构和大中专院校等部门，另外还广泛用于粮食流通部门对小麦流通环节的质量控制。

粉质仪的主要用途如下：

① 专用粉粉质质量控制　粉质仪是面团流变学特性测试的主要仪器，不同的食品对面粉的流变学特性有不同要求，如果使用不当，将会直接影响食用品质。例如，小麦粉稳定时间的长短是粉质仪检测的重要指标，是根据各种粉的食用特点总结出来的结果。小麦粉国家标准中对于粉质特性有明确规定。除行业标准的要求以外，各粉厂在实际生产中，都对各种用途的面粉有其内控指标，以保证本厂产品的质量和市场信誉。

② 通用粉的粉质特性控制　通用粉主要是用于一般生活中的面食制作，如馒头、面条、饺子等，虽然标准中未规定通用粉的粉质、拉伸特性，但其食品的特点对通用粉同样有粉质特性要求，其主要粉质特性应当与我国主食的要求相当。因此，通用粉的粉质特性也应控制在一定的范围内，超过这一范围，筋力过高或过低都会影响到消费者的食品质量，进而影响到企业产品的市场销售和企业的市场地位。

③ 生产控制手段　我国地域辽阔，气候条件差异较大，小麦品种较多，同品种小麦之间相差也很大，在小麦质量有变化的情况下，面粉厂须保证最终面粉成品的质量。

在实际生产中，粉质特性的测定非常重要。面粉厂一般根据生产需要，结合原料情况，制定合理的生产工艺，实现生产产品的技术指标要求。其中一方面要对原料进行检测，了解原料的粉质特性；另一方面，要对生产出的产品进行检验，判断其是否达到了设计的工艺目的。而小麦粉流变学特性的测试指标，特别是稳定时间对制粉工艺和产品质量影响很大，是制定配麦和配粉工艺的关键。

原料搭配：测试入厂小麦的粉质特性，按照产品质量要求，以尽量低的生产成本为原则，由专业人员确定各种原料的搭配比例。

配粉：测试粉厂各种面粉产品的粉质特性，根据最终出厂产品需要，确定配粉工艺方案。

④ 小麦收购环节的质量控制　无论是专用粉还是通用粉生产，严格的原料品质控制都是至关重要的。

原料品质控制将在以下几个方面产生效益：

a. 保证出厂面粉产品质量，按照生产要求合理控制小麦收购质量。

b. 合理控制收购价格，降低收购成本。将小麦筋力作为收购价格的主要指标，提高面粉厂的总体收益。

c. 确定存储仓位，避免混存降等。

d. 确定合理的配麦、配粉工艺。

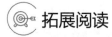 拓展阅读

电子识别系统简介

电子鼻系统：目前比较著名的电子鼻系统有 PEN3 型电子鼻，此型号电子鼻可以被广泛应用于食品、环境、医药和原材料分析等方面，深受广大消费者的青睐。Alpha MOS 系统和 Aroma SCAN 系统均用于肉类的质量检测，其中前者还可以用于咖啡、谷类等产品的质量鉴别，而后者可以检测乳、乳酪等的质量。除此之外，还有 LibraNose 系统，Bloodhound 系统、NOS 系统和数字气味分析系统，Cyrano Science 和 Electronic Sensor Technology 系

统，Airsense Analysis 系统等。

电子舌系统：当前在全球范围内商业化的电子舌是 α-ASTREE 电子舌系统，该系统属于电势型电子舌，使用的传感器为多通道类脂膜传感器，能够对酸、甜、苦、咸的味道进行较准确的识别，并且可以对被检测的液体给出确切的浓度，不仅可用来分析果汁原料的成分，也可以分析污水成分以及工业排放物是否超标等。除此之外，很多国家也开展了电子舌方面的研究，如构建了一种以非特异传感器组成传感器阵列的新型电子舌系统；基于多通道类脂膜的电势型电子舌；基于修饰电极的电导型电子舌的开发和应用；用于海水中痕量重金属检测的电子舌仪器等。

 思考题

1. 色差计的三个数值分别是什么？它们分别代表什么？
2. 模拟人类眼、鼻、舌进行感官鉴定的智能仪器分别是什么？
3. 气质联用及液质联用中质谱仪的主要作用是什么？
4. 电子鼻如何对乳制品进行质量控制？
5. 电子鼻和电子舌是由哪三个部分构成的？
6. 电子鼻和电子舌里的传感器阵列对应的人体器官是什么？
7. 流变仪主要测定哪类食品？
8. 质构仪主要分为哪几种类型？

附 录

附录一　食品感官评价常用术语

1. 一般性术语

感官分析：用感觉器官对产品感官特性进行评价的科学。

感官的：与感觉器官感受相关的，例如与个人（感官）体验相关的。

属性：可被感知的特征。

注：属性常与特性混同使用。

感官特性的：与通过感觉器官感知的属性（即产品的感官特性）有关的。

（感官）评价员：参加感官测试的人员。

优选评价员：挑选出的具有进行感官测试能力的评价员。

专家感官评价员：具有被证实的感官敏感性且经过相当多的感官测试培训和实践，能够对某类产品做出一致的、可重复的感官评价的优选评价员。

感官评价小组：参加感官测试的评价员组成的小组。

小组培训：在对特定产品进行感官评价前，以小组为单位对评价员进行的系列培训。

注：培训内容包括相关产品的特性、标准的评价标度、评价技巧和术语等。

小组一致性：评价小组成员对描述产品特性的术语和评价的强度达成一致。

消费者：产品使用者。

品评员：主要用口腔评价食品感官特性的评价员、优选评价员或专家评价员。

注：更推荐使用术语"评价员"。

品评：在口腔中对食品产品进行的感官评价。

参比值：用于评价样品所依据的选定参考值（参考值可以是针对一个或几个特性或某个产品）。

对照样：被选择用作参照的样品，所有其他样品都与之比较。

注：对照样可以是被指定用作参照的样品，也可以是盲样。

参比样：为定义或阐释一个特性或给定特性的某一特定强度水平而严格筛选出的刺激或物质，所有其他样品都与之比较，某些情况下参比样可以不是测试产品。

喜好的：与喜欢或不喜欢相关的。

［可］接受性：对刺激整体或特定感官特性喜欢或不喜欢的程度。

偏爱：在一组给定刺激或产品中，评价员依据其喜好标准挑出一个更喜欢的刺激或产品。

厌恶：由某种刺激引起的令人排斥或反感的感觉。

嗅觉测量：对评价员嗅觉刺激响应的测量。

咀嚼：用牙齿实施咬、磨碎和粉碎的动作。

2．与感觉有关的术语

感觉：感官刺激引起的心理生理反应。

敏感性：用感觉器官对一种或多种刺激进行特性上或量值上的感知、识别和（或）区分的能力。

感官适应：连续的和（或）重复的刺激下感觉器官敏感性的暂时改变。

感官疲劳：感官适应的一种形式，表现为敏感性下降。

［感觉］强度：感知到的感觉强弱大小。

［刺激］强度：引起可感知的感觉的刺激强弱大小。

味觉：某些可溶性物质刺激下，味觉器官感知到的感觉。

注：该术语不宜用于表述味觉、嗅觉和三叉神经感觉复合形成的感觉，这种复合感觉以"风味"表示。

味觉的：与味觉感知有关的。

嗅觉的：与嗅觉感知有关的。

嗅［闻］：感受或试图去感受气味。

触觉：由于触压引起的感知。

视觉：由于观看引起的感知。

听觉的：与听觉感知有关的。

三叉神经感觉/口鼻化学刺激感：化学刺激在口、鼻或咽喉中引起的刺激性感觉。

示例：辣根引起的辛辣感。

刺激阈［限］/觉察阈［限］：刚能引起感官感觉所需的对应感官刺激的最小物理强度。

识别阈［限］：使评价员每次受到该刺激时都能给出相同描述的刺激的最小物理强度。

差别阈［限］：能引起可感知差别的刺激物理强度的最小变化量。

极限阈［限］：强感官刺激的最小值。当刺激强度高于此值时则无法感知强度的变化。

阈下的：属于所讨论阈值以下刺激强度的。

阈上的：属于所讨论阈值以上刺激强度的。

味觉缺失：对味道刺激缺乏敏感性。

嗅觉缺失：对嗅觉刺激缺乏敏感性。

拮抗效应：两种或多种刺激的联合作用导致混合刺激的感觉强度低于各刺激单独作用时感觉强度的加和的现象。

协同效应：两种或多种刺激的联合作用导致混合刺激的感觉强度高于各刺激单独作用时感觉强度的加和的现象。

对比效应：因两个刺激被同时或相继提供而导致它们之间的差别被放大的现象。

趋同效应：因两个刺激被同时或相继提供而导致它们之间的差别被缩小的现象。

触后觉：只有在主体触觉消退后才可感知到的触觉。

嗅后觉/余味（气味）：只有在主体嗅觉感受消退后才可感知到的气味。

后鼻腔嗅感：由口腔与喉部气体交换带来的鼻咽区域刺激引起的嗅觉感知。

3．与感官特性有关的术语

基本味：任何一种具有明显特征的味感，包括酸味、甜味、苦味、咸味和鲜味。

酸味：由酸性物质（例如柠檬酸、酒石酸等）的稀水溶液产生的一种基本味。

苦味：由如奎宁、咖啡因等物质的稀水溶液产生的一种基本味。

咸味：由如氯化钠等物质的稀水溶液产生的一种基本味。

甜味：由如蔗糖或阿斯巴甜等天然或人造物质的稀水溶液产生的一种基本味。

碱味：由 pH＞7.0 的碱性物质（如氢氧化钠）的稀水溶液产生的一种基本味。

鲜味：由特定种类的氨基酸或核苷酸（如谷氨酸钠、肌苷酸二钠）的稀水溶液产生的一种基本味。

涩感/涩的：由如柿单宁、黑刺李单宁等物质产生的，伴随着口腔皮肤或黏膜表面收缩、拉紧或起皱的复杂感觉。

化学效应：由于接触碳酸水等物质而在舌上感受到的物理的、刺痛的化学感觉。

刺激性/刺激性的：醋、芥末、辣根等刺激口腔和鼻腔黏膜产生的强烈的、刺鼻的感觉。

气味：嗅闻某些挥发性物质时，嗅觉器官所感受到的感官特性

异常气味：通常与产品腐败变质或转化作用有关的一种非典型气味。

风味：品尝过程中感知到的嗅觉、味觉和三叉神经感觉的复合感觉。

注：它可能受触觉、温度、痛觉和（或）动觉效应的影响。

异常风味：通常与产品腐败变质或转化作用有关的一种产品非典型风味。

香味：令人愉悦或不悦的气味。

酒香：使葡萄酒、烈酒等产品表现出其特色的一组特定嗅觉特征。

质感：产品的质地、丰满性、丰富性、风味，或其内容物带来的稠厚感和虚实感。

特性特征：食品中可被感知的感官特性。

示例：风味和质地（包括机械的、几何的、脂肪和水分等质地特性）。

颜色（特性）：能引起色觉的产品特性。

饱和度（颜色）：颜色的纯度，颜色的基本属性之一。

注：饱和度高时呈现出的颜色为单一色泽，没有灰色；饱和度低时呈现出的颜色包含大量灰色。

明度（颜色）：颜色的明亮程度。与从绝对黑色到绝对白色的标度上的中性灰相比较获得的视觉亮度。

光泽：（物体）表面在某一角度比其他角度可反射出更多光能的一种发光特性。

［食品］质地：（在口中）从咬第一口到最后吞咽的过程中，由动觉和体觉感受器，以及在适当条件下视觉及听觉感受器感知到的所有机械的、几何的、（产品）表面的和主体的产品特性。

硬度：与使产品达到变形、穿透或碎裂所需力有关的机械质地特性。

后味/余味：产品被移除后产生的嗅觉和（或）味觉，有别于产品在口腔中时产生的感觉。

4．与方法有关的术语

排序［法］：给评价员同时提供两个或两个以上样品，要求评价员将样品按特定的感官特性的强度或程度进行顺序排列。

分类［法］：将样品划归到不同类别的方法。

评级［法］：采用顺序标度测量各种感知的量级，并将其表示为多个可能类别之一的方法。

注：也可采用类项标度、线性标度以及 CATA 法的列表。

评分［法］：用对产品或产品特性具有数学意义的数字来评价产品或产品特性。

筛选：初步挑选的过程。

匹配：将（多个）刺激进行等同或关联的实验过程，通常用于确定对照样和未知样品之间或两个未知样品之间的相似程度。

量值估计［法］：给某一特性强度赋值的方法。不同赋值间的比率应与评价员对特性相对应的感觉强度之间的比率相一致。

差别检验：判别产品之间是否存在可觉察到的差异的方法。

成对比较检验：一种差别检验方法。检验时，同时提供两个样品，要求评价员依据既定的准则对其进行比较。

三点检验：检验时，同时提供一组三个样品，其中两个相同，一个不同，要求评价员挑出其中一个不同于其他两个的样品的一种差别检验方法。

二-三点检验：检验时，提供三个样品，一个为参比样，另外两个样品一个与参比样相同，一个与之不同，要求评价员从中选出与参比样相同或不同的样品的一种差别检验方法。

"五中取二"检验：检验时，给评价员提供五个样品，其中两个是同一类，其余三个是另一类，要求评价员按照感知的相似性将样品分为两组，一组两个样品，一组三个样品，组内样品感官特性类似的一种差别检验方法。

"A"-"非 A"检验：一种差别检验方法。检验时，先给评价员提供样品"A"，让其熟悉并记忆，然后提供给评价员一系列样品，其中有的样品是"A"，有的样品是"非 A"，要求评价员指出每个样品是"A"还是"非 A"。

描述性分析：采用经过培训的评价员组成的评价小组对刺激的感官特性进行描述或定量评价的方法总称。

定性感官轮廓/定性感官剖面：只对样品感官特性进行描述，不进行强度评价。

定量感官轮廓/定量感官剖面：对样品感官特性进行描述，并进行特性强度评价。

感官轮廓/感官剖面：对样品感官特性的描述，包括按感知顺序获得的感官特性及每个特性的强度。

自由选择感官轮廓/自由选择感官剖面：通过每位评价员独立对一组样品进行感官特性选择而建立的感官剖面。

质地轮廓/质地剖面：样品质地的定性或定量感官剖面。

偏爱测试：在两个或者多个样品中评估相对更喜欢样品的测试。

标度：用于响应标度或测量标度的术语。

强度标度：一种指示感知强度的标度。

参比标度：用参比样定义某个属性或某个给定属性的特定强度的标度。

喜好标度：一种表达喜欢或不喜欢程度的标度。

顺序标度：一种数字的顺序与感知到的属性强弱顺序对应的标度。

光环效应：情境效应的一种特殊情况，指由于对刺激的某个特性的正面或负面评价而导致其对该刺激同时考量的其他特性也做出正面的或负面的评价的趋向。

参照点：样品评价时，标度上对应参比值的位置点。

评分：对描述刺激的某属性可能所处强度范围的特定位置所赋的值。

注：给某种食品评分就是利用标度或按照有明确数字含义的标准对其特性进行评价。

评分表/评分卡：记录评分的表。

盲评：评价员在不知任何有关样品"身份"的外部信息下的测试。

完全区组设计：每位评价员评价所有样品的实验设计。

注：每位评价员被视为一个区组。

不完全区组设计：每位评价员只评价部分样品的实验设计。

注：每位评价员被视为一个区组。

中心地点法：由测试人员向评价员提供场所进行产品评价的测试。

强迫选择法：不允许评价员做出"无差异"回答的方法。

家用测试：评价员在家中熟悉的环境下评价样品的测试。

开放式问题：不提供可能的答案，受访者用自己的语言来回答的问题。

注：问题可以涉及提供给评价员的每个产品或者其中部分产品（例如，问评价员为什么某一特定产品对其吸引力最大或最小）。

附录二　二项式分布显著性检验表（$\alpha = 0.05$）

评价员人数	成对比较检验（单边）	成对比较检验（双边）	三点检验	二-三点检验	五中取二检验
5	5	—	4	5	3
6	6	6	5	6	3
7	7	7	5	7	3
8	7	8	6	7	3
9	8	8	6	8	4
10	9	9	7	9	4
11	9	10	7	9	4
12	10	10	8	10	4
13	10	11	8	10	4
14	11	12	9	11	4
15	12	12	9	12	5
16	12	13	9	12	5
17	13	13	10	13	5
18	13	14	10	13	5
19	14	15	11	14	5
20	15	15	11	15	5
21	15	16	12	15	6
22	16	17	12	16	6
23	16	17	12	16	6
24	17	18	13	17	6
25	18	18	13	18	6
26	18	19	14	18	6
27	19	20	14	19	6
28	19	20	15	19	7
29	20	21	15	20	7
30	20	21	15	20	7
31	21	22	16	21	7
32	22	23	16	22	7
33	22	23	17	22	7
34	23	24	17	23	7
35	23	24	17	23	8
36	24	25	18	24	8
37	24	25	18	24	8
38	25	26	19	25	8
39	26	27	19	26	8
40	26	27	19	26	8
41	27	28	20	27	8

评价员人数	成对比较检验（单边）	成对比较检验（双边）	三点检验	二-三点检验	五中取二检验
42	27	28	20	27	9
43	28	29	20	28	9
44	28	29	21	28	9
45	29	30	21	29	9
46	30	31	22	30	9
47	30	31	22	30	9
48	31	32	22	31	9
49	31	32	23	31	10
50	32	33	23	32	10

附录三 χ^2 分布临界值

样品数 p	χ^2 自由度（$v=p-1$）	显著性水平 α	
		$\alpha=0.05$	$\alpha=0.01$
2	1	3.84	6.63
3	2	5.99	9.21
4	3	7.81	11.34
5	4	9.49	13.28
6	5	11.07	15.09
7	6	12.59	16.81
8	7	14.07	18.47
9	8	15.51	20.09
10	9	16.92	21.67
11	10	18.31	23.21
12	11	19.67	24.72
13	12	21.03	26.22
14	13	22.36	27.69
15	14	23.68	29.14
16	15	25.00	30.58
17	16	26.30	32.00
18	17	27.59	33.41
19	18	28.87	34.80
20	19	30.14	36.19
21	20	31.41	37.57
22	21	32.67	38.93
23	22	33.92	40.29
24	23	35.17	41.64
25	24	36.42	42.98
26	25	37.65	44.31
27	26	38.88	45.64
28	27	40.11	46.96

样品数 p	χ^2 自由度($v=p-1$)	显著性水平 α	
		$\alpha=0.05$	$\alpha=0.01$
29	28	41.34	48.28
30	29	42.56	49.59
31	30	43.77	50.89
32	31	44.99	52.19
33	32	46.14	53.49
34	33	47.40	54.78
35	34	48.60	56.06
36	35	49.80	57.34
37	36	51.00	58.62
38	37	52.19	59.89
39	38	53.38	61.16
40	39	54.57	62.43
41	40	55.76	63.69
42	41	56.94	64.95
43	42	58.12	66.21
44	43	59.30	67.46
45	44	60.48	68.71
46	45	61.66	69.96
47	46	62.83	71.20
48	47	64.00	72.44
49	48	65.17	73.68
50	49	66.34	74.92
51	50	67.51	76.15
52	51	68.67	77.39
53	52	69.83	78.62
54	53	70.99	79.84
55	54	72.15	81.07
56	55	73.31	82.29
57	56	74.47	83.51
58	57	75.62	84.73
59	58	76.78	85.95
60	59	77.93	87.17
61	60	79.08	88.38
62	61	80.23	89.59
63	62	81.38	90.80
64	63	82.53	92.01
65	64	83.68	93.22
66	65	84.82	94.42
67	66	85.97	95.63

样品数 p	χ^2 自由度($v = p-1$)	显著性水平 α	
		$\alpha = 0.05$	$\alpha = 0.01$
68	67	87.11	96.83
69	68	88.25	98.03
70	69	89.39	99.23
71	70	90.53	100.43
72	71	91.67	101.62
73	72	92.81	102.82
74	73	93.95	104.01
75	74	95.08	105.20
76	75	96.22	106.39
77	76	97.35	107.58
78	77	98.48	108.77
79	78	99.62	109.96
80	79	100.75	111.14
81	80	101.88	112.33
82	81	103.01	113.51
83	82	104.14	114.70
84	83	105.27	115.88
85	84	106.40	117.06
86	85	107.52	118.24
87	86	108.65	119.41
88	87	109.77	120.59
89	88	110.90	121.77
90	89	112.02	122.94

附录四　Spearman 秩相关检验临界值

样品数	显著性水平 α		样品数	显著性水平 α	
	$\alpha = 0.05$	$\alpha = 0.01$		$\alpha = 0.05$	$\alpha = 0.01$
6	0.886	—	19	0.460	0.584
7	0.786	0.929	20	0.447	0.570
8	0.738	0.881	21	0.435	0.556
9	0.700	0.833	22	0.425	0.544
10	0.648	0.794	23	0.415	0.532
11	0.618	0.755	24	0.406	0.521
12	0.587	0.727	25	0.398	0.511
13	0.560	0.703	26	0.390	0.501
14	0.538	0.675	27	0.382	0.491
15	0.521	0.654	28	0.375	0.483
16	0.503	0.635	29	0.368	0.475
17	0.485	0.615	30	0.362	0.467
18	0.472	0.600			

附录五　Friedman 检验的临界值

评价员人数 j	样品数 p									
	3	4	5	6	7	3	4	5	6	7
	显著性水平 $\alpha=0.05$					显著性水平 $\alpha=0.01$				
7	7.143	7.8	9.11	10.62	12.07	8.857	10.371	11.97	13.69	15.35
8	6.250	7.65	9.19	10.68	12.14	9.000	10.35	12.14	13.87	15.53
9	6.222	7.66	9.22	10.73	12.19	9.667	10.44	12.27	14.01	15.68
10	6.200	7.67	9.25	10.76	12.23	9.600	10.53	12.38	14.12	15.79
11	6.545	7.68	9.27	10.79	12.27	9.455	10.60	12.46	14.21	15.89
12	6.167	7.70	9.29	10.81	12.29	9.500	10.68	12.53	14.28	15.96
13	6.000	7.70	9.30	10.83	12.37	9.38	10.72	12.58	14.34	16.03
14	6.143	7.71	9.32	10.85	12.34	9.000	10.76	12.64	14.40	16.09
15	6.400	7.72	9.33	10.87	12.35	8.933	10.80	12.68	14.44	16.14
16	5.99	7.73	9.34	10.88	12.37	8.79	10.84	12.72	14.48	16.18
17	5.99	7.73	9.34	10.89	12.38	8.81	10.87	12.74	14.52	16.22
18	5.99	7.73	9.36	10.90	12.39	8.84	10.90	12.78	14.56	16.25
19	5.99	7.74	9.36	10.91	12.40	8.86	10.92	12.81	14.58	16.27
20	5.99	7.74	9.37	10.92	12.41	8.87	10.94	12.83	14.60	16.30
∞	5.99	7.81	9.49	11.07	12.59	9.21	11.34	13.28	15.09	16.81

附录六　方差齐次性检验的临界值

评价员人数	显著性水平 α		评价员人数	显著性水平 α	
	$\alpha=0.05$	$\alpha=0.01$		$\alpha=0.05$	$\alpha=0.01$
3	0.871	0.942	17	0.305	0.372
4	0.768	0.864	18	0.293	0.356
5	0.684	0.788	19	0.281	0.343
6	0.616	0.722	20	0.270	0.330
7	0.561	0.664	21	0.261	0.318
8	0.516	0.615	22	0.252	0.307
9	0.478	0.573	23	0.243	0.297
10	0.445	0.536	24	0.235	0.287
11	0.417	0.504	25	0.228	0.278
12	0.392	0.475	26	0.221	0.270
13	0.371	0.450	27	0.215	0.262
14	0.352	0.427	28	0.209	0.255
15	0.335	0.407	29	0.203	0.248
16	0.319	0.388	30	0.198	0.241

附录七　F 分布表

表中数据表达形式为 $F_\alpha (v_1, v_2)$

$\alpha = 0.10$

v_2	v_1																		
	1	2	3	4	5	6	7	8	9	10	12	15	20	24	30	40	60	120	∞
1	39.86	49.50	53.59	55.83	57.24	58.20	58.91	59.44	59.86	60.19	60.71	61.22	61.74	62.00	62.26	62.53	62.79	63.06	63.33
2	8.53	9.00	9.16	9.24	9.29	9.33	9.35	9.37	9.38	9.39	9.41	9.42	9.44	9.45	9.46	9.47	9.47	9.48	9.49
3	5.54	5.46	5.39	5.34	5.31	5.28	5.27	5.25	5.24	5.23	5.22	5.20	5.18	5.18	5.17	5.16	5.15	5.14	5.13
4	4.54	4.32	4.19	4.11	4.05	4.01	3.98	3.95	3.94	3.92	3.90	3.87	3.84	3.83	3.82	3.80	3.79	3.78	3.76
5	4.06	3.78	3.62	3.52	3.45	3.40	3.37	3.34	3.32	3.30	3.27	3.24	3.21	3.19	3.17	3.16	3.14	3.12	3.10
6	3.78	3.46	3.29	3.18	3.11	3.05	3.01	2.98	2.96	2.94	2.90	2.87	2.84	2.82	2.80	2.78	2.76	2.74	2.72
7	3.59	3.26	3.07	2.96	2.88	2.83	2.78	2.75	2.72	2.70	2.67	2.63	2.59	2.58	2.56	2.54	2.51	2.49	2.47
8	3.46	3.11	2.92	2.81	2.73	2.67	2.62	2.59	2.56	2.54	2.50	2.46	2.42	2.40	2.38	2.36	2.34	2.32	2.29
9	3.36	3.01	2.81	2.69	2.61	2.55	2.51	2.47	2.44	2.42	2.38	2.34	2.30	2.28	2.25	2.23	2.21	2.18	2.16
10	3.29	2.92	2.73	2.61	2.52	2.46	2.41	2.38	2.35	2.32	2.28	2.24	2.20	2.18	2.16	2.13	2.11	2.08	2.06
11	3.23	2.86	2.66	2.54	2.45	2.39	2.34	2.30	2.27	2.25	2.21	2.17	2.12	2.10	2.08	2.05	2.03	2.00	1.97
12	3.18	2.81	2.61	2.48	2.39	2.33	2.28	2.24	2.21	2.19	2.15	2.10	2.06	2.04	2.01	1.99	1.96	1.93	1.90
13	3.14	2.76	2.56	2.43	2.35	2.28	2.23	2.20	2.16	2.14	2.10	2.05	2.01	1.98	1.96	1.93	1.90	1.88	1.85
14	3.10	2.73	2.52	2.39	2.31	2.24	2.19	2.15	2.12	2.10	2.05	2.01	1.96	1.94	1.91	1.89	1.86	1.83	1.80
15	3.07	2.70	2.49	2.36	2.27	2.21	2.16	2.12	2.09	2.06	2.02	1.97	1.92	1.90	1.87	1.85	1.82	1.79	1.76
16	3.05	2.67	2.46	2.33	2.24	2.18	2.13	2.09	2.06	2.03	1.99	1.94	1.89	1.87	1.84	1.81	1.78	1.75	1.72
17	3.03	2.64	2.44	2.31	2.22	2.15	2.10	2.06	2.03	2.00	1.96	1.91	1.86	1.84	1.81	1.78	1.75	1.72	1.69
18	3.01	2.62	2.42	2.29	2.20	2.13	2.08	2.04	2.00	1.98	1.93	1.89	1.84	1.81	1.78	1.75	1.72	1.69	1.66
19	2.99	2.61	2.40	2.27	2.18	2.11	2.06	2.02	1.98	1.96	1.91	1.86	1.81	1.79	1.76	1.73	1.70	1.67	1.63

ν_1

$\alpha = 0.10$

ν_2	1	2	3	4	5	6	7	8	9	10	12	15	20	24	30	40	60	120	∞
20	2.97	2.59	2.38	2.25	2.16	2.09	2.04	2.00	1.96	1.94	1.89	1.84	1.79	1.77	1.74	1.71	1.68	1.64	1.61
21	2.96	2.57	2.36	2.23	2.14	2.08	2.02	1.98	1.95	1.92	1.87	1.83	1.78	1.75	1.72	1.69	1.66	1.62	1.59
22	2.95	2.56	2.35	2.22	2.13	2.06	2.01	1.97	1.93	1.90	1.86	1.81	1.76	1.73	1.70	1.67	1.64	1.60	1.57
23	2.94	2.55	2.34	2.21	2.11	2.05	1.99	1.95	1.92	1.89	1.84	1.80	1.74	1.72	1.69	1.66	1.62	1.59	1.55
24	2.93	2.54	2.33	2.19	2.10	2.04	1.98	1.94	1.91	1.88	1.83	1.78	1.73	1.70	1.67	1.64	1.61	1.57	1.53
25	2.92	2.53	2.32	2.18	2.09	2.02	1.97	1.93	1.89	1.87	1.82	1.77	1.72	1.69	1.66	1.63	1.59	1.56	1.52
26	2.91	2.52	2.31	2.17	2.08	2.01	1.96	1.92	1.88	1.86	1.81	1.76	1.71	1.68	1.65	1.61	1.58	1.54	1.50
27	2.90	2.51	2.30	2.17	2.07	2.00	1.95	1.91	1.87	1.85	1.80	1.75	1.70	1.67	1.64	1.60	1.57	1.53	1.49
28	2.89	2.50	2.29	2.16	2.06	2.00	1.94	1.90	1.87	1.84	1.79	1.74	1.69	1.66	1.63	1.59	1.56	1.52	1.48
29	2.89	2.50	2.28	2.15	2.06	1.99	1.93	1.89	1.86	1.83	1.78	1.73	1.68	1.65	1.62	1.58	1.55	1.51	1.47
30	2.88	2.49	2.28	2.14	2.05	1.98	1.93	1.88	1.85	1.82	1.77	1.72	1.67	1.64	1.61	1.57	1.54	1.50	1.46
40	2.84	2.44	2.23	2.09	2.00	1.93	1.87	1.83	1.79	1.76	1.71	1.66	1.61	1.57	1.54	1.51	1.47	1.42	1.38
60	2.79	2.39	2.18	2.04	1.95	1.87	1.82	1.77	1.74	1.71	1.66	1.60	1.54	1.51	1.48	1.44	1.40	1.35	1.29
120	2.75	2.35	2.13	1.99	1.90	1.82	1.77	1.72	1.68	1.65	1.60	1.55	1.48	1.45	1.41	1.37	1.32	1.26	1.19
∞	2.71	2.30	2.08	1.94	1.85	1.77	1.72	1.67	1.63	1.60	1.55	1.49	1.42	1.38	1.34	1.30	1.24	1.17	1.00

$\alpha = 0.05$

ν_2	1	2	3	4	5	6	7	8	9	10	12	15	20	24	30	40	60	120	∞
1	161.4	199.5	215.7	224.6	230.2	234.0	236.8	238.9	240.5	241.9	243.9	245.9	248.0	249.1	250.1	251.1	252.2	253.3	254.3
2	18.51	19.00	19.16	19.25	19.30	19.33	19.35	19.37	19.38	19.40	19.41	19.43	19.45	19.45	19.46	19.47	19.48	19.49	19.50
3	10.13	9.55	9.28	9.12	9.10	8.94	8.89	8.85	8.81	8.79	8.74	8.70	8.66	8.64	8.62	8.59	8.57	8.55	8.53
4	7.71	6.94	6.59	6.39	6.26	6.16	6.09	6.04	6.00	5.96	5.91	5.86	5.80	5.77	5.75	5.72	5.69	5.66	5.63
5	6.61	5.79	5.41	5.19	5.05	4.95	4.88	4.82	4.77	4.74	4.68	4.62	4.56	4.53	4.50	4.46	4.43	4.40	4.36
6	5.99	5.14	4.76	4.53	4.39	4.28	4.21	4.15	4.10	4.06	4.00	3.94	3.87	3.84	3.81	3.77	3.74	3.70	3.67

v_1

$\alpha = 0.05$

v_2	1	2	3	4	5	6	7	8	9	10	12	15	20	24	30	40	60	120	∞
7	5.59	4.74	4.35	4.12	3.97	3.87	3.79	3.73	3.68	3.64	3.57	3.51	3.44	3.41	3.38	3.34	3.30	3.27	3.23
8	5.32	4.46	4.07	3.84	3.69	3.58	3.50	3.44	3.39	3.35	3.28	3.22	3.15	3.12	3.08	3.04	3.01	2.97	2.93
9	5.12	4.26	3.86	3.63	3.48	3.37	3.29	3.23	3.18	3.14	3.07	3.01	2.94	2.90	2.86	2.83	2.79	2.75	2.71
10	4.96	4.10	3.71	3.48	3.33	3.22	3.14	3.07	3.02	2.98	2.91	2.85	2.77	2.74	2.70	2.66	2.62	2.58	2.54
11	4.84	3.98	3.59	3.36	3.20	3.09	3.01	2.95	2.90	2.85	2.79	2.72	2.65	2.61	2.57	2.53	2.49	2.45	2.40
12	4.75	3.89	3.49	3.26	3.11	3.00	2.91	2.85	2.80	2.75	2.69	2.62	2.54	2.51	2.47	2.43	2.38	2.34	2.30
13	4.67	3.81	3.41	3.18	3.03	2.92	2.83	2.77	2.71	2.67	2.60	2.53	2.46	2.42	2.38	2.34	2.30	2.25	2.21
14	4.60	3.74	3.34	3.11	2.96	2.85	2.76	2.70	2.65	2.60	2.53	2.46	2.39	2.35	2.31	2.27	2.22	2.18	2.13
15	4.54	3.68	3.29	3.06	2.90	2.79	2.71	2.64	2.59	2.54	2.48	2.40	2.33	2.29	2.25	2.20	2.16	2.11	2.07
16	4.49	3.63	3.24	3.01	2.85	2.74	2.66	2.59	2.54	2.49	2.42	2.35	2.28	2.24	2.19	2.15	2.11	2.06	2.01
17	4.45	3.59	3.20	2.96	2.81	2.70	2.61	2.55	2.49	2.45	2.38	2.31	2.23	2.19	2.15	2.10	2.06	2.01	1.96
18	4.41	3.55	3.16	2.93	2.77	2.66	2.58	2.51	2.46	2.41	2.34	2.27	2.19	2.15	2.11	2.06	2.02	1.97	1.92
19	4.38	3.52	3.13	2.90	2.74	2.63	2.54	2.48	2.42	2.38	2.31	2.23	2.16	2.11	2.07	2.03	1.98	1.93	1.88
20	4.35	3.49	3.10	2.87	2.71	2.60	2.51	2.45	2.39	2.35	2.28	2.20	2.12	2.08	2.04	1.99	1.95	1.90	1.84
21	4.32	3.47	3.07	2.84	2.68	2.57	2.49	2.42	2.37	2.32	2.25	2.18	2.10	2.05	2.01	1.96	1.92	1.87	1.81
22	4.30	3.44	3.05	2.82	2.66	2.55	2.46	2.40	2.34	2.30	2.23	2.15	2.07	2.03	1.98	1.94	1.89	1.84	1.78
23	4.28	3.42	3.03	2.80	2.64	2.53	2.44	2.37	2.32	2.27	2.20	2.13	2.05	2.01	1.96	1.91	1.86	1.81	1.76
24	4.26	3.40	3.01	2.78	2.62	2.51	2.42	2.36	2.30	2.25	2.18	2.11	2.03	1.98	1.94	1.89	1.84	1.79	1.73
25	4.24	3.39	2.99	2.76	2.60	2.49	2.40	2.34	2.28	2.24	2.16	2.09	2.01	1.96	1.92	1.87	1.82	1.77	1.71
26	4.23	3.37	2.98	2.74	2.59	2.47	2.39	2.32	2.27	2.22	2.15	2.07	1.99	1.95	1.90	1.85	1.80	1.75	1.69
27	4.21	3.35	2.96	2.73	2.57	2.46	2.37	2.31	2.25	2.20	2.13	2.06	1.97	1.93	1.88	1.84	1.79	1.73	1.67
28	4.20	3.34	2.95	2.71	2.56	2.45	2.36	2.29	2.24	2.19	2.12	2.04	1.96	1.91	1.87	1.82	1.77	1.71	1.65

v_1

v_2	1	2	3	4	5	6	7	8	9	10	12	15	20	24	30	40	60	120	∞
										$\alpha=0.05$									
29	4.18	3.33	2.93	2.70	2.55	2.43	2.35	2.28	2.22	2.18	2.10	2.03	1.94	1.90	1.85	1.81	1.75	1.70	1.64
30	4.17	3.32	2.92	2.69	2.53	2.42	2.33	2.27	2.21	2.16	2.09	2.01	1.93	1.89	1.84	1.79	1.71	1.68	1.62
40	4.08	3.23	2.84	2.61	2.45	2.34	2.25	2.18	2.12	2.08	2.00	1.92	1.84	1.79	1.74	1.69	1.64	1.58	1.51
60	4.00	3.15	2.76	2.53	2.37	2.25	2.17	2.10	2.04	1.99	1.92	1.84	1.75	1.70	1.65	1.59	1.53	1.47	1.39
120	3.92	3.07	2.68	2.45	2.29	2.17	2.09	2.02	1.96	1.91	1.83	1.75	1.66	1.61	1.55	1.50	1.43	1.35	1.25
∞	3.84	3.00	2.60	2.37	2.21	2.10	2.01	1.94	1.88	1.83	1.75	1.67	1.57	1.52	1.46	1.39	1.32	1.22	1.00
										$\alpha=0.01$									
1	4.52	5000	5403	5625	5764	5859	5928	5982	6022	5056	6106	6157	6209	6235	6261	6287	6313	6339	6366
2	98.50	99.00	99.17	99.25	99.30	99.33	99.36	99.37	99.39	99.40	99.42	99.43	99.45	99.46	99.47	99.47	99.48	99.49	99.50
3	34.12	30.82	29.46	28.71	28.24	27.91	26.67	27.49	27.53	27.23	27.05	26.87	26.69	26.60	26.50	26.41	26.32	26.22	26.13
4	21.20	18.00	16.69	15.98	15.52	15.21	14.98	14.80	14.66	14.55	14.37	14.20	14.02	13.93	13.84	13.75	13.63	13.56	13.46
5	16.26	13.27	12.06	11.39	10.97	10.67	10.46	10.29	10.16	10.05	9.89	9.72	9.55	9.47	9.38	9.29	9.20	9.11	9.02
6	13.75	10.92	9.78	9.15	8.75	8.47	8.26	8.10	7.98	7.87	7.72	7.56	7.40	7.31	7.23	7.14	7.06	6.97	6.88
7	12.25	9.55	8.45	7.85	7.46	7.19	6.99	6.84	6.72	6.62	6.47	6.31	6.16	6.07	5.99	5.91	5.82	5.74	5.65
8	11.26	8.65	7.59	7.01	6.63	6.37	6.18	6.03	5.91	5.81	5.67	5.52	5.36	5.28	5.20	5.12	5.03	4.95	4.36
9	10.56	8.02	6.99	6.42	6.06	5.80	5.61	5.47	5.35	5.26	5.11	4.96	4.81	4.73	4.65	4.57	4.48	4.40	4.31
10	10.04	7.56	6.55	5.99	5.64	5.39	5.20	5.06	4.94	4.85	4.71	4.56	4.41	4.33	4.25	4.17	4.08	4.00	3.91
11	9.08	7.21	6.22	5.67	5.32	5.07	4.89	4.74	4.63	4.54	4.40	4.25	4.10	4.02	3.94	3.86	3.78	3.69	3.60
12	9.33	6.93	5.95	5.41	5.06	4.82	4.64	4.50	4.39	4.30	4.16	4.01	3.86	3.78	3.70	3.62	3.54	3.45	3.36
13	9.33	6.93	5.95	5.41	5.06	4.82	4.64	4.50	4.39	4.30	4.16	4.01	3.86	3.78	3.70	3.62	3.54	3.45	3.36
14	8.86	6.51	5.56	5.04	4.69	4.46	4.28	4.14	4.03	3.94	3.80	3.66	3.51	3.43	3.35	3.27	3.18	3.09	3.00
15	8.68	6.36	5.42	4.89	4.56	4.32	4.14	4.00	3.89	3.80	3.67	3.52	3.37	3.29	3.21	3.13	3.05	2.96	2.87

续表

α = 0.01

v_2	1	2	3	4	5	6	7	8	9	10	12	15	20	24	30	40	60	120	∞
16	8.53	6.23	5.29	4.77	4.44	4.20	4.03	3.89	3.78	3.69	3.55	3.41	3.26	3.18	3.10	3.02	2.93	2.84	2.75
17	8.40	6.11	5.18	4.67	4.34	4.10	3.93	3.79	3.68	3.59	3.46	3.31	3.16	3.08	3.00	2.92	2.83	2.75	2.65
18	8.29	6.01	5.09	4.58	4.25	4.01	3.84	3.71	3.60	3.51	3.37	3.23	3.08	3.00	2.92	2.84	2.75	2.66	2.57
19	8.18	5.93	5.01	4.50	4.17	3.94	3.77	3.63	3.52	3.43	3.30	3.15	3.00	2.92	2.84	2.76	2.67	2.58	2.49
20	8.10	5.85	4.94	4.43	4.10	3.87	3.70	3.56	3.46	3.37	3.23	3.09	2.94	2.86	2.78	2.69	2.61	2.52	2.42
21	8.02	5.78	4.87	4.37	4.04	3.81	3.64	3.51	3.40	3.31	3.17	3.03	2.88	2.80	2.72	2.64	2.55	2.46	2.36
22	7.95	5.72	4.84	4.31	3.99	3.76	3.59	3.45	3.35	3.26	3.12	2.98	2.83	2.75	2.67	2.58	2.50	2.40	2.31
23	7.88	5.66	4.76	4.26	3.94	3.71	3.54	3.41	3.30	3.21	3.07	2.93	2.78	2.70	2.62	2.54	2.45	2.35	2.26
24	7.82	5.61	4.72	4.22	3.90	3.67	3.50	3.36	3.26	3.17	3.03	2.89	2.74	2.66	2.58	2.49	2.40	2.31	2.21
25	7.77	5.57	4.68	4.18	3.85	3.63	3.46	3.32	3.22	3.13	2.99	2.85	2.70	2.62	2.54	2.45	2.36	2.26	2.17
26	7.72	5.53	4.64	4.14	3.82	3.59	3.42	3.29	3.18	3.09	2.96	2.81	2.66	2.58	2.50	2.42	2.33	2.23	2.13
27	7.68	5.49	4.60	4.11	3.78	3.56	3.39	3.26	3.15	3.06	2.93	2.78	2.63	2.55	2.47	2.38	2.29	2.20	2.10
28	7.64	5.45	4.57	4.07	3.75	3.53	3.36	3.23	3.12	3.03	2.90	2.75	2.60	2.52	2.44	2.35	2.26	2.17	2.06
29	7.60	5.42	4.54	4.04	3.73	3.50	3.33	3.20	3.09	3.00	2.87	2.73	2.57	2.49	2.43	2.33	2.23	2.14	2.03
30	7.56	5.39	4.51	4.02	3.70	3.47	3.30	3.17	3.07	2.98	2.84	2.70	2.55	2.47	2.39	2.30	2.21	2.11	2.01
40	7.31	5.18	4.31	3.83	3.51	3.29	3.12	2.99	2.89	2.80	2.66	2.52	2.37	2.29	2.20	2.11	2.02	1.92	1.80
60	7.08	4.98	4.13	3.65	3.34	3.12	2.95	2.82	2.72	2.63	2.50	2.35	2.20	2.12	2.03	1.94	1.84	1.73	1.60
120	6.85	4.79	3.95	3.48	3.17	2.96	2.79	2.66	2.56	2.47	2.34	2.19	2.03	1.95	1.86	1.76	1.66	1.53	1.38
∞	6.63	4.61	3.78	3.32	3.02	2.80	2.64	2.51	2.41	2.32	2.18	2.04	1.88	1.79	1.70	1.59	1.47	1.32	1.00

参 考 文 献

[1] 沈明浩，谢主兰．食品感官评定 [M]．郑州：郑州大学出版社，2011．

[2] 卫晓怡，白晨．食品感官评价 [M]．北京：中国轻工业出版社，2018．

[3] 王永华，吴青．食品感官评定 [M]．北京：中国轻工业出版社，2018．

[4] 洪文龙，周鸿燕．食品感官检验技术 [M]．北京：中国医药科技出版社，2019．

[5] Sullivan M. A handbook for sensory and consumer-driven new product development：Innovative technologies for the food and beverage industry [M]．Woodhead Publishing，2016．

[6] Xu C. Electronic eye for food sensory evaluation [M]．Evaluation Technologies for Food Quality. Woodhead Publishing，2019：37-59．

[7] 王俊，崔绍庆，陈新伟，等．电子鼻传感技术与应用研究进展 [J]．农业机械学报，2013，44（11）：160-167．

[8] 黄嘉丽，黄宝华，卢宇靖，等．电子舌检测技术及其在食品领域的应用研究进展 [J]．中国调味品，2019，44（5）：89-94．

[9] 刘淼．智能人工味觉分析方法在几种食品质量检验中的应用研究 [D]．杭州：浙江大学，2012．

[10] 秦臻．基于生物味觉的仿生电子舌及其在味觉检测与识别中的应用 [D]．杭州：浙江大学，2018．

[11] 张根华，詹月华，权英．食品感官科学的历史与发展 [J]．常熟理工学院学报，2009，23（8）：79-82．

[12] 王海波．食品感官检验技术 [M]．北京：人民卫生出版社，2019．

[13] 汪浩明．食品检验技术（感官评价部分）[M]．北京：中国轻工业出版社，2013．

[14] 吴谋成．食品分析与感官评定 [M]．北京：中国农业出版社，2002．

[15] 张艳，雷昌贵．食品感官评定 [M]．北京：中国质检出版社，2012．

[16] H. 斯通，J. L. 西特．食品评定实践 [M]．3 版．陈中，陈志敏，译．北京：化学工业出版社，2008．

[17] 茶叶感官审评室基本条件（GB/T 18797—2012）．中华人民共和国国家标准．

[18] 白酒感官品评导则（GB/T 33404—2016）．中华人民共和国国家标准．

[19] Allen V J，Withers C A，Hough G，et al. A new rapid detection threshold method for use with older adults：reducing fatigue whilst maintaining accuracy [J]．Food Quality and Preference，2014，36：104-110．

[20] 吴希茜，袁小娟．食品感官分析的综述 [J]．山东食品发酵，2010（3）：21-24．

[21] 张水华，徐树来，王永华．食品感官分析与实验 [M]．北京：化学工业出版社，2006．

[22] 朱金虎，黄卉，李来好．食品中感官评定发展现状 [J]．食品工业科技，2012，33（8）：398-401．

[23] 王佳琦．食品感官评定发展现状概述 [J]．食品界，2016（8）：54-55．

[24] 樊镇棣．食品感官检验技术 [M]．北京：中国质检出版社，2017．

[25] 杨玉红．食品感官检验技术 [M]．大连：大连理工大学出版社，2015．

[26] 郑坚强．食品感官评定 [M]．北京：中国科学技术出版社，2013．

[27] 徐树来，王永华．食品感官评定 [M]．2 版．北京：化学工业出版社，2009．

[28] 张家春．食品感官分析 [M]．2 版．北京：中国轻工业出版社，2013．

[29] 毕金峰，吴昕烨，感官评价实用手册/英（莎拉·青普等著）[M]．北京：中国轻工业出版社，2016．

[30] 王栋，李崎，华兆哲．食品感官评价原理与技术/美（拉夫莱斯等著）[M]．杨静，译．北京：中国轻工业出版社，2017．

[31] 王朝臣．食品感官检验技术项目化教程 [M]．北京：北京师范大学出版社，2020．

[32] 感官分析方法　成对比较检验（GB/T 12310—2012）．中华人民共和国国家标准．

[33] 感官分析方法　二-三点检验（GB/T 17321—2012）．中华人民共和国国家标准．

[34] 感官分析方法　三点检验（GB/T 12311—2012）．中华人民共和国国家标准．

[35] 感官分析　方法学　"A"-"非 A"检验（GB/T 39558—2020）．中华人民共和国国家标准．

[36] 感官分析　选拔、培训与管理评价员一般导则　第一部分：优选评价员（GB/T 16291.1—2012）．中华人民共和国国家标准．

[37] 黄晨，郭德军，游刚，等．基于 GC-MS 和电子鼻技术分析不同烘烤度橡木对荔枝白兰地风味的影响 [J]．食品工业科技 [J/OL]，2023：1-11．

［38］ 石娇娇，张建军，邓静，等．自然发酵甜面酱中耐高温生香酵母的鉴定与挥发性香气成分分析［J］．食品与发酵工业，2014，40（9）：167-171.

［39］ Toko K. Taste sensor with global selectivity［J］. Materials Science and Engineering C，1996，4（2）：69-82.

［40］ Hayashi N，Chen R，Ikezaki H，et al. Evaluation of the umami taste intensity of green tea by a taste sensor［J］. Journal of Agricultural & Food Chemistry，2008，56（16）：7384-7387.

［41］ 潘秀娟，屠康．红富士苹果采后品质变化的破坏与非破坏检测研究［J］．西北农林科技大学学报（自然科学版），2004（9）：38-42.

［42］ 丁长河，戚光册，侯丽芬，等．传统老酵头馒头的品质特性［J］．中国粮油学报，2007（3）：17-20.

［43］ 胡亚云．质构仪在食品研究中的应用现状［J］．食品研究与开发，2013，34（11）：101-104.